首饰 CAD
及快速成型

李天兵 胡楚雁 刘敏 编著

SHOUSHI CAD
JI KUAISU CHENGXING

参编学校

华南理工大学汽车学院
青岛经济职业学院
天津职业大学
梧州学院
上海远东现代职业培训中心
江门职业技术学院

中国地质大学出版社

图书在版编目(CIP)数据

首饰CAD及快速成型/李天兵,胡楚雁,刘敏编著. ——武汉:中国地质大学出版社,2009.3(2023.2重印)

ISBN 978-7-5625-2294-2

Ⅰ.首…

Ⅱ.①李…②胡…③刘…

Ⅲ.首饰-计算机辅助设计-应用软件,Jewel CAD

Ⅳ.TS934.3-39

中国版本图书馆CIP数据核字(2008)第196967号

首饰CAD及快速成型		李天兵 胡楚雁 刘敏 编著
责任编辑:张 琰		责任校对:林 泉
出版发行:中国地质大学出版社(武汉市洪山区鲁磨路388号)		邮政编码:430074
电话:(027)67883511	传真:67883580	E-mail:cbb@cug.edu.cn
经 销:全国新华书店		http://www.cugp.cn
开本:787毫米×960毫米 1/16	字数:375千字	印张:18.25
版次:2009年3月第1版	印次:2023年2月第11次印刷	
印刷:武汉中远印务有限公司	印数:19 001 - 21 000 册	
ISBN 978-7-5625-2294-2		定价:48.00元

如有印装质量问题请与印刷厂联系调换

21 世纪高等教育珠宝首饰类专业规划教材
编 委 会

主任委员：
朱勤文　中国地质大学(武汉)党委副书记、教授

委　　员（按音序排列）：
陈炳忠　梧州学院艺术系珠宝首饰教研室主任、高级工程师
方　泽　天津商业大学珠宝系主任、副教授
郭守国　上海建桥职业技术学院珠宝系主任、教授
胡楚雁　深圳职业技术学院副教授
黄晓望　中国美术学院艺术设计职业技术学院特种工艺系主任
匡　锦　青岛经济职业学校校长
李勋贵　深圳技师学院珠宝钟表系主任、副教授
梁　志　中国地质大学出版社社长、研究员
刘自强　金陵科技学院珠宝首饰系主任、教授
秦宏宇　长春工程学院珠宝教研室主任、副教授
石同栓　河南省广播电视大学珠宝教研室主任
石振荣　北京经济管理职业学院宝石教研室主任、副教授
王　昶　番禺职业技术学院珠宝系主任、副教授
王莆锐　海南职业技术学院珠宝专业主任、教授
王娟鹃　云南国土资源职业学院宝玉石与旅游系主任、教授
王礼胜　石家庄经济学院宝石与材料工艺学院院长、教授
肖启云　北京城市学院理工部珠宝首饰工艺及鉴定专业主任、副教授
徐光理　天津职业大学宝玉石鉴定与加工技术专业主任、教授

薛秦芳　中国地质大学(武汉)珠宝学院职教中心主任、教授
杨明星　中国地质大学(武汉)珠宝学院院长、教授
张桂春　揭阳职业技术学院机电系(宝玉石鉴定与加工技术教研室)系主任
张晓晖　北京市商业学校商贸系主任、副教授
张义耀　上海新侨职业技术学院珠宝系主任、副教授
章跟宁　江门职业技术学院艺术设计系系副主任、高级工程师
赵建刚　安徽工业经济职业技术学院党委副书记、教授
周　燕　武汉市财贸学校宝玉石鉴定与营销教研室主任

特约编辑：

刘道荣　中钢集团天津地质研究院有限公司副院长、教授级高工
　　　　天津市宝玉石研究所所长
　　　　天津石头城有限公司总经理
王　蓓　浙江省地质矿产研究所教授级高工
　　　　浙江省浙江珠宝有限公司总经理

策　　划：

梁　志　中国地质大学出版社社长
张晓红　中国地质大学出版社副总编
张　琰　中国地质大学出版社教育出版中心副主任

改版说明
——记庐山全国珠宝类专业教材建设研讨会之共识

中国地质大学出版社组织编写和出版的"高职高专教育珠宝类专业系列教材"从2007年9月面世至今已经过去三年。为了全面了解这套教材在各校的使用情况及意见，系统总结编写、出版、发行成果及存在问题，准确把握我国珠宝教育教学改革的新思路、新动态、新成果，中国地质大学出版社在深入各校调研的基础上，发起了召开"全国珠宝类专业课程建设研讨会"的倡议，得到各校专家的广泛响应。2010年8月10日~13日，来自全国27所大中专院校的48位珠宝教育界专家汇聚江西庐山，交流我国珠宝教育成果，研讨课程设置方案，并就第一版教材存在的问题、新版教材的编写方案等达成以下共识。

一、第一版教材存在的问题及建议

按照2005、2006年商定的编写和出版计划，"高职高专教育珠宝类专业系列教材"共组织了十多所院校的专家参加编写，计划出版20本，实际出版12本，从而结束了高职高专层次珠宝类专业没有自己的成套教材的历史。在编写、出版、发行过程中存在的主要问题是：

（1）整套教材在结构上明显失衡，偏重宝玉石加工与鉴定，首饰设计、制作工艺、营销和管理方面的教材比重过小。已经出版的12本教材中，属于宝石学基础、宝玉石鉴定方面占2/3，而属于设计、制作工艺、管理及营销方面的只占1/3，不能满足当前珠宝首饰类专业人才培养的需要。造成这种状况的一个重要原因是，编委会所组织的参编学校中，结晶学、矿物学、岩石学基础普遍较好，宝石加工、鉴定力量较强，而作为首饰设计、制作工艺基础的艺术学基础和作为经营管理基础的管理学相对薄弱。因此建议在改版时加强薄弱环节,并补充急需的教材选题。

(2)编写计划在各校实施不平衡,金陵科技学院、安徽工业经济职业学院、上海新侨学院、上海建桥学院等院校较好地完成了预定编写计划。但有些学校由于各种原因,计划实施得并不顺利,有些学校甚至一本都没有完成。造成有些用量很大而极其重要的教材至今仍然没有出来,影响了正常的教学需要。因此建议改版时将这些选题作为重点重新配备编写力量,以保证按时出版。

(3)或多或少都存在着内容重复或缺失现象。调查发现,有的内容多本教材涉及,但又都没交代清楚,感觉不够用;而有的重要内容,相关教材都未涉及。造成这种状况的一个重要原因是,主编单位由编委会指定,既没有发动各校一起讨论编写大纲,也没有组织编委会审稿,主要由主编依据本校教学要求编写定稿,无法充分考虑其他学校的基本要求和吸收各校的教学成果。因此建议加强各校之间的交流,改版时主编单位拟好编写大纲后要广泛征求使用单位的意见,编委会要对大纲和初稿审查把关,以确保编写质量。

二、新版教材的编写方案

(1)丛书名称改为"21世纪高等教育珠宝首饰类专业规划教材",以适应服务目标的变化。第一版的目标定位是以满足高职高专教育珠宝类专业教学需要为主,兼顾中职中专珠宝教育及珠宝岗位培训需要。当时根据高职高专教育主要培养高技能人才的目标要求,提出了五项基本要求:以综合素质教育为基础,以技能培养为本位;以社会需求为基本依据,以就业需求为导向;以各领域"三基"为基础,充分反映珠宝首饰领域的新理念、新知识、新技术、新工艺、新方法;以学历教育为基础,充分考虑职业资格考试、职业技能考试的需要;以"够用、管用、会用"为目标,努力优化、精炼教材内容。

这几年,珠宝教育有了比较大的变化,社会对珠宝人才的需求也有变化,其中上海建桥学院、南京金陵学院、梧州学院等院校已经升为本科,原来的目标定位和编写要求已经不合适。为此,编委会经过认真研究,决定将丛书名改为"21世纪高等教育珠宝首饰类专业规划教材",以适应培养珠宝首饰行业各类应用人才的需要,同时兼顾中职中专及岗位培训的需要。在内容安排上,要反映珠宝行业的新发展和珠宝市场的实际需求,要反映新的国家标准,要突出实际操作和应用能力培养的需求。

(2)调整和充实编委会,明确编委会职责,增强编委会的代表性和权威性。与会代表建议,在原有编委会组成人员的基础上,广泛吸收本科院校、企业界的专家参与,进一步充实编委会,增强其权威性。在运作上,可以分成两个工作组,一个主要面向研究型人才培养的,一个主要面向应用型人才培养的。编委会是主要职责是:①拟定编写和出版计划、规范、标准等,为编写和出版提供依据;②确定主编和参编单位,审定编写大纲,落实编写和出版计划;③审查作者提交的稿件,把好业务质量关;④监督教材编辑出版进程,指导、协调解决编辑出版过程中的业务问题。

(3)按照分批实施、逐步推进的思路确定新的编写计划。编委会计划用三年时间构建一个"21世纪高等教育珠宝首饰类专业规划教材"体系,整个体系由基础、鉴定、设计、加工、制作、经营管理、鉴赏等模块组成,每个模块编写3~6门主干课程的教材,共计编写、出版教材32种。与原来的体系相比,新体系着重加强了制作(8种)、设计(4种)、经营管理(4种)等模块的分量,并增列了文化与鉴赏方面的教材。会上,按照整合各校优势、兼顾各校参编积极性的原则,建议每种教材由1~2所学校主编,其他学校参编;基础好的学校每校可以主编2~3种教材,参编若干种。

编写出版的进度安排:2010年底前完成编写大纲的修订、定稿工作,确定每个年度的编写和出版计划,修编出版珠宝英语口语等选题;2011年秋季参编宝石学基础、贵金属材料及首饰检验、首饰设计与构思、翡翠宝石学基础、首饰制作工艺、珠宝首饰营销基础、首饰评估实用教程、钻石及钻石分级、宝石鉴定仪器与鉴定方法等；其他品种2011年着手编写/修编，争取2012年秋季出版。

三、固化会议形式，建立固定交流平台

与会专家认为，随着珠宝行业的快速发展，我国珠宝教育有了长足的进步，开办珠宝首饰类专业的学校也越来越多，但是由于业界没有一个共同的交流平台，相互之间缺乏沟通，无法相互取长补短，共同提高。这次中国地质大学出版社牵头，把相关学校召集在一起交流经验，探讨专业建设和教材建设大计，为我们搭建了很好的平台，意义非凡而深远，为珠宝教育界做了一件大好事，由衷地感谢中国地质大学出版社，同时也希望中国地质大学整合珠宝学院和出版社的力量，牵头建立全国性的珠宝教育研究组织，作为全国珠宝教育界联系和交流的平台，每1~2年召开一次会议，承办单位和地点，可以采取轮流坐庄的办法，由会员单位提出申请，理事会确定。

《21世纪高等教育珠宝首饰类专业规划教材》编委会
2010年7月6日于武汉

编者的话

首饰CAD及快速成型技术是一项包含了计算机技术、设计美学、首饰工艺的综合技能。学习首饰CAD不仅仅是学习某个软件的操作，更重要的是要通过软件的学习掌握三维造型的方法，再配合首饰生产制作工艺，才能真正掌握首饰CAD技术。

目前企业对首饰CAD技术人才的需求日益增多，以深圳市为例，大多数大、中型珠宝企业都购买了快速成型设备进行电脑起版，尤其是以生产欧美款为主的企业，由于欧美款强调对称性，且多以钻石款为主，尺寸要求精确，在这些方面首饰CAD和快速成型技术更能发挥出其独特的优势，这些企业对CAD技术人才也是求贤若渴，未来采用CAD和快速成型技术的企业还会增多，因而首饰CAD和快速成型技术具有极其广阔的应用前景。

本书由3部分组成：

* Jewel CAD基础

主要讲解首饰CAD&CAM一体化技术的相关知识、Jewel CAD的基本操作、如何绘制曲线、如何创建曲面等内容。本部分着重对Jewel CAD的基本命令和造型方法作详尽的讲解，目的是为了让读者真正掌握Jewel CAD软件造型的思路，只有真正掌握了一个软件造型的方法，才能根据设计图纸在软件中灵活造型。

* Jewel CAD版图绘制实训

该部分着重讲解爪镶、包镶、光圈镶、槽镶、浮爪镶等常见镶嵌方式的实现。学习Jewel CAD最大的目的是要能绘制出满足制版需要的三维图，绘图的时候不能只考虑美观因素，还要综合考虑蜡模的缩水、镶石的尺寸数据、大小、厚度等因素。企业招聘电脑起版人才的要求是要能够绘制出制版的三维图，很少有企业需要仅仅只会画效果图的人才，因此只有学会绘制版图，才算是掌握了首饰CAD技术。

＊首饰快速成型技术

该部分讲解了Solidscape T66快速成型机在首饰快速成型领域的应用。由于每一种快速成型机都配有厂家详细的操作使用说明，所以本部分并没有对T66快速成型机做详尽的介绍，读者如需了解更多，可以查阅厂家的操作维护说明书。本部分以T66为例讲解了如何将三维图输入快速成型机制成蜡模，目的是让读者对整个首饰CAD&CAM一体化生产流程有一个直观的认识，加深对CAD&CAM技术的理解。

本书以贴近实际为特色，强调实践性。可作为Jewel CAD技术人员的自学教材、大专院校相关课程的教材以及Jewel CAD培训班的培训教材。

书中的练习文件可以到http://www.jewelmodeller.com网站进行下载，在该网站中我们还放置了大量的Jewel CAD学习资源供读者下载。同时，该书配套的语音视频讲解录像也会在该网站上进行发布，敬请留意。

本书的编写得到了深圳职业技术学院艺术设计学院胡楚雁博士的鼎力支持，我的搭档刘敏先生给予了大量的技术支持，刘敏先生从事电脑起版多年，具有丰富的实战经验，在此一并表示感谢。

李天兵
2009年2月

CONTENTS

目　　录

第一部分　Jewel CAD 基础

第1章　首饰CAD及快速成型技术概述　(3)
　1.1　首饰CAD　(3)
　1.2　首饰快速成型技术　(8)

第2章　认识 Jewel CAD　(13)
　2.1　Jewel CAD 简介　(13)
　2.2　Jewel CAD 布局　(13)
　2.3　绘图环境设置　(17)

第3章　Jewel CAD 的基本操作　(21)
　3.1　对视图的操作(检视菜单)　(21)
　3.2　对档案的操作(档案菜单)　(24)
　3.3　选取对象(选取菜单)　(27)
　3.4　编辑对象(编辑菜单)　(32)
　3.5　复制对象(复制菜单)　(37)
　3.6　变形对象(变形菜单)　(48)

第4章　曲线的绘制(曲线菜单)　(70)
　4.1　任意曲线　(72)
　4.2　左右对称线　(73)
　4.3　上下对称线　(74)
　4.4　旋转180°曲线　(75)
　4.5　上下、左右对称线　(75)
　4.6　直线重复线　(76)
　4.7　环形重复线　(77)
　4.8　多重变形　(78)

4.9	徒手画	(78)
4.10	直线	(79)
4.11	圆形	(80)
4.12	多边形	(81)
4.13	螺旋线	(81)
4.14	修改	(82)
4.15	封口曲线	(83)
4.16	开口曲线	(84)
4.17	倒序编号	(84)
4.18	增加控制点	(85)
4.19	连接曲线	(86)
4.20	切开曲线	(87)
4.21	偏移曲线	(88)
4.22	中间曲线	(89)
4.23	曲线长度	(90)

第 5 章 曲面的生成（曲面菜单） (91)

5.1	直线延伸曲面	(91)
5.2	纵向环形对称曲面	(95)
5.3	横向环形对称曲面	(96)
5.4	多重变形	(97)
5.5	线面连接曲面	(98)
5.6	管状曲面	(100)
5.7	导轨曲面	(103)
5.8	圆柱曲面	(112)
5.9	角锥曲面	(112)
5.10	球体曲面	(113)
5.11	封口曲面	(113)
5.12	开口曲面	(113)
5.13	倒序编号	(114)
5.14	增加控制点	(114)
5.15	平滑度	(115)
5.16	U/V 互换	(117)
5.17	反转曲面面向	(117)
5.18	偏移曲面	(117)

5.19 V-曲线 ··· (118)

第6章 杂项菜单 ·· (120)

6.1 布林体 ··· (120)
6.2 块状体 ··· (121)
6.3 宝石 ··· (123)
6.4 多面体 ··· (125)
6.5 文字 ··· (127)
6.6 辅助线 ··· (128)
6.7 存光影图 ··· (128)
6.8 切薄片 ··· (130)
6.9 展示薄片 ··· (131)
6.10 数控加工 ·· (132)
6.11 数控展示 ·· (132)
6.12 STL 输出 ·· (133)
6.13 测量 ·· (133)
6.14 量度距离 ·· (134)
6.15 圆形宝石数量 ·· (135)
6.16 戒指尺码 ·· (135)

第二部分 Jewel CAD 版图绘制实训

第7章 爪镶 ·· (139)

7.1 四爪镶 ··· (140)
7.2 公共爪 ··· (148)
7.3 插镶口 ··· (155)

第8章 包镶 ·· (161)

8.1 创建镶口 ··· (162)
8.2 开夹层、做通花 ··· (166)
8.3 创建副石、及其镶口 ··· (167)
8.4 创建瓜子扣 ··· (169)

第9章 光圈镶 ·· (171)

9.1 光圈镶女戒 ··· (171)
9.2 光圈镶封片男戒 ··· (175)

第 10 章　槽　镶 ······ (183)

    10.1　槽镶戒指 ······ (184)
    10.2　槽镶水波边吊坠 ······ (194)

第 11 章　浮爪镶 ······ (219)

    11.1　绘制草图 ······ (220)
    11.2　创建主石镶口 ······ (223)
    11.3　创建镶石位 ······ (226)
    11.4　开槽 ······ (229)
    11.5　分爪位 ······ (231)
    11.6　创建戒指圈 ······ (234)
    11.7　减去镶口多余的部分 ······ (238)
    11.8　做通花 ······ (240)

第 12 章　铲钉镶 ······ (244)

    12.1　创建主石镶口 ······ (245)
    12.2　创建副石镶石位 ······ (248)
    12.3　降低镶石位的厚度 ······ (256)
    12.4　做通花 ······ (257)
    12.5　创建圆环 ······ (257)
    12.6　创建耳钉 ······ (258)

第三部分　首饰快速成型技术

第 13 章　Solidscape T66 在首饰快速成型中的应用 ······ (269)

    13.1　排版 ······ (269)
    13.2　切薄片 ······ (270)
    13.3　数据转换 ······ (270)
    13.4　快速成型 ······ (273)
    13.5　融蜡 ······ (276)

参考文献 ······ (278)

第一部分　Jewel CAD 基础

第1章 首饰CAD及快速成型技术概述

1.1 首饰CAD

首饰CAD（Computer Aided Jewelry Design）即电脑辅助首饰设计，传统的设计方式是用铅笔将自己的创意表现在图纸上绘图，这样绘出的是二维平面图，其优点是迅速、方便，但缺少真实的三维立体感。现在设计师可以利用电脑设计出任意造型的首饰，首饰CAD的起点通常是一幅首饰草图或者一个创意，草图不需要很精致，只要自己能看懂即可，再利用电脑代替铅笔，将草图或者创意用电脑表现出来。还可以用快速成型设备将电脑设计出来的作品直接加工成一个蜡模或者树脂模，然后再制成一件成品首饰。首饰CAD的流程如图1-1所示，其基本流程如下：①由设计师设计好首饰款式；②由三维造型人员将设计师设计的平面图转化为首饰三维图，建立首饰三维模型；③根据首饰的三维模型，利用快速成型设备加工出首饰的原版，这个原版可以是蜡模，也可以是树脂模；④将蜡模或者树脂模浇铸成一个银版或者直接浇铸成一件金货，如果是树脂版，也可以直接拿去压模；⑤如果浇铸成银版，可对银版进行执版处理，得到一件银版，如果浇铸成金货，可对金货进行执模、镶嵌等处理，最终得到一件成品首饰。

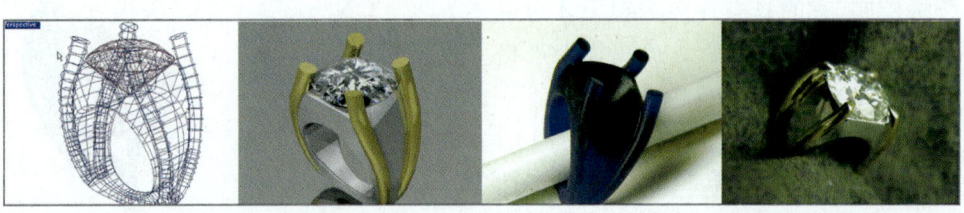

图1-1 首饰CAD流程

1.1.1 首饰CAD的优点

首饰CAD的优点既表现在其设计性上，又表现在其工艺性上。就设计来说，由于电脑设计可以获得直观的三维效果，设计师可以随时用三维效果图来检验其创意是否能达到自己满意的效果，同时电脑可以反复撤销或者重复操作，若对当前的造型不满意，可撤销操作进行修改，直到得到满意的造型为止，这一点是传统的手绘设计所无法比拟的。作为商业首饰来说，不可能每一件都是单独的一个款式，大多数都是某个款式的变款，设计师也可以将自己设计好的作品存放到电脑的数据库中，通过不同造型元素、镶口的重新搭配组合，即可获得新的款式，大大加快了产品的开发流程。

就工艺来说，电脑设计的优势主要体现在以下几个方面：

（1）精确性

虽然有经验的起版师傅可以尽可能地制作出与设计尺寸大小一致的原模，但其精确程度却远远比不上电脑。图1-2为一款密钉镶戒指，如果由手工起银版或者蜡版的话，即使是高水平的起版师傅，也要耗费大量的时间，而且也难以保证戒指两边的对称以及所有钉的尺寸大小一致。而电脑设计则不需要这么麻烦，只需要做好一个钉，然后对这个钉进行不断地复制即可，设计完毕后可用快速成型设备制作出首饰的原模，免去手工起版的麻烦。

图1-2 密钉镶戒指

特别是在槽镶，隐藏式镶嵌工艺中，宝石一般很小，且宝石之间的尺寸也有严格控制，有的只有在放大镜下才可以看见宝石之间的界限，这就更需要严格控制好尺寸大小。

（2）高度对称性

对称是首饰造型的常见表现手法之一，在首饰CAD中，对称的实现只需要通过一次对称复制操作即可完成。图1-3为一对耳钉，耳钉一般是镜像对

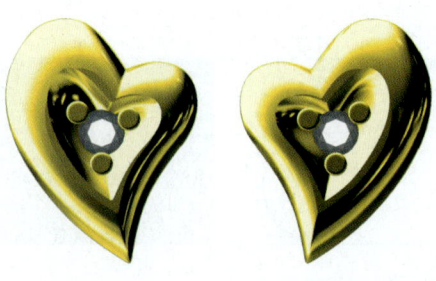

图1-3 耳钉

称的,如果是手工起版来做这样的耳钉,很难做到两只耳钉完全的镜像对称,在电脑设计中只需设计好其中的一只耳钉,另外的一只可由前面的一只耳钉对称复制过来,即可达到两只耳钉完全呈镜像对称的效果。

(3)快捷性

电脑设计的作品可直接利用快速成型机加工出首饰的原版,可以是蜡版或者树脂版,常见的快速成型设备有美国Solidscape公司的T66系列喷蜡机,德国Envision TEC快速成型系统,日本名工等。快速成型设备制作出的原版精度高,光洁度好,特别是在微镶、密钉镶、槽镶以及对称性要求高的工艺中,快速成型更能体现出其独特优势,代替了以往的手工雕蜡版,大大节省了时间和成本。

(4)经济性

利用电脑设计首饰,可以赋予其不同的宝石和金属的材质,达到与真实产品一致的三维效果图,也可以在CAD软件中计算用金的重量、测量宝石的大小,再加上产品的工本费,从而可以对产品的成本进行预算。在产品开发的前期,企业无需先制作出产品的实物,可用三维效果图进行产品的宣传推广。

1.1.2 首饰CAD软件的选择

首饰CAD的优势相对传统手绘设计是很明显的,然而要选择一款适合自己的软件,却不是一件容易的事,在介绍CAD软件之前,有必要先了解CAD软件的建模方式。

现有的CAD软件的建模方式主要是实体建模和曲面建模。实体建模所建造的三维模型是真实的三维物体,它是以基本的立方体、圆柱体、球体等基本体素为单位元素,通过这些元素的集合运算获得需要的几何形体。曲面建模是通过构建物体的表面形态来获得需要的几何形态。为了理解实体建模与曲面建模的区别,可以用一个鸡蛋作例子,如果我们用实体建模的方式来构建一个鸡蛋的造型,除了要构建鸡蛋外壳的造型外,鸡蛋里面的蛋清、蛋黄等都要建造出来;如果是曲面建模,则只需要构建鸡蛋的外壳造型即可。如图1-4

图1-4 曲面建模(a)与实体建模(b)

所示。

由于每种CAD软件的建模方式不同,决定了每一种CAD软件都有其自身的适用范围,一般来说,构建造型简单的首饰模型,用实体建模软件中的旋转/拉伸/路径等命令就可以迅速构建,如果要构建造型复杂的首饰模型,例如一些植物的花饰、动物等,实体建模软件使用起来则不太方便,这时候就需要使用曲面建模软件,相对实体建模软件而言,曲面建模软件使用起来要复杂一些。

常见的首饰专用CAD软件有Jewel CAD,Rhino(需搭配Techgems插件),Matrix,3Design等。

(1) Jewel CAD

Jewel CAD是目前国内使用最多的一款首饰CAD/CAM一体化软件,它是一款实体建模软件,操作比较简单,学习起来比较容易,功能也比较强大。Jewel CAD还具有十分丰富的资料库,包含超过600个配件、镶口,形状各异的整套的设计,资料库扩展性强,可任由设计师添加自己的素材资料库。Jewel CAD可输出大部分快速成型机可接受的切片式SLC及STL文件格式,广泛应用于CNC机器和各种快速成型机。Jewel CAD在渲染方面显得不足,不过作为一款直接面向生产的软件来说,主要优势是能提高生产效率,加快产品开发周期,其渲染功能是次要的。图1-5为Jewel CAD设计作品。

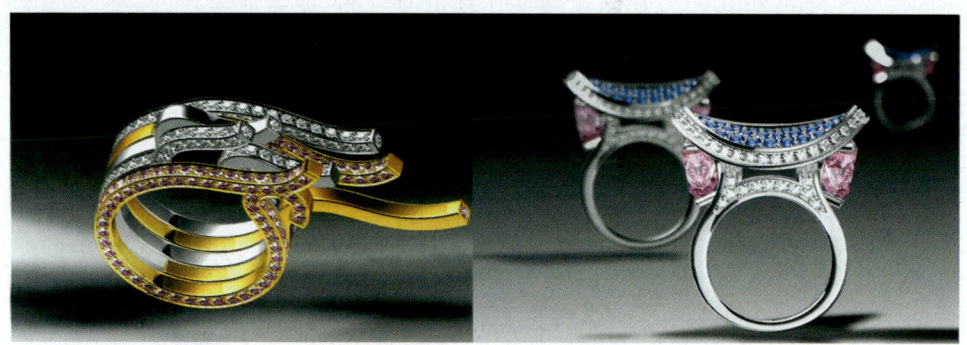

图1-5 Jewel CAD设计作品

(2) Rhino

Rhino的全称为Rhinoceros,它是一款优秀的曲面建模软件,广泛应用于工业设计、建筑设计、船舶设计、机械设计等领域。Techgems是Rhino的一款珠宝设计插件,其界面如图1-6所示。Techgems的宝石库十分丰富,包括各种形状的宝石,宝石的材质又分为有机宝石(珍珠、珊瑚等),各种透明宝石(分为高折

图1-6 Techgems插件界面

射率和低折射率的宝石),包括了常见的红宝石、蓝宝石、碧玺、托帕石、紫晶、白水晶等,Rhino中的金属材质包括黄金(玫瑰色、黄色等)、铂金、银等,每种金属又分为抛光的金属效果和磨砂的金属效果等。在三维效果方面,Rhino搭配了Flamingo渲染器,可以渲染出极其逼真的三维效果,如图1-7。

(3) Matrix

Matrix是在Rhino的基础上开发出的首饰CAD软件,它继承了Rhino的优良建模特性,同时又针对首饰设计的特点集成了许多相关的命令,它的开发思路完全是人性化的。利用Matrix,设计师可以按照自己的设计思路去构建首饰模型,几乎不需要为了构建一个模型而去学习特定的建模方法,因而使得利用Matrix建模变得更加简单而且迅速,同时Matrix也具有强大的渲染能力,在三维表现方面毫不逊色于专业的渲染器。在欧美地区,Matrix是使用十分广泛的一款CAD软件,其设计效果如图1-8所示。

(4) 3Design

3Design由珠宝行业专业人士设计,它结合了图形艺术软件及工业设计软件的特点,专门为珠宝设计者们精心打造。3Design提供了一种独特的参数结构树,它记录了设计中的每一个历史参数,不需要返回草图重新开始设计,而只需要直接修改草图形状或修改3D造型参数,系统会自

图1-7 Rhino设计作品

图1-8 Matrix设计作品

动全面进行更新。它可以把2D的草图转变为真实的3D图形，只需通过一般的扫描仪把画好的草图扫描成普通的图片格式，传入3Design中，草图将自动转变为立体三视图（图1-9）。在3Design里可以轻松地排列宝石，它提供

图1-9　2D草图转化为3D图

了自动和手动两种排列方式，可以对任意一颗宝石的属性进行修改。3Design也提供了丰富的资源库，包括各类戒指、宝石、戒托、珍珠、水晶及形态各异的2D截面形状等，并且整合了SWAROVSKI所有的时尚水晶部件，您也可以将自己设计的作品存入资源库中。

　　一件设计作品，不但要造型精致、有创意，而且在工艺上必须是能够实现的，即能够制作出实际的成品首饰，这就要求设计师同时也对工艺有所了解。首饰CAD将设计与工艺紧密联系在一起，首饰CAD的直观性，既方便了设计师对其设计效果进行检验，也方便了设计师与客户、工艺师的沟通。未来的设计必定是与生产联系在一起的，为缩短产品的开发周期以及控制开发成本，首饰CAD/CAM一体化趋势日趋明显，对设计师来说，掌握电脑首饰设计也越来越重要。但传统的手绘设计仍然不可能被电脑设计所取代，电脑设计是传统手绘设计的拓展和延伸，如果能将传统的手绘设计与电脑设计结合起来，将设计、生产、成本预算、推广等结合在一起，不仅能够减少企业内部不同职能部门的沟通障碍，更重要的是它能为一个企业带来实质性的经济效益。

1.2　首饰快速成型技术

　　首饰快速成型技术是根据首饰的三维数据模型直接加工出首饰原模的先进原模制造技术，任何一件首饰都可以看作是许多等厚度的二维平面轮廓沿着某一坐标方向叠加而成。根据计算机上建构的产品三维设计模型，可先将系统内的三维模型切分成一系列平面几何信息，即对其进行分层切片，得到各层切面的轮廓，按照这些轮廓信息，采用不同的方式（喷射、光固化等）将材料逐层堆积成三维实体。

快速成型技术可分为递减式和堆积式两种,递减式是指通过对材料进行雕刻,去掉多余的部分,最终得到首饰原模;堆积式是通过对材料逐层堆积而最终形成一个首饰原模。

递减式快速成型设备的典型代表是日本的JWX-10型雕蜡机(图1-10)。JWX-10型雕蜡机主要具备以下优点:①体积小,不需要额外的安装空间,可以很容易地放置在办公室或者工厂的任何一个角落;②雕刻速度快,JWX-10型高精度主轴具备功率高达100W的无刷电机,能以6 000~20 000rpm的高速度进行铣削加工,缩短生产周期;③兼容常见的首饰CAD软件,JWX-10型可接受Matrix、Jewelsmith、3Design、Jewel CAD、Jewel Space等常用首饰CAD软件导出的 IGES、DXF 和 STL 数据文件;④采用4轴控制,加工出来的蜡模表面光滑。

图1-10 JWX-10型雕蜡机

由于雕蜡机采用的是机械铣削加工的方式,有些部位并不能一次雕刻成功,需要手工进行修整。在雕刻的过程中,为了保证蜡模具有足够的机械强度,蜡模上需要额外留一些蜡作为支撑,雕刻完毕后,需要手工减去蜡支撑,再对支撑部位进行适当的修整。另外,在雕刻戒指的时候,掏底的部位是雕刻不到的,在蜡模雕刻完毕后,则需要手工进行掏底。

目前常见的堆积式首饰快速成型设备采用的成型方法主要是熔融沉积法(FDM)和光固化法(SLA)。

1.2.1 熔融沉积法(FDM)

熔融沉积法(FDM)是将低熔点的材料融化,通过喷头喷出,计算机控制喷头在二维导轨上运动,喷头沿着分层的轮廓运动,材料凝固后而获得一个薄层,通过不同切面轮廓层的堆积,最终形成一个三维实体模型。

它的代表是美国Solidscape公司的T66系列喷蜡机(图1-11)。T66的工作原理类似一个三维打印机,T66采用蜡作为材料,在计算机的控制下,根据分层的切面轮廓信息,将融化的蜡逐层打印堆积在一起,最终形成一个蜡模。图1-12为该机器实际工作时的情景。T66从诞生到现在大约有5、6年的时间,是首饰

图1-11 T66快速成型机

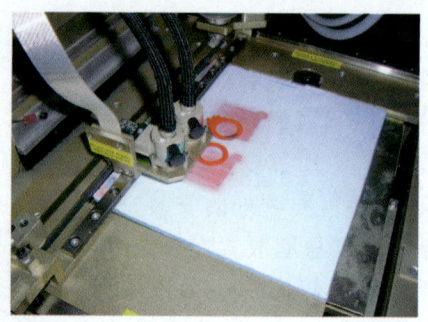

图1-12 T66快速成型机工作情景

行业中最早引入的快速成型机。由于快速成型机加工出来的蜡版尺寸精确,对称度高,相对手工起版而言成本低廉,速度快。T66的引入对传统的首饰加工行业来说是一个重大的转折点,在某些方面取代了传统的手工雕蜡版和起银版。与T66同时代的还有日本的名工快速成型机,名工快速成型机的工作原理与T66类似,只不过它采用的是环氧树脂作为材料,用激光令环氧树脂固化。树脂的倒模问题在当时是一个技术难题,蜡版的倒模则相对简单。T66的优势除了倒模简单之外,另外就是不需要加支撑,所以T66被珠宝行业广泛接受。T66自带的ModelWorks软件会自动计算支撑的位置,在成型的过程中自动创建支撑,支撑将模型包裹在里面,成型完毕用融蜡水将支撑融解掉即可得到首饰蜡模。

T66快速成型机也并非是万能的,T66喷嘴是在二维的机械导轨上运动,工作过程中,要自动执行喷嘴检查、利用机械铣刀切平模型表面,这些操作在实际工作中会耗费大量的时间,因而工作速度比较慢。对一般款式的戒指而言,T66在24小时之内大约能生产6个。现在T66新的改进机型T66BT2的工作速度能提高80%左右。图1-13为T66成型出来的蜡模,它包括两种不同颜色的蜡,红色的蜡来做支撑,蓝色的蜡用来做蜡模,将

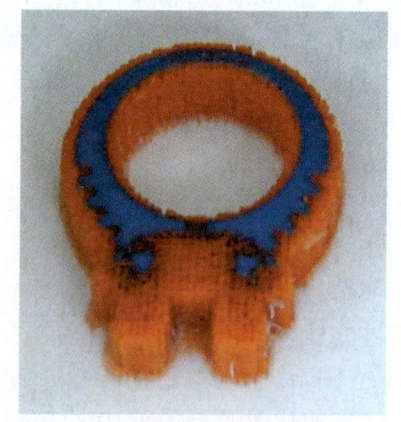

图1-13 T66成型后的蜡模

整个蜡模放入融蜡水中将红蜡溶解后，即可得到蓝色的蜡模，如图1-14所示。

1.2.2 光固化法（SLA）

光固化法（SLA）以液态光敏树脂为原材料，在计算机控制下的紫外激光按首饰各分层切面的轮廓轨迹对液态树脂逐点扫描，使被扫描区的树脂薄层产生光聚合（固化）反应，从而形成首饰的一个薄层切面。完成一个扫描区域的液态光敏树脂固化层后，工作台下降一个层厚，使固化好的树脂表面再敷上一层新的液态树脂然后重复扫描、固化，新固化的一层牢固地粘接在上一层上，如此反复直至完成整个零件的固化成型。

图1-14 蓝色蜡模

它的典型代表是德国的Envisiontec Perfactory®系列快速成型机（图1-15）。其工作原理如图1-16所示，它采用的是DLP数字影像投影技术，投影系统采用的是最先进的DMD晶片，DMD晶片含有130万个规则排列、相互交错的微型显微镜，每个显微镜的大小仅相当于头发丝的1/5，每个显微镜会根据影像，由个别微电机控制移动角度，发射光线，把影像投射出来，系统根据三维模型的切面轮廓信息，将其转化为一幅Bitmap图片，通过DMD晶片投射到树脂上，从而使其固化成型。

图1-15 Envisiontec 快速成型机

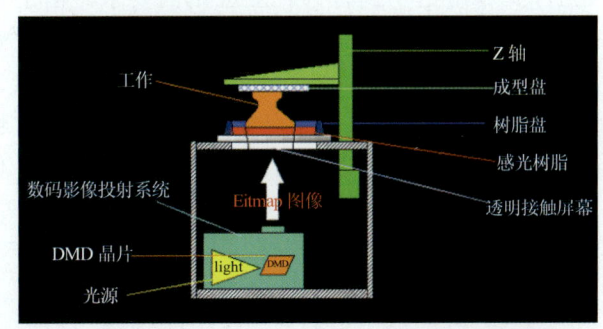

图1-16 Envisiontec 快速成型机工作原理

由于Envisiontec Perfactory采用的是DLP数字影像投影技术成型,所以首饰切面的大小并不影响成型的速度,成型的速度只与首饰的高度(即分层的数量)有关系。Envisiontec Perfactory的成型速度约为25mm/h,最小分层厚度为25μm,在成型的过程中可以选择使用不同的树脂材料,红色的树脂(图1-17)硬度较高,适合于压模,黄色的树脂(图1-18)熔点相对低,适合于直接倒模。相对喷蜡机而言,树脂成型的速度要快很多,但在成型之前,先要为三维模型加上支撑,模型加工完毕后再手工剪去支撑,对支撑部位进行修整。

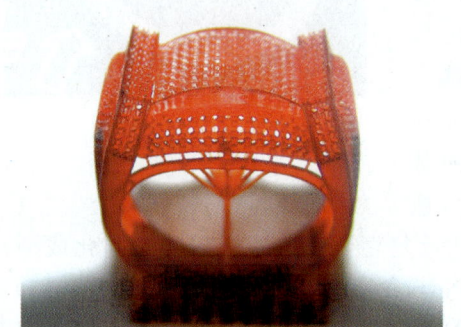
图1-17 红色树脂

图1-18 黄色树脂

目前深圳市大多数大中型珠宝企业都购买了快速成型设备进行电脑起版,尤其是以生产欧美款为主的企业。由于欧美款强调对称性,且多以钻石款为主,尺寸要求精确,在这些方面快速成型机更能发挥出其独特的优势。当前市面上常见的快速成型机种类繁多,并非只有上面所介绍的两种,但是并不是所有的快速成型机都适用于首饰行业,有些快速成型机是专门用于钟表、眼镜行业的,其精度达不到首饰行业应用的要求。由于首饰本身属于精细商品,存在很细小的钉、爪、花饰等细节特征,因此,不管是喷蜡型快速成型机,还是树脂型快速成型机,对于首饰行业的应用而言,首先要求其成型出的模型光洁度好,表面光滑,精细度高,细节特征不丢失;采用的材料可熔性、硬度等特性要方便直接倒模或者压模,倒模后的铸件上不留沙孔。其次,还要求快速成型机操作简单,方便维护,成型速度快。

第2章 认识Jewel CAD

2.1 Jewel CAD简介

香港电脑珠宝科技有限公司1990年开发的Jewel CAD是用于珠宝首饰设计/制造的专业化CAD/CAM软件，经过十余年的发展完善，Jewel CAD以其高度专业化、高工作效率、简单易学的特点，在欧美、中国香港及亚洲其他主要珠宝首饰(生产中心)工业发达的地区广泛采用，是业界首选的CAD/CAM软件系统。Jewel CAD具有以下特点。

(1)简单易学，只要具备基本的电脑知识，在几个星期内就能学会操作软件。
(2)界面简洁直观，操作方便。
(3)灵活高级的建模功能可创造和修改曲线和曲面，强大的建模功能应用于更复杂的设计。
(4)特别的功能应用于设计颈链，扭曲曲面和宝石的设置。
(5)简单而高效的功能应用于自由状态曲面的布尔运算。
(6)固定的设计库能加快设计的速度，宝石设备库，零件库，用户库，一旦产生新的设计灵感，可提取零件或组成来完成新的设计。
(7)Jewel CAD能提供一个完整的设计方案和真实感的渲染，简单快捷地输出高品质的彩图，珠宝设计和高品质的图像的图书开始用Jewel CAD设计出版。
(8)允许三维视图处理模型，在CNC加工中输出标准的GM编码和STL数据，输出标准的无缝合线的STL和SLC数据能快速做成模型。
(9)在设计中能方便地计算金重。

2.2 Jewel CAD布局

Jewel CAD的工作界面如图2-1所示，它保持了Windows系列软件的风格，

14 首饰CAD及快速成型

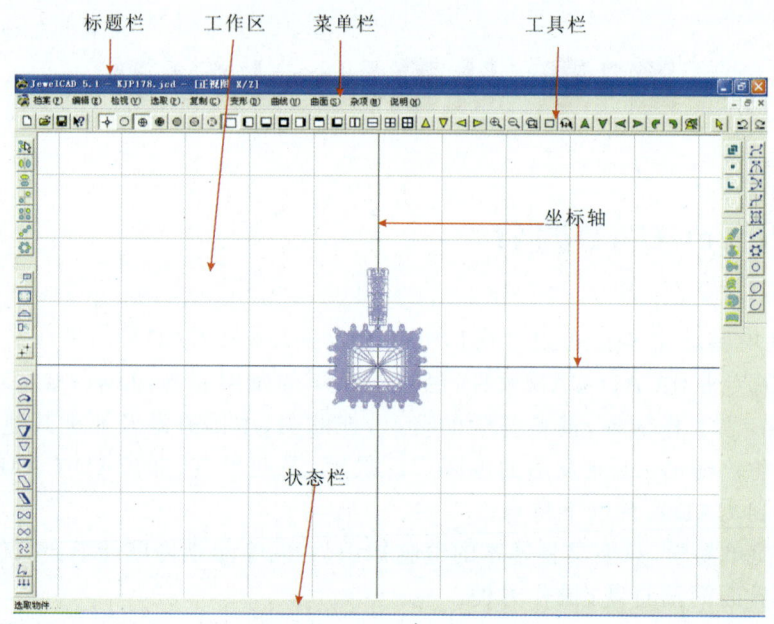

图2-1　Jewel CAD布局

只要具有基本计算机操作能力的人都不会觉得陌生,界面由5个部分组成:标题栏、菜单栏、工具栏、工作区、状态栏。

2.2.1　标题栏

　　标题栏用来显示当前的文件名,如图2-2所示。图中"Jewel CAD5.1"表示当前Jewel CAD的版本;"KJP178.jcd"表示当前的文件名;"[正视图X/Z]"表示当前的视图是正视图,根据不同的视图模式,其名称不同。标题栏的右侧是窗口的最小化、最大化和关闭按钮。

图2-2　标题栏

2.2.2 菜单栏

菜单栏如图2-3所示,包含了Jewel CAD的所有命令,它是根据命令功能来分类的,例如,所有关于文件的操作都放在【档案】菜单下,所有对物体变形的操作都放在【变形】菜单下。

图2-3 菜单栏

2.2.3 工具栏

工具栏包含一些常用的操作命令,直接点击相应的工具按钮即可执行相应的操作,不需要进入菜单中选择,十分快捷。将光标停留在一个按钮上,即可显示该按钮的功能。

工具栏包括档案工具栏(图2-4),视图工具栏(图2-5),复制工具栏(图2-6),

图2-4 档案工具栏

图2-5 视图工具栏

图2-6 复制工具栏

基本变形工具栏(图2-7),变型工具栏(图2-8),曲线工具栏(图2-9),曲面工具栏(图2-10)和布林体工具栏(图2-11)。

图2-7 基本变形工具栏

图2-8 变型工具栏

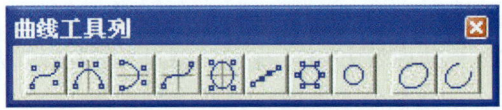

图2-9 曲线工具栏

图2-10 曲面工具栏

图2-11 布林体工具栏

2.2.4 工作区

工作区是绘图的区域,所有图形的绘制均在工作区中进行。

2.2.5 状态栏

状态栏(图2-12)主要是提示作用,提示用户当前该进行的操作,这个状态

第2章 认识Jewel CAD

X 15.75 Y 0 Z -5.5

图2-12 状态栏

栏在构造曲面的时候很有用，它可以提示我们该如何操作。另外状态栏会显示一些代表对象属性的数值，例如对象的坐标、长度等。

2.3 绘图环境设置

2.3.1 颜色设置

选择【档案】菜单下的"系统设定/颜色"命令可以对颜色进行设置。选择颜色设置命令后，系统会弹出如图2-13所示的对话框，在该对话框中可对工作区的背景颜色、坐标轴的颜色、网格的颜色和物体被选中后显示的颜色进行设置（图2-14）。如果要更改颜色，只需要在相应的颜色格子上单击，即可弹出如图2-15所示的调色板，选择一种颜色后，单击确定，即可返回到颜色设置对话框。如果将颜色恢复到系统默认的颜色，只需点击 重新设定 按钮即可。用户可根据自己的喜好对颜色进行设置。

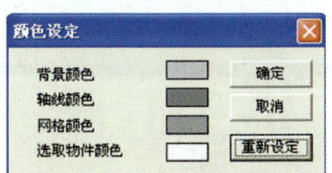

图2-13 "颜色设定"对话框

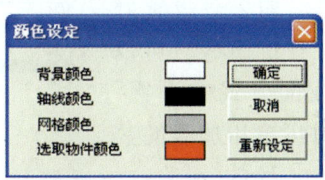

图2-14 设定新颜色

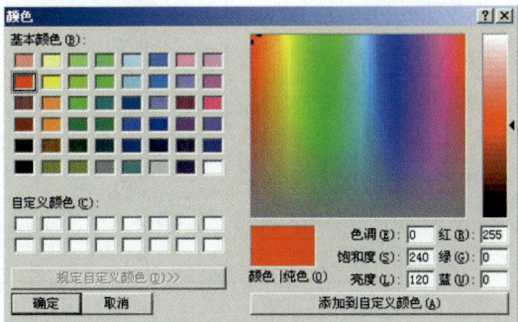

图2-15 调色板

2.3.2 设置目录

选择【档案】菜单下的"系统设定/资料夹"命令，设置本地数据库和材质的目录。选择目录设置命令后弹出如图2-16所示的对话框。如果要修改目录，只需点击 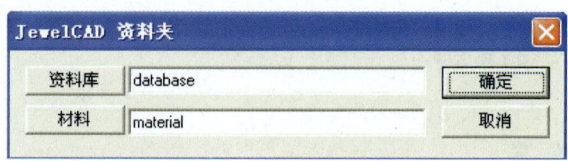 即可，选择相应的目录后，再点击"确定"即可。

图2-16 "资料库/材质"对话框

2.3.3 设置热键

选择【档案】菜单下的"系统设定/热键"命令，弹出如图2-17所示的热键对话框，在对话框中可以设置系统热键，用户可以根据自己的使用习惯设置热键，或使用一般系统默认的热键。

• 载入热键档：加载热键文件，如果有设置好的热键文件（*.hky），可以通过加载的方式来设置，设置后的热键和加载的热键文件是一致的。

• 存储热键档：将当前设置的热键保存为热键文件，文件名的后缀为hky。

• 消除热键：将设置好的热键清除。

• 存储热键成文字档：将设置的热键保存为文本文件。

现以"另存新档"命令为例，讲述如何为其设置

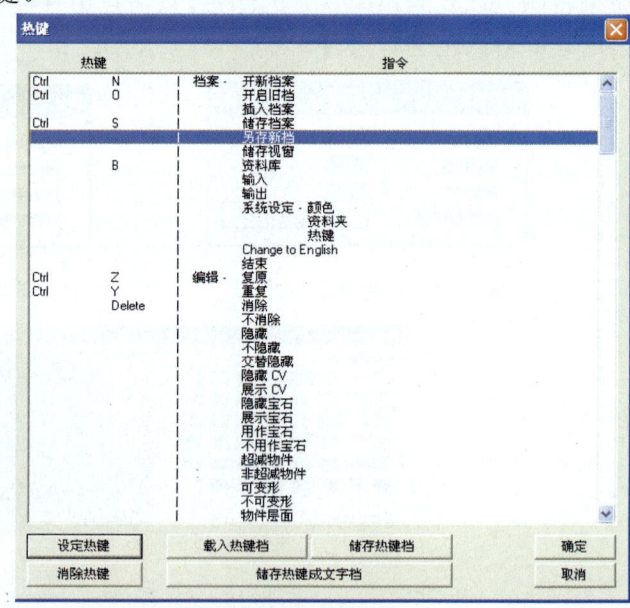

图2-17 "热键"对话框

热键。在图2-17所示的对话框中,先选中"另存新档"命令,再选择 设定热键 按钮,弹出如图2-18所示的热键选择对话框,在对话框的下拉列表中选择相应的字母即可,还可以选择"Ctrl"和"Shift",形成两个字母组合的热键。

图2-18 "设置热键"对话框

2.3.4 设置背景图片

选择【检视】菜单下的后视图"背景"命令可以在工作区放置一幅图片作为背景。选择"背景"命令后,弹出如图2-19所示的对话框,各项参数的意义如下。

• 空白背景:即不设置任何背景图片。

• 浏览 按钮前面的框中显示的是图片的路径,单击 浏览 按钮即可选择一幅图片作为背景。

• 真实尺寸:图片以实际尺寸显示。

• 调至图像之最大宽度:将图片放大,直到图片的宽度和工作区的宽度相等。

• 调至图像之最大高度:将图片放大,直到图片的高度和工作区的高度相等。

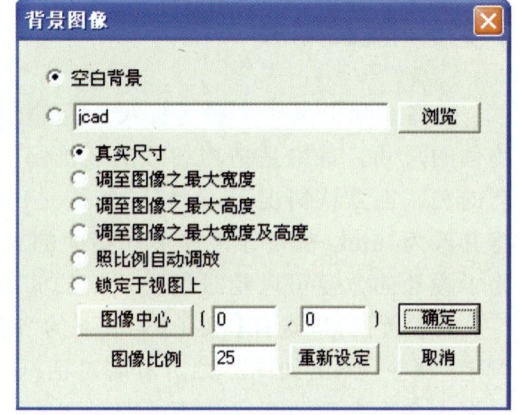

图2-19 "背景"对话框

• 调至图像之最大宽度及高度:将图片放大,直到图片的大小和工作区的大小相等,这时图片可能会发生变形。

• 照比例自动调放:将图片自动调整使之符合当前视图的大小。

• 锁定于视图之上:表示将图片锁定在视图中,选择该项后,还需要在下面的数值框中输入相应的数值。

• 图像中心:更改图像在视图中的中心位置。

• 图像比例:表示图片的缩放比例,其中的数字表示百分比。

选择 浏览 按钮,可在弹出图2-20所示的对话框中选择背景图片,图片的格式只能是BMP格式,选择图片后单击"打开"返回到背景图像对话框,再单击背景图像对话框中的"确定"即可将选择的图像作为背景，如图2-21所示。

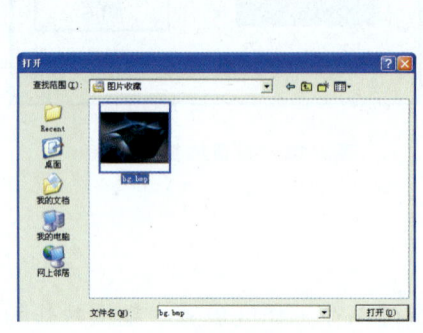 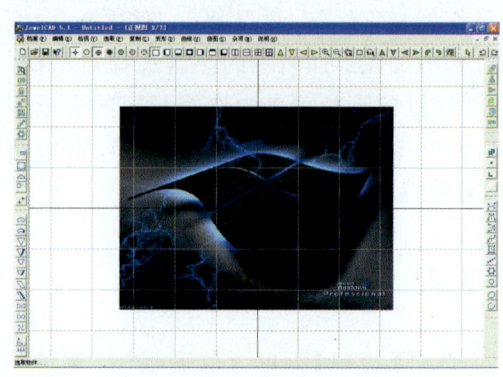

图2-20 打开背景图片　　　　　　　　　　图2-21 背景图片

2.3.5 设置网格

网格实际上是一个参考标尺，可以根据网格来观察对象的大小，便于确定物体的尺寸。首饰是精巧细致的装饰品，其尺寸要求精细明确，才能显出其小巧的美。在默认情况下，网格的间距是10mm，在使用时，为了设计更精确，可将其改为1mm，在设计某些尺寸稍大的首饰时，可以再将其改为10mm，总之，为了设计的方便可以随时调整网格的间距。

要设置网格，选择【检视】菜单下的"网格设定"命令，弹出如图2-22所示的对话框，对话框中各项参数的意义如下。

• 网格间距：表示网格之间的距离，可以输入需要的数值，单位为mm，一般设置成1mm。

图2-22 "网格设定"对话框

• 没有网格：表示不显示网格。

第3章　Jewel CAD的基本操作

3.1 对视图的操作（检视菜单）

在学习改变视图之前，我们先要学习一些三维空间的基本知识。首饰CAD和传统手绘设计的最大不同点在于首饰CAD是在三维空间中建立首饰的模型，而手绘则是二维平面的，因而需要了解一些三维空间知识的基本名词。

（1）正视图。正视图是我们从正面去看一个对象时所看见的情景，例如从正面去看一个人，看到的将是一个人正面的效果，如图3-1所示。

（2）右视图。右视图是从右边去看一个对象时所看到的情景，如图3-2所示。

（3）左视图。左视图是从左边去看一个对象时所看到的情景，如图3-3所示。

（4）背视图。背视图是从背面去看一个对象时所看到的情景，如图3-4所示。

（5）顶视图。顶视图是从上向下去看一个对象时所看到的情景，如图3-5所示。

（6）立体视图。从三维空间中的任意一个角度去看对象时所看到的情景，如图3-6所示。

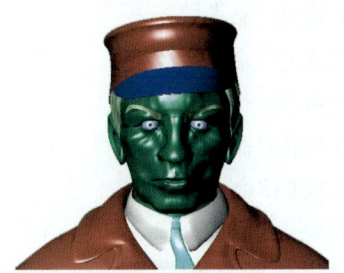
图3-1　正视图

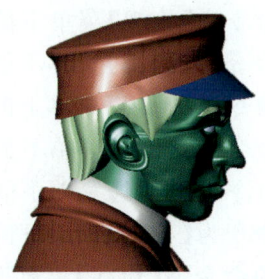
图3-2　右视图

图3-3　左视图

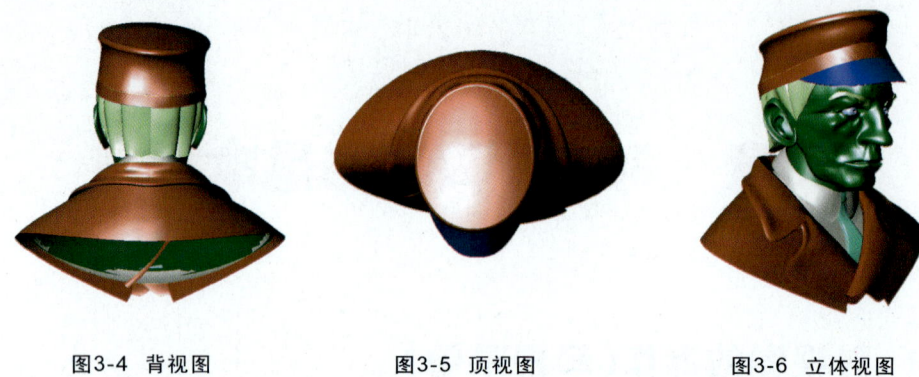

图3-4 背视图　　　　图3-5 顶视图　　　　图3-6 立体视图

图3-7为视图工具栏,在这里我们将视图工具栏分为两部分来讲解,第一部分是对视窗的操作,包括视窗的放大、缩小、移动、视窗的个数等。第二部分讲述对视图文件的操作,包括文件的旋转等。

图3-7 视图工具栏

3.1.1 对视窗的操作

如果要切换不同的视图,可以直接在视图工具栏上单击相应的按钮,也可以在【检视】菜单下选择对应的命令,视图工具栏上对视窗进行操作的各按钮功能如下：

- ▢ 正视图,对应的命令为【检视】菜单下的"正视图"命令。
- ▢ 右视图,对应的命令为【检视】菜单下的"右视图"命令。
- ▢ 上视图,对应的命令为【检视】菜单下的"上视图"命令。
- ▢ 背视图,对应的命令为【检视】菜单下的"背视图"命令。
- ▢ 左视图,对应的命令为【检视】菜单下的"左视图"命令。
- ▢ 下视图,对应的命令为【检视】菜单下的"下视图"命令。
- ▢ 立体视图,对应的命令为【检视】菜单下的"立体图"命令。
- ▥ 正视图和右视图,对应的命令为【检视】菜单下的"正/右视图"命令。
- ▤ 正视图和上视图,对应的命令为【检视】菜单下的"正/上视图"命令。

- ⊞ 正视图、右视图、上视图和立体视图,对应的命令为【检视】菜单下的"四视图正/右/上立体"命令。
- ⊞ 背视图、左视图、下视图和立体视图,对应的命令为【检视】菜单下的"四视图背/左/下立体"命令。
- △ 视图上移,对应的命令为【检视】菜单下的"移动/移上"。
- ▽ 视图下移,对应的命令为【检视】菜单下的"移动/移下"。
- ◁ 视图左移,对应的命令为【检视】菜单下的"移动/移左"。
- ▷ 视图右移,对应的命令为【检视】菜单下的"移动/移右"。
- ⊕ 放大窗口,对应的命令为【检视】菜单下的"放大/缩小/放大"。
- ⊖ 缩小窗口,对应的命令为【检视】菜单下的"放大/缩小/缩小"。
- ▣ 格放窗口,对应的命令为【检视】菜单下的"放大/缩小/格放"。
- □ 全部放大,对应的命令为【检视】菜单下的"放大/缩小/全图"。
- ⊙ 1:1放大,对应的命令为【检视】菜单下的"放大/缩小/1:1"。

3.1.2 对象显示模式的操作

对象显示模式工具栏上各图标的功能如下(图3-8)。

图3-8 显示模式工具

- ✥ 细格。细格用来捕获网格,选择该项后,在移动对象的时候,对象每次最小移动的距离将是一个固定的值,如果取消该项,可以以任意距离移动对象。
- ○ 简易线图。选择该项后,对象将以简易线图模式进行显示,即只显示对象的简易轮廓线,无法显示对象的CV点。简易线图如图3-9所示。
- ⊕ 普通线图。选择该项后,对象将以普通线图模式进行显示,可以观察到对象的详细轮廓线,只有在普通线图模式下,才能显示对象的CV点,普通线图如图3-10所示。
- ⊕ 详细线图。选择该项后,对象将以详细

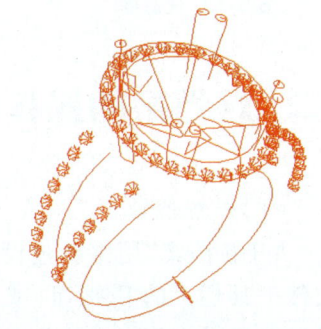

图3-9 简易线图

线图模式进行显示，可以观察到对象的所有轮廓，在这种模式下不能显示对象的CV点。详细线图如图3-11所示。

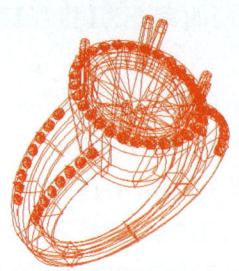 

图3-10 普通线图　　　　　　　图3-11 详细线图

- ◎快彩图。对物体进行简单的单色渲染显示，渲染速度最快，但色彩单一，在这种模式下，布林体会被还原，如图3-12所示。
- ◎彩色图。对物体进行彩色渲染显示，可以显示不同物体的色彩，但没有光影的效果，渲染速度较快，能够显示布林体，如图3-13所示。
- ◎光影图。对物体进行渲染显示，能够表现出较好的光影效果和材质效果，这种模式的显示速度最慢，如图3-14所示。

图3-12 快彩图　　　　图3-13 彩色图　　　　图3-14 光影图

3.2 对档案的操作（档案菜单）

（1）开新档案

"开新档案"用来新建设计文件，可以直接点击文件工具栏上的 ▯ 按钮，或者使用热键Ctrl+N，如果当前视图中已有设计文件，系统会弹出如图3-15所示的对话框提示用户是否保存当前文件，如果要

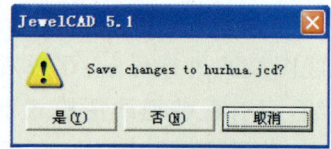

图3-15 保存提示

保存,选择"是"即可,然后选择保存的路径保存文件。

（2）开启旧档

"开启旧档"用来打开已存在的Jewel CAD文件,可以直接点击文件工具栏上的 按钮,或者使用热键Ctrl+O。选择"开启旧档"命令后,会弹出如图3-16所示的对话框,在对话框中选择需要打开的文件,再单击"打开"即可。

可以打开的文件格式为Jewel CAD文件格式,其文件名称为*.jcd。选择要打开的文件后,如果当前视图中有设计文件,系统同样会弹出如图3-15所示的对话框提示用户是否保存当前文件,根据是否需要保存选择"是"或"否"即可。

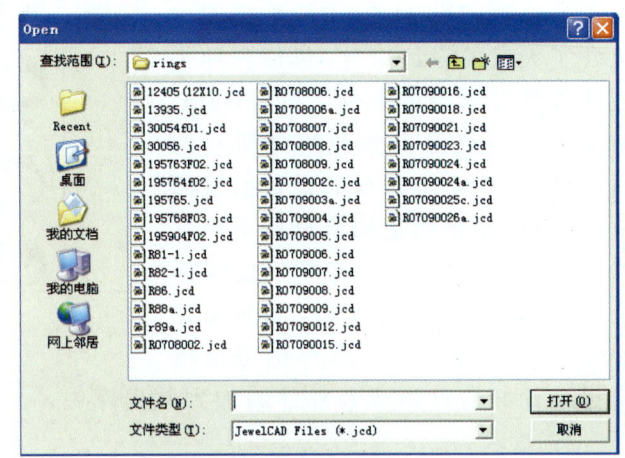

图3-16 "开启旧档"对话框

（3）插入档案

"插入档案"命令用来插入档案到现有的视图中,现有的档案会和插入的档案合并成一个新档案,插入的档案中的对象（包括隐藏的对象）会添加到当前视图中。插入档案时也会弹出如图3-16所示的对话框,在对话框中选择要插入的档案,再单击"打开"即可将选择的文件插入到当前视图中。

（4）保存档案

"保存档案"命令用来保存当前档案,当前视图中包括隐藏对象在内的所有对象都会被保存,也可以使用热键Ctrl+S来保存档案。

（5）另存新档

"另存新档"命令用来将当前的文件保存为另一份文件（图3-17）。

（6）存储视窗

"存储视窗"命令用来将当前视图保存为一幅BMP格式的图片,选

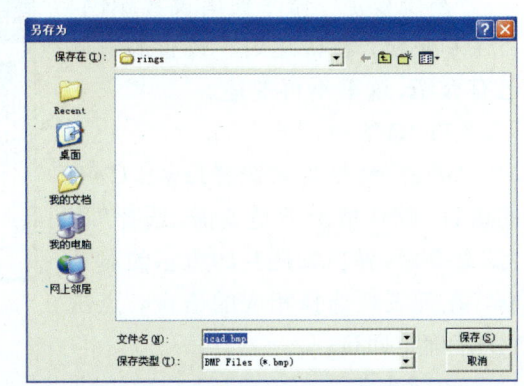

图3-17 存储视窗

择该命令后会弹出如图3-17所示的对话框,在对话框中可以设置保存的路径和名称。

(7)资料库

"资料库"命令用来调出数据库中的设计文件,Jewel CAD的数据库中包含了大量的设计文件,包括各种类型的首饰及首饰的部件。选择Database命令后会弹出如图3-18所示的对话框,其中左边显示的是数据库的目录,右边显示的是相应目录下的文件。选择文件时,只需在相应的图标上单击,对话框即可关闭,同时文件被加到当前视图中。用户也可以将自己设计好的首饰或者部件添加到数据库中。

图3-18 资料库

(8)输入

"输入"命令是将不同格式的文件导入到当前视图中,也可以将其他三维软件设计的作品输入到Jewel CAD中。支持的格式为DXF、IGES、STL3种格式的文件。

(9)输出

"输出"命令是将当前文件输出为其他格式的文件,方便在其他三维软件中打开Jewel CAD设计的作品。

(10)系统设定

"系统设定"命令使用设置颜色、目录和热键,在讲述用户设置的时候已有介绍,这里不再赘述。

(11)语言

"语言"命令用来选择Jewel CAD的语言,默认情况下是英语,选择"语言"命令后,弹出如图3-19所示的对话框,在列表栏选择相应的语言,点击"OK"确定即可。

图3-19 "语言"对话框

(12)结束

"结束"命令用来退出Jewel CAD。

3.3 选取对象(选取菜单)

选取对象的相关命令全部在【选取】菜单下,【选取】菜单如图3-20所示,为了能够详细说明【选取】菜单下各个命令的作用,请打开光盘上"练习文件/chapter3/pick.jcd"文件进行练习,该文件包含的对象如图3-21所示。

(1)选取物体

"选取物体"命令用来选择对象。在大多数情况下,系统都是处于选择模式,无需每次选择对象时都先选择"选取物体"命令,"选取物体"命令的快捷方式是直接选择一般工具栏上的选择图标 ,选取时应注意以下技巧。

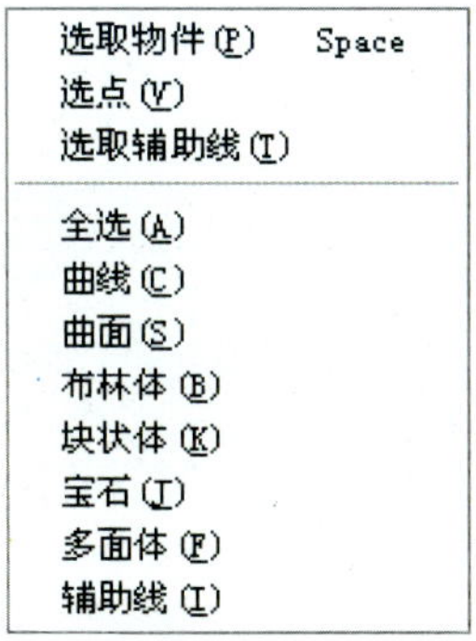

图3-20 选取菜单

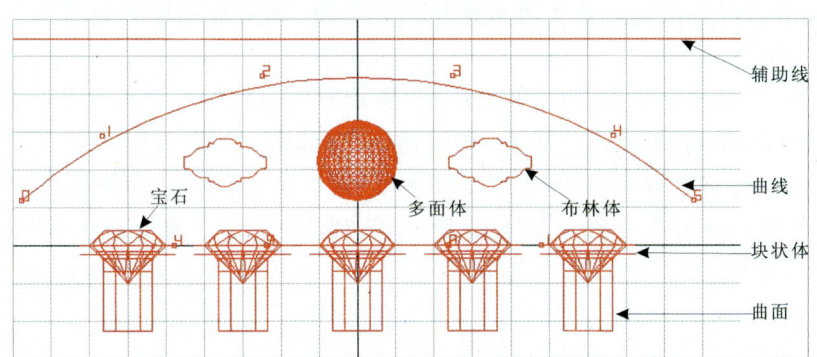

图3-21 对象说明

①选择单个对象。直接将光标移到对象上,点击左键即可选择,如图3-22所示。如果对象本身是处于选择状态的,再次选择对象会取消当前对象的选择。

②使用矩形框选择多个对象。将光标移动到视图中,按下左键,在视图中拖动鼠标即可拖出一个矩形区

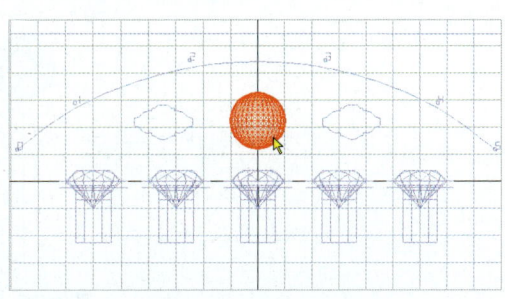

图3-22 选取单个对象

域，放开左键后，位于矩形区域内的对象会被选中，如图3-23所示。

③使用任意形的线框选择多个对象。将光标移动到视图中，先按下Ctrl键，再按下左键，然后拖动鼠标，即可绘制一条任意形状的曲线，被曲线包围的对象将会被选中，如图3-24所示。

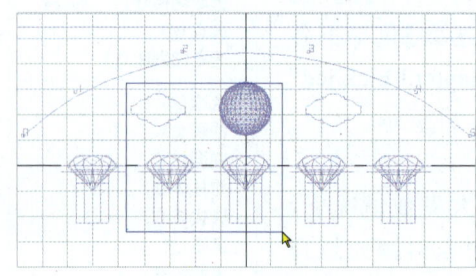

图3-23 框选对象　　　　　　　图3-24 任意范围选取

④取消所有选择对象。在视图中点击右键，即可取消所有对象的选择。

（2）选点

"选点"命令用来选择CV点。选择"选点"命令后，光标会变成形状，这时可以将光标移动到CV点上单击，即可将CV点选中，如图3-25所示。CV点的选择方式与"选取物体"命令相同，可以参考"选取物体"命令的4种选择方式。

CV点还有另外一种快捷的选择方式，选择"选点"命令后再按住shift键的同时，在CV点上单击即可选择单个CV点，也可以使用矩形框选择多个CV点。

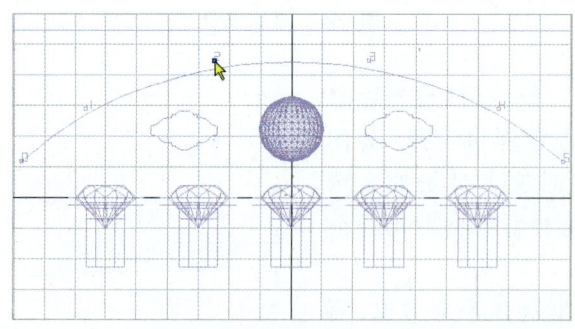

图3-25 选点

(3)选取辅助线

"选取辅助线"命令用来选择当前视图中的辅助线。选择"选取辅助线"命令后,光标会变成 形状,这时在辅助线上单击,即可将辅助线选中,如图3-26所示。

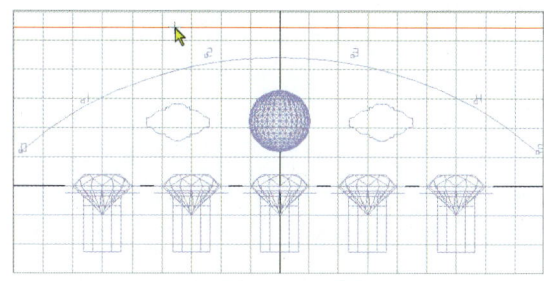

图3-26 选取辅助线

(4)全选

"全选"命令用来选择当前视图中的所有对象(辅助线除外),如图3-27所示。

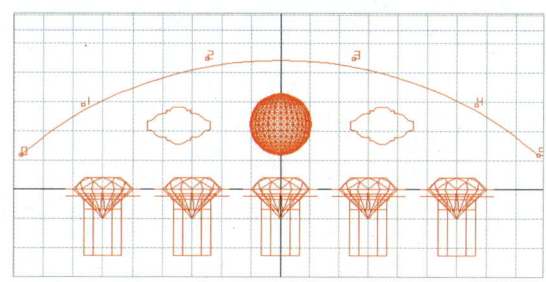

图3-27 全选

(5)曲线

"曲线"命令用来选择当前视图中的所有曲线,但不选择辅助线,如图3-28所示。

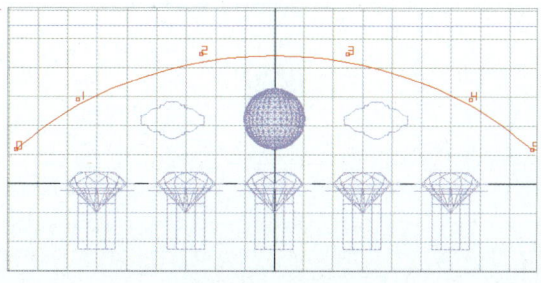

图3-28 选取曲线

（6）曲面

"曲面"命令用来选择当前视图中的所有曲面，如图3-29所示。

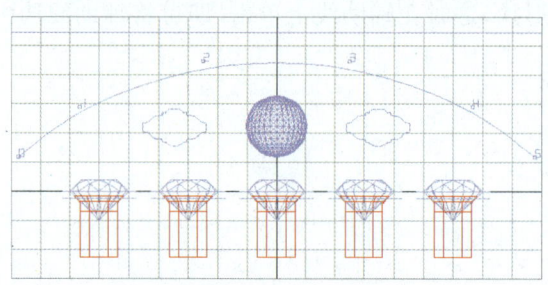

图3-29　选取曲面

（7）布林体

"布林体"命令用来选择当前视图中的所有布林体，如图3-30所示。

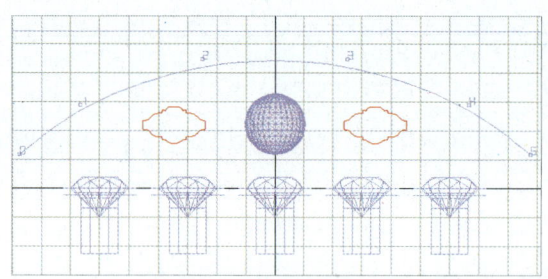

图3-30　选取布林体

（8）块状体

"块状体"命令用来选择当前视图中的所有块状体，如图3-31所示。

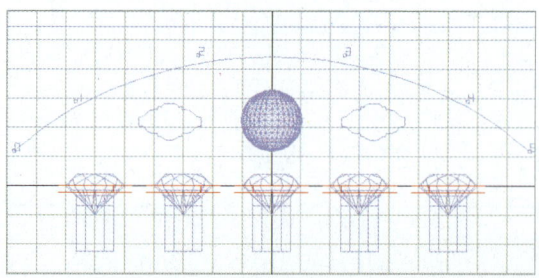

图3-31　选取块状体

（9）宝石

"宝石"命令用来选择当前视图中的所有宝石,如图3-32所示。

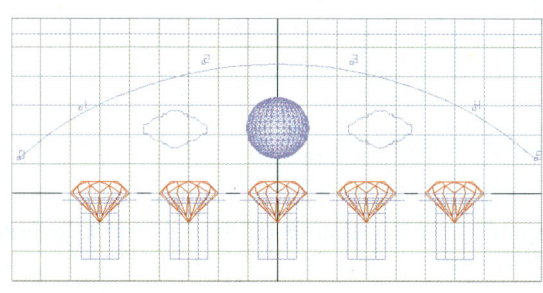

图3-32 选取宝石

（10）多面体

"多面体"命令用来选择当前视图中的所有多面体,如图3-33所示。

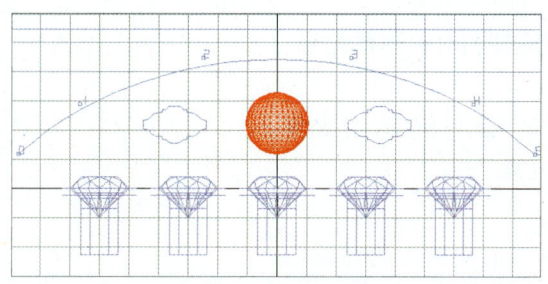

图3-33 选取多面体

（11）辅助线

"辅助线"命令用来选择当前视图中的所有辅助线,如图3-34所示。

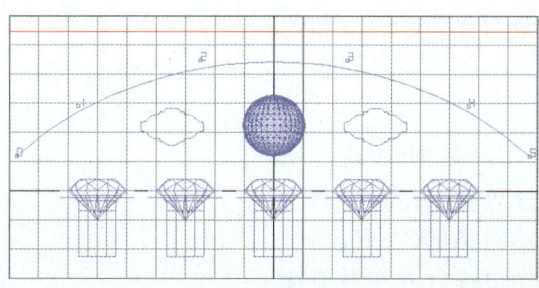

图3-34 选取辅助线

3.4 编辑对象（编辑菜单）

（1）复原

该命令用来撤销上一步的操作。

（2）重复

该命令与"复原"命令相反，用来重复"复原"命令撤销的操作。

（3）消除

该命令用来将选择的对象删除。

（4）不消除

该命令用来恢复删除的对象，每选择一次可以恢复上一次删除的对象，多次选择该命令可以逐步恢复以前删除的对象。

（5）隐藏

该命令用来将选择的对象隐藏起来。

（6）不隐藏

该命令和"隐藏"命令相反，用来将隐藏的对象显示出来。

（7）交替隐藏

该命令用来将当前视图中的对象隐藏起来，同时将隐藏的对象显示在视图中。

（8）隐藏CV

该命令用来隐藏对象的CV点。使用该命令时，先选择对象，再选择"隐藏CV"命令，即可隐藏对象的CV点，如图3-35所示。

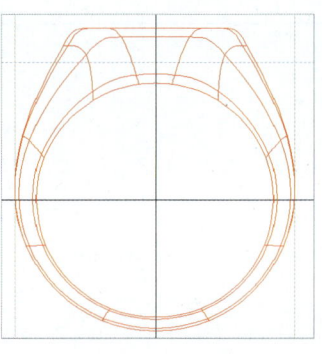

图3-35 隐藏CV

（9）展示CV

该命令用来展示对象的CV点。使用该命令时，先选择对象，再选择"展示CV"命令，即可展示对象的CV点，如图3-36所示。应注意的是，只有在普通线框图模式下才能看见对象的CV点。

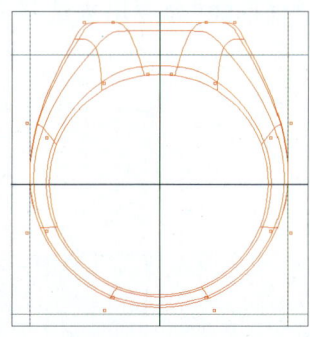

图3-36 展示CV

（10）隐藏宝石

该命令用来将当前视图中的宝石隐藏起来。如图3-37所示的耳钉,选择所有的对象以后再选择"隐藏宝石"命令,即可将所有的宝石隐藏起来(图3-38)。

图3-37　耳钉　　　　　　　图3-38　隐藏宝石

（11）展示宝石

该命令用来将隐藏的宝石展示出来。

（12）用作宝石

有时候需要自己创建特定形状的宝石,可以用"用作宝石"命令将自己创建的对象定义为宝石,被定义为宝石的对象将具有宝石的属性。定义成宝石后,前面的"隐藏宝石"、"展示宝石"等命令就会对该对象有效。

（13）不用作宝石

"不用作宝石"命令的功能和"用作宝石"命令的功能刚好相反,"不用作宝石命令"用来取消对象的宝石属性。

（14）超减物件

一个对象被定义成超减物体后,如果有另外一个物体与之相交,那么这两个物体相交的部分会自动被减掉。如图3-39所示的戒指,需要减去多余的爪和镶口,可以做一个和戒指内圈等大的圆柱体(图3-40),然后用"超减物体"将该圆柱体定义为一个超减物件,与该圆柱相交的爪、镶口就会自动被减去(图3-41)。

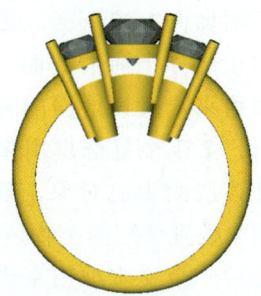

（15）非超减物件

当一个对象被定义为超减物件以后,可以用"非超减物件"来取消定义。

图3-39　戒指

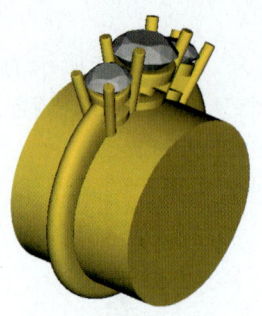
图3-40 戒指内圈做圆柱体

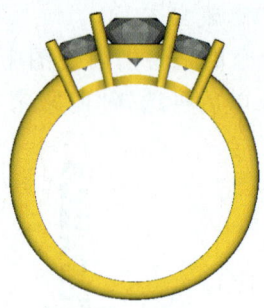
图3-41 超减

（16）可变形

物体被定义为可变形后，在对物体进行映射操作时，物体的形状就能根据映射曲面或者曲线的曲率发生相应的变化。

（17）不可变形

"不可变形"命令和"可变形"命令恰好相反，选择"不可变形"命令后，在对物体进行映射操作时，不论映射曲面、曲线的曲率如何变化，物体的形状都保持不变。

关于"可变形"和"不可变形"的应用请参考3.6.19的"映射"命令。

（18）物体层面

"物体层面"命令用来将物体放置在不同的层面上。"物体层面"对话框如图3-42所示，第一个单选框用来选择当前的层面，第二个复选框用来定义该层面的物体是否可编辑，第三个复选框用来显示或者隐藏该层面上的对象，第四个颜色块用来设置该层面上物体显示的颜色，最后一个文本框用来设定该层面的名称。

更改物体层面的属性可按照以下步骤进行操作。

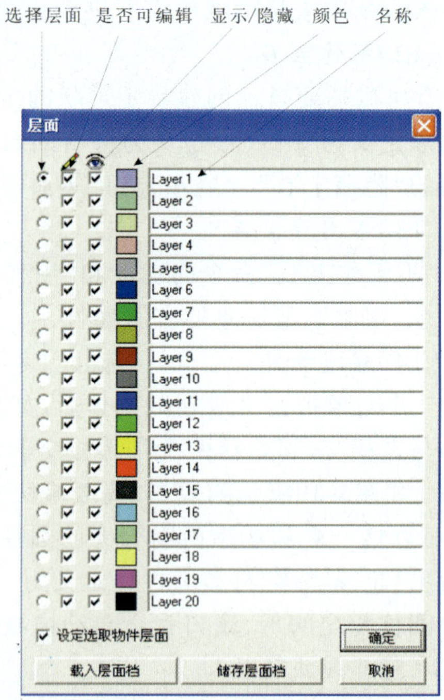

图3-42 "物体层面"对话框

①选择需要更改层面属性的物体,如图3-43所示的戒指圈。

②选择"物体层面"命令,在弹出的对话框中设置物体的层面为layer12,如图3-44所示,颜色为绿色。

③单击对话框中的"确定"后,选中的戒指圈即变成了绿色,如图3-45所示。如果继续在视图中创建其他的物体,创建的物体都会以绿色显示。

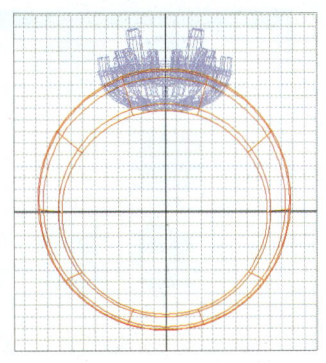

图3-43 选取物体

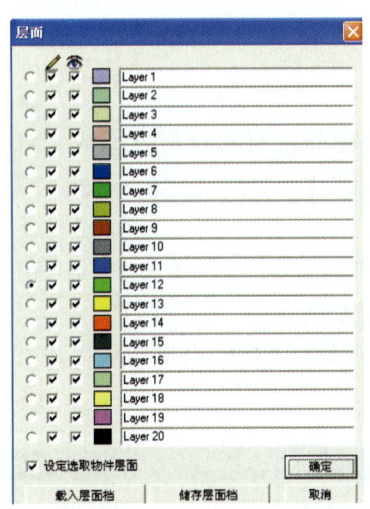

图3-44 设置层面

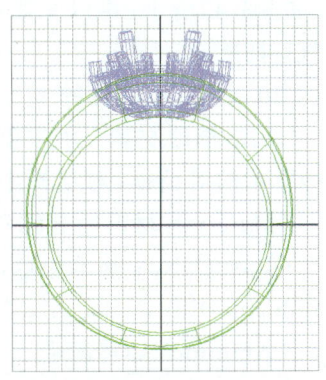

图3-45 设定后的结果

(19)材料

"材料"命令用来更改物体的材质。可按照以下操作方式来更改物体的材质。

①打开任意一个文件,光影图如图3-46所示的吊坠。

②选择视图中的宝石,选择"材料"命令,在材质对话框中选择红宝石材

图3-46 吊坠

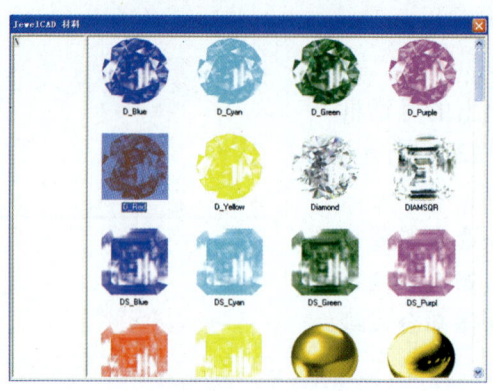

图3-47 "材料"对话框　　　　　图3-48 更改材质

质,如图3-47所示,再以光影图显示对象,选择的宝石的材质就变成了红宝石,如图3-48所示。

（20）新造/修改材料

"新造/修改材料"用来创建另外一种新的材质,选择该命令后,弹出如图3-49所示的对话框,对话框中各项参数的意义如下。

• Material:材料的名称和路径,单击后面的  按钮可以进行设置。

• BaseColor:基本颜色,下面包括Ambient,Diffuse,Specular 3个参数。

• Ambient:环境颜色。

• Diffuse:散射颜色,物体整体的颜色。

• Specular:亮光点颜色,物体表面反光点的颜色。

• Mapping:物体表面效果。

• Texture:纹理,放映材质表面肌理的效果,后面的对话框中可以输入纹理的路径和名称。

• Bump:粗糙度。

• Refelect:反射度。

• Shiny:光亮度。

• Appearance:表面特征。

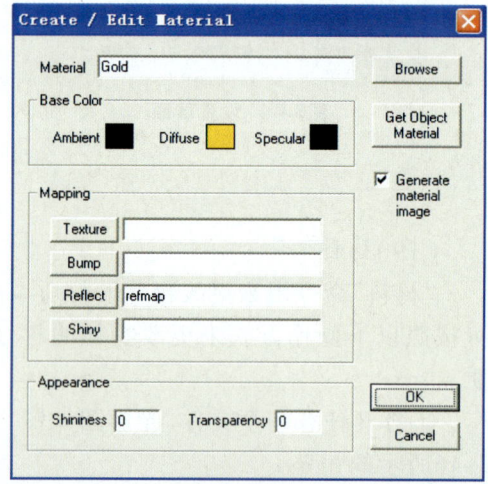

图3-49 "新造/修改材料"对话框

- Shininese：光泽度。
- Transparency：透明度。

3.5 复制对象（复制菜单）

3.5.1 剪贴

（1）功能
先剪切对象，再粘贴对象，达到复制对象的目的。
（2）运行方式
选择【复制】菜单下的"剪贴"命令，或点击复制工具面板上的 ![icon] 图标。
（3）操作说明
该命令用来将一个对象粘贴（复制）到不同的地方。进行该操作时，先选择要复制的对象，再选择"剪贴"命令，这时选择的对象被剪切，然后进入到粘贴模式。可以按照以下的步骤粘贴对象到不同的位置。
①将光标移动到视图中，按下鼠标左键不放，在视图中就出现了复制的对象。
②只要鼠标左键没有松开，对象的位置就没有固定，这时可以移动鼠标来改变对象的位置，在移动过程中，状态栏上会显示对象的坐标值。
③移动到期望的位置后再松开鼠标，对象的位置就固定了。
④如果要复制出多个对象，重复以上操作即可。
⑤退出复制，点击选择图标即可。
将对象复制到某个位置以后，如果需要改变该对象的大小和位置，可以按照以下的操作方式进行。
①改变对象的位置。在没有退出复制模式的情况下，将光标移动到对象上，按住Shift键，然后按住左键拖动对象即可。
②改变复制后对象的大小。在没有退出复制模式的情况下，将光标移开对象，按住Shift键，然后按住左键，在水平和垂直方向上拖动即可。改变对象大小后，如果继续执行复制操作，复制出的对象将和改变后的对象大小一致，而不再和原对象大小一致。
③旋转复制后的对象。在没有退出复制模式的情况下，将光标移开对象，按住Shift键，然后按住右键，在水平和垂直方向上拖动即可。旋转对象后，如

果继续执行复制操作，复制出的对象将和改变后的对象大小一致，而不再和原对象大小一致。

在进行复制操作之前，必须先了解不同的显示模式下的不同复制效果，对象的显示模式与复制效果有以下两种情形。

①被复制的对象如果是以线框模式显示的，复制出来的对象也会以线框模式显示，并且复制出来的对象与原对象方向是一致的，如图3-50。

②被复制的对象如果是以色彩模式显示的，复制出来的对象也会以色彩模式显示，但是复制出来的对象的方向与原对象是垂直的。

（4）操作范例

①打开光盘上的"练习文件/chapter3/cut&paste.jcd"文件。

②选中视图中的小圆，如图3-50所示，再选择"剪贴"命令，这时小圆从视图上消失，同时光标变成 状。

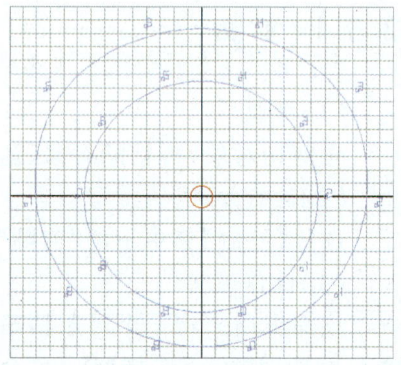

图3-50 选择小圆

③将光标移动到如图3-51所示的位置单击左键，即可复制粘贴到光标所在的位置。

④接着可移动光标到不同的位置再单击鼠标左键，即可将剪切的小圆粘贴到不同的位置，如图3-52所示。

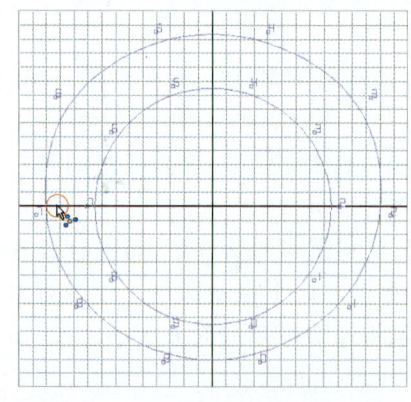

图3-51 粘贴

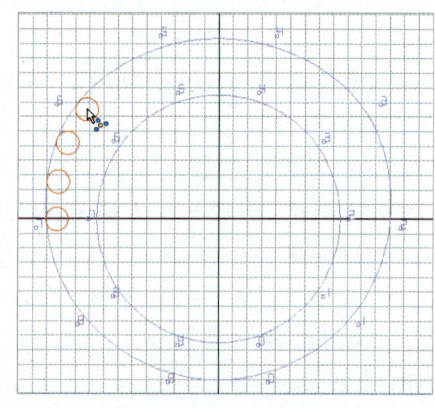

图3-52 多次粘贴

3.5.2 反转复制

(1) 功能

复制出一个原对象成90°角的对象。

(2) 运行方式

选择【复制】菜单下的"反转复制"命令。

(3) 操作说明

使用该命令时,先选择要复制的对象,再选择该命令。该命令下共有4个子命令,分别是反上、反下、反左、反右。

(4) 操作范例

①打开光盘上的"练习文件/chapter3/flip90.jcd"文件,该文件中的对象是一个直径为4mm的宝石,如图3-53所示。

②选择视图中的宝石,再选择"反转复制/反上"命令,即可将原来的宝石反转90°后复制,如图3-54所示。

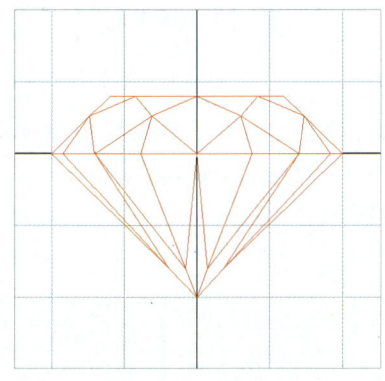 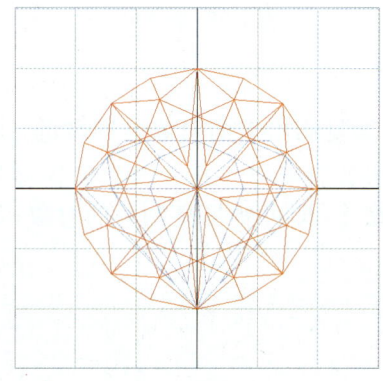

图3-53 选择宝石　　　　　　　　图3-54 反上复制

3.5.3 隐藏复制

(1) 功能

复制一个对象,并将复制出来的对象隐藏。

(2) 运行方式

选择【复制】菜单下的"Flip90"命令。

（3）操作说明

使用该命令时，先选择要复制的对象，再运行该命令。

（4）操作范例

①打开光盘上的"练习文件/chapter3/flip90.jcd"文件。

②选中视图中的宝石，如3-55图，再选择"隐藏复制"命令，弹出如图3-56所示的提示框，表示有多少个对象被复制到隐藏层，点击"确定"。

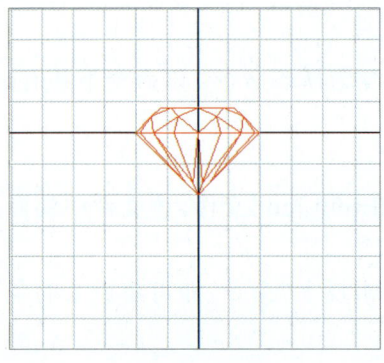

图3-55 选择宝石

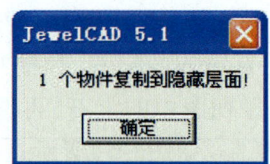

图3-56 隐藏复制

③复制出来的对象是隐藏的，并且和原对象重合，为了看到复制出来的对象，可先将原对象移开原来位置，如图3-57所示，再选择【编辑】菜单下的"不隐藏"命令，即可看见复制后的对象，如图3-58所示。

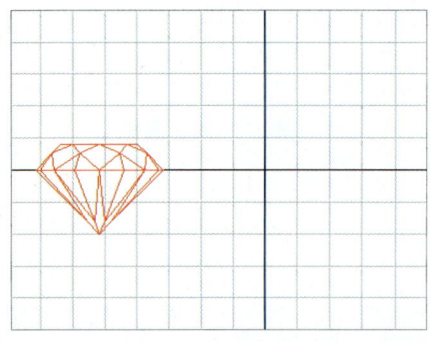

图3-57 移动宝石

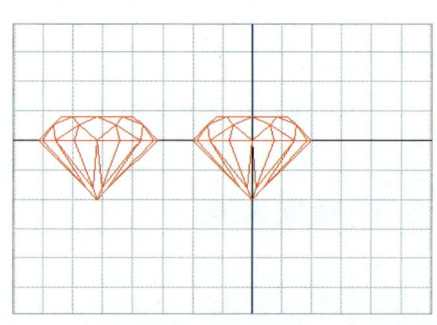

图3-58 展示宝石

3.5.4 左右复制

（1）功能

将选中的对象以纵轴为对称轴，左右对称对象。

（2）运行方式

选择【复制】菜单下的"左右复制"命令，或点击复制工具面板上的 图标。

（3）操作说明

使用该命令时，先选择要复制的对象，再运行该命令，复制出来的对象与原对象关于纵轴对称。

（4）操作范例

①打开光盘上的"练习文件/chapter3/verticalmirror.jcd"文件。

②选中所有宝石，如图3-59所示，再选择"左右复制"命令，即可将原对象关于纵轴对称复制，如图3-60所示。

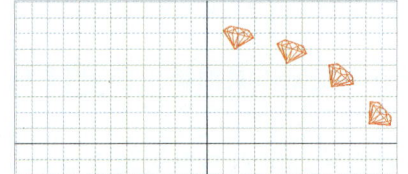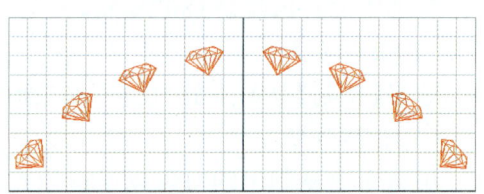

图3-59　选择宝石　　　　　　　　图3-60　左右复制

3.5.5 上下复制

（1）功能

将选中的对象以横轴为对称轴，上下复制。

（2）运行方式

选择【复制】菜单下的"上下复制"命令，或点击复制工具面板上的 图标。

（3）操作说明

使用该命令时，先选择要复制的对象，再运行该命令，复制出来的对象与原对象成横向对称。

（4）操作范例

①打开光盘上的"练习文件/chapter3/horizontalmirror.jcd"文件。

②选中该对象,如3-61图,再选择"上下复制"命令,即可将原对象关于横轴对称复制,如图3-62所示。

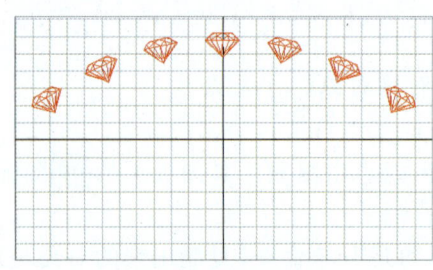

图3-61 选择宝石　　　　　　　图3-62 上下复制

3.5.6 旋转180

(1)功能

将选中的对象旋转180°复制。

(2)运行方式

选择【复制】菜单下的"旋转180"命令,或点击复制工具面板上的 图标。

(3)操作说明

用该命令复制出的对象以坐标原点为中心旋转180°后与原对象重合。

(4)操作范例

①打开光盘上的"练习文件/chapter3/revolve180.jcd"文件。

②选中视图中的对象,如图3-63所示,再选择"旋转180"命令,得到如图3-64所示的复制结果。

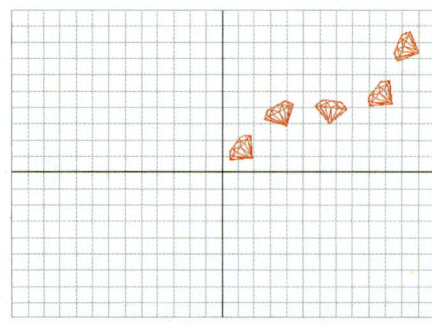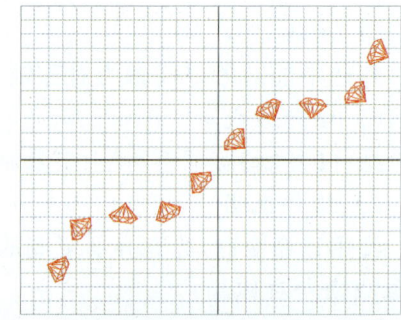

图3-63 选择宝石　　　　　　　图3-64 旋转180°复制

3.5.7 上下左右复制

(1) 功能

将选择的对象以横向对称、纵向对称和旋转180°对称的方式复制出3个对象。

(2) 运行方式

选择【复制】菜单下的"上下左右复制"命令,或点击复制工具面板上的 图标。

(3) 操作说明

使用该命令时,先选择要复制的对象,再运行该命令。

(4) 操作范例

①打开光盘上的"练习文件/chapter3/cycle.jcd"文件。

②选中视图中的对象,如图3-65所示,再选择"上下左右复制"命令,得到如图3-66所示的复制结果。

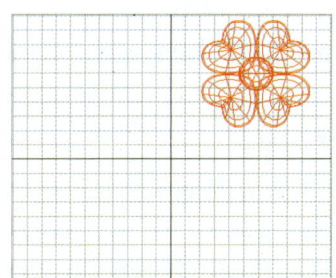
图3-65 选择对象

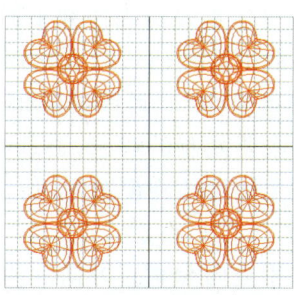
图3-66 上下左右复制

3.5.8 直线复制

(1) 功能

将选择的对象在直线方向上进行复制。

(2) 运行方式

选择【复制】菜单下的"直线复制"命令,或点击复制工具面板上的 图标。

(3) 操作说明

使用该命令时,先选择要复制的对象,再运行该命令,这时弹出如图3-67所示的对话框。

对话框中的参数意义如下。

- 延伸数目：指复制完毕后包括原对象在内的对象的数目。
- --：表示相邻两个对象在横轴方向上的间隔距离。
- |：表示相邻两个对象在纵轴方向上的间隔距离。
- +：表示相邻两个对象在进出方向上（垂直于电脑屏幕方向）的间隔距离。

右下角的 < 是扩展功能按钮，点击该按钮后变为如图3-68所示的对话框，再点击该按钮即可回到先前的对话框，图3-68所示的对话框中的参数意义如下。

- /：表示直线长度，即原对象与最后一个复制对象之间的距离。

图3-67 "直线延伸"对话框（一）　　　　图3-68 "直线延伸"对话框（二）

- <：表示直线与横轴之间的角度。
- >：表示直线与当前视平面之间的角度。

数值框中的数值可以直接用键盘输入，也可以通过鼠标的拖动来输入（这样更具有直观性）。具体操作如下。

①选取要复制的对象，再选择"直线复制"命令。

②将光标移动到视图中，按下鼠标左键在水平方向或者垂直方向上拖动鼠标，或者按下鼠标右键，在任何方向上移动鼠标，如图3-69所示。拖动鼠标时对话框中水平方向和垂直方向上的数值随着鼠标的移动不断改变，对话框中的数值就会根据鼠标拖动的距离自动进行设置。

（4）操作范例

①打开光盘上的"练习文件/chapter3/extend.jcd"文件。

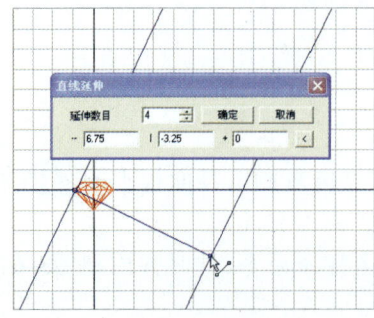 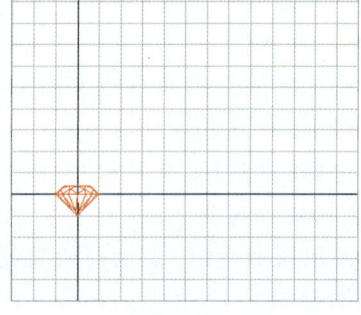

图3-69 拖动右键　　　　　　　　　图3-70 选择对象

②选中该对象,如图3-70所示,再选择"直线复制"命令,按照图3-71所示设置好数值,点击"确定",即可得到如图3-72所示的复制结果,可以看出相邻宝石在横向和纵向方向上的距离都是2.5mm。

图3-71 设置对话框

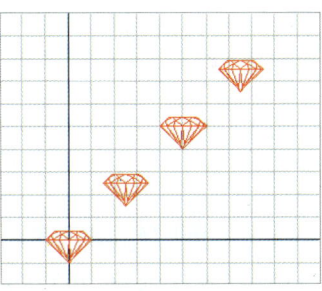

图3-72 直线复制

3.5.9 环形复制

(1)功能
复制出多个呈环形排列的对象。
(2)运行方式
选择【复制】菜单下的"环形复制"命令,或点击复制工具面板上的 图标。
(3)操作说明
使用该命令时,先选择要复制的对象,再选择该命令,这时弹出如图3-73所示的对话框。对话框中各项参数意义如下。

• 数目:表示复制后的对象数目,包括原来的对象在内,其数值至少为2。
• 角度:表示相邻两个对象之间的角度,可以直接输入数值,也可以在下拉框中选择。

图3-73 环形复制对话框

• 全方位:选择该项后,复制后的对象均匀分布在一个圆周上,数目和角度之间的乘积必需为360°,例如选择数目为6,那么角度就为60°。
顺时针:表示复制的对象按顺时针方向排列。
(4)操作范例
①打开光盘上的"练习文件/chapter3/revolve.jcd"文件。
②将视图中的文件选中,如图3-74所示再运行"环形复制"命令,按照图3-73

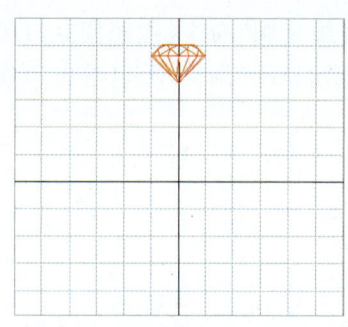
图3-74 选择对象

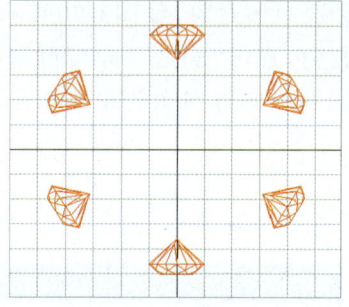
图3-75 环形复制

所示设置好各项数值,再点击确定,即可得到如图3-75所示的复制结果。

3.5.10 多重变形

(1)功能

采用变形的方式复制对象,复制出来的物体形状相对原来对象的形状是变化的。

(2)运行方式

选择【复制】菜单下的"多重变形"命令。

(3)操作说明

选择"多重变形"命令后会弹出如图3-76所示的对话框,在该对话框中,可以设置对象移动的距离,整体缩放的尺寸、旋转的角度等,对话框中各项参数的意义如下。

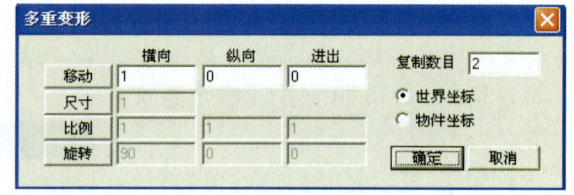
图3-76 "多重变形"对话框

• 移动:移动包含了横向、纵向和进出坐标方向3个方向上移动的距离,该距离表示复制的多个对象之间的间隔距离。

• 尺寸:表示复制出来的对象相对原对象的整体缩放比例。

• 比例:比例包含横向、纵向和进出坐标方向3个方向的比例,前面的尺寸是对整体进行放大或者缩小,这里的比例可以设置三维空间中某一方向上缩放的比例。

• 旋转:旋转可以设置复制后的对象的旋转角度,可以围绕横轴、纵轴和进出坐标轴3个坐标轴进行旋转。

- 复制数目：复制后包括原对象在内的所有对象的数目。
- 世界坐标：以世界坐标为中心复制。
- 物件坐标：以物件坐标为中心复制。

该对话框中，只有呈白色显示的项目才是有效的，灰色显示的项目无效，如果只需要设定其中的某一项，在该项上双击即可；如果需要增加设定某一项，可以在需要增加的那一项上单击。

（4）操作范例

① 打开"练习文件/chapter3/transform.jcd"文件。

② 选择宝石，如图3-77所示，再选择"多重变形"命令，按照图3-78所示，设置好对话框中的参数。在该对话框中，只有移动和比例两项是呈白色显示的，移动选项中设置对象在横向和纵向上的移动距离为2mm，比例选项中设置对象在横轴方向上放大两倍。

③ 单击"确定"，复制的结果如图3-79所示。

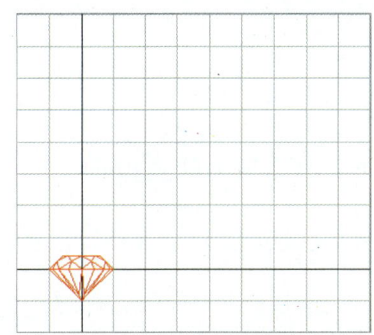

图3-77 选择宝石

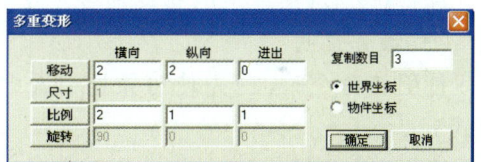

图3-78 "多重变形"参数设置对话框

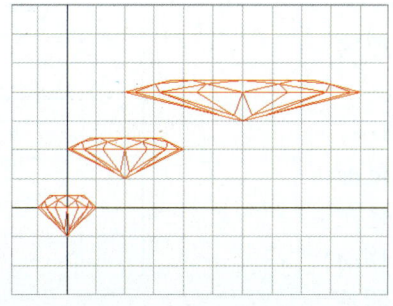

图3-79 多重变形复制

3.6 变形对象（变形菜单）

在Jewel CAD中，移动对象，缩放对象，变换对象的形状等都称为变形。所有的变形都遵循同样的操作过程。①在变形操作之前，先要决定在哪个视图下变形。例如，如果需要在正视图中变形，就要先切换到正视图。②在相应的视图中选择变形的对象，再选择相应的变形命令。③选择是在物件坐标下变形对象，还是在世界坐标下变形对象。④执行变形操作，操作完毕后点击选择图标 可以退出变形模式。

3.6.1 移动

（1）功能
移动对象。
（2）运行方式
选择【变形】菜单下的移动命令，或单击变形工具面板上的 图标。
（3）操作说明
使用该命令时，应先使对象处于选中状态，再选择移动命令进入移动操作模式。
（4）操作范例
①打开"练习文件/chapter3/move.jcd"文件，在上视图中选择图中的宝石。
②选择世界坐标或者物件坐标。
③将光标移动到视图中，按下左键或者右键，拖动鼠标移动对象。如果按下的是左键，则可以横向或者纵向移动对象（图3-80）；如果按下的是右键，则可以在任意方向上移

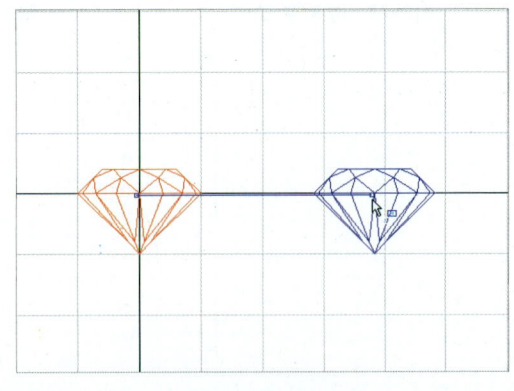

图3-80　左键拖动

动对象(图3-81)。

④移动完毕后放开鼠标结束移动操作。

⑤重复以上操作可以再次移动对象,点击选择图标 可以退出移动模式。

3.6.2 尺寸

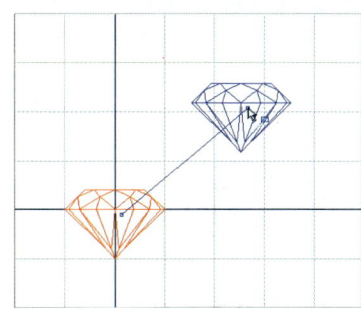

图3-81 右键拖动

(1)功能

改变对象的尺寸大小。

(2)运行方式

选择【变形】菜单下的"尺寸"命令,或单击变形工具面板上的 图标。

(3)操作说明

使用该命令时,应先使对象处于选中状态,再选择移动命令进入尺寸操作模式,然后依据以下步骤来改变对象的大小。

①将光标移动到视图中,按下左键或者右键。

②拖动鼠标,对象的大小会随着改变。如果按下的是左键,对象的大小会成比例的缩放,如图3-82所示;如果按下的是右键,对象只在鼠标拖动的方向上缩放,是不成比例的,如图3-83所示。

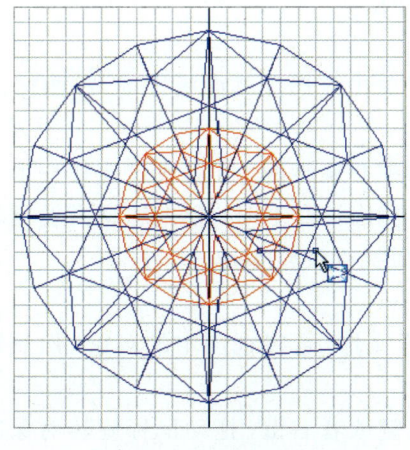

图3-82 左键缩放

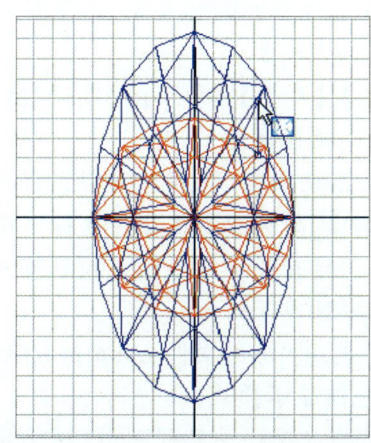

图3-83 右键缩放

③放开左键或者右键结束移动。

④重复以上操作可以重新缩放对象，点击选择图标 可以退出。

在缩放的时候要确定是在世界坐标下缩放对象，还是在物件坐标下缩放对象。如果是以世界坐标为中心缩放对象，则物体以坐标原点为中心进行缩放，如图3-84所示；如果是以物件坐标为中心进行缩放，则物体以自己本身的中心为中心进行缩放，如图3-85所示。

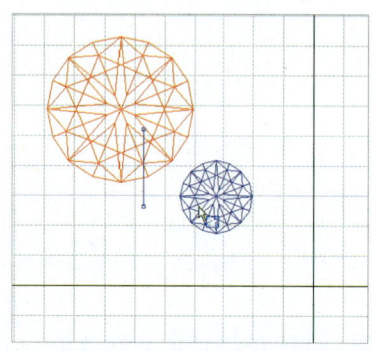
图3-84 世界坐标下缩放

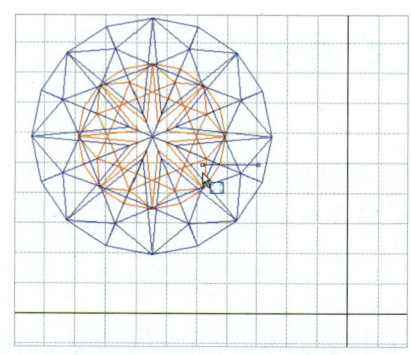
图3-85 物件坐标下缩放

3.6.3 反转

（1）功能

在三维空间翻转对象，改变对象的方向。

（2）运行方式

选择【变形】菜单下的"反转"命令，或单击变形工具面板上的 图标。

（3）操作说明

在默认情况下，对象是以世界坐标为中心旋转的，可以通过选择变形工具栏上的 图标改为在物件坐标下旋转。使用该命令时，应先选择需要翻转的对象，再选择反转命令进入反转模式，然后执行反转操作。

（4）操作范例

①打开"练习文件/chapter3/flip.jcd"文件，选择视图中的对象，然后切换到彩色图显示模式。

②将光标移动到视图中，按下鼠标左键或者右键，拖动鼠标旋转对象。如果按下的是左键（图3-86），则只能在水平方向或者垂直方向上反转对象；如果

按下的是右键,则可以在任何方向上旋转对象(图3-87)。在拖动鼠标的过程中会出现一条蓝色的直线,该直线代表着光标移动的方向。

③旋转完毕后放开鼠标左键或者右键。

④继续旋转对象可以重复以上操作,如果需要结束"旋转"命令,可以点击选择图标 ![icon] 退出。

图3-86 左键反转

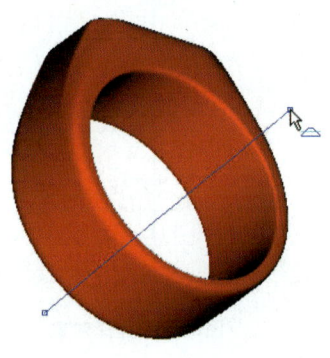
图3-87 右键反转

3.6.4 旋转

(1)功能

在平面上旋转对象,改变对象的方向。

(2)运行方式

选择【变形】菜单下的"旋转"命令,或单击变形工具面板上的 ![icon] 图标。

(3)操作说明

该命令与"反转"命令有类似的地方,他们都是通过旋转来改变对象摆放方向,不同的是,"反转"是在三维空间中旋转对象,可以向空间的任意一个方向旋转。但是"旋转"命令只能在一个平面上旋转,即只能在平行于电脑平面的二维空间上旋转。旋转命令旋转操作的方式与反转类似,不同的是在旋转命令中,按下左键和右键后的旋转结果是相同的。

(4)操作范例

①打开"练习文件/chapter3/roll.jcd"文件,在视图中选择最右边的对象,如图3-88所示。

②选择世界坐标。

③将光标移动到视图中,按下鼠标左键或者右键,拖动鼠标旋转对象,在拖动鼠标的过程中会出现一条蓝色的直线,该直线代表着光标移动的方向,如图3-89所示。

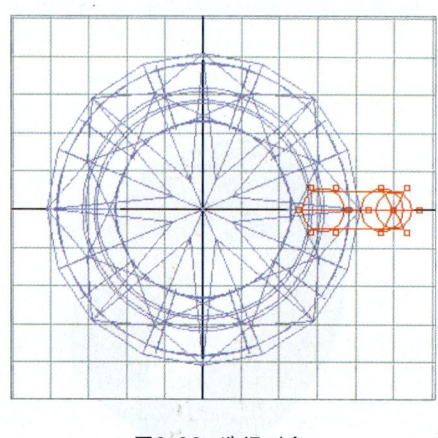

图3-88 选择对象

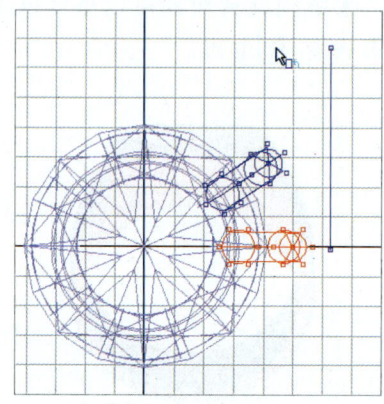

图3-89 旋转对象

3.6.5 物件坐标

（1）功能

该命令用来切换当前变换的坐标系,可以在物件坐标和世界坐标之间切换。

（2）运行方式

选择【变形】菜单下的"物件坐标"命令,或单击变形工具面板上的 图标。

（3）操作说明

世界坐标的中心是指视图中的坐标轴的交点,物件坐标的中心是物体自身的中心,如图3-90所示。在默认情况下,对象的变形操作都是在世界坐标下进行的,如果要在物件坐标下进行变形,首先要将坐标切换到物件坐标下, 图标凹下去的状态表示当前坐标是物件坐标,凸起来的状态表示当前坐标是世界坐标。

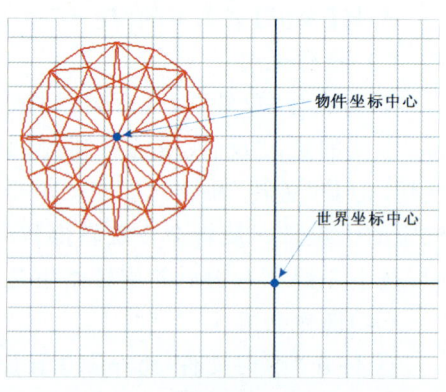

图3-90 物件坐标和世界坐标

3.6.6 多重变形

(1)功能

同时改变对象的大小、位置、方向等属性。

(2)运行方式

选择【变形】菜单下的"多重变形"命令。

(3)操作说明

使用该命令时,先选择要变形的对象,再选择"多重变形"命令,选择"多重变形"命令后,弹出如图3-91所示的对话框,该对话框的设置和【复制】菜单下的"多重变形"命令的对话框类似,可参考前面的讲解,这里不再赘述。设置好参数后,单击"确定",即可按照设置的参数将对象进行变形。

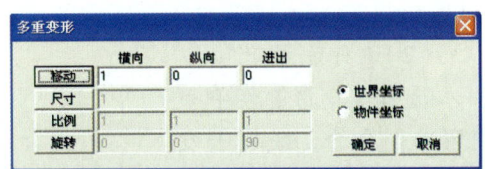

图3-91 "多重变形"对话框

3.6.7 反转(9)

(1)功能

将对象翻转90°。

(2)运行方式

选择【变形】菜单下"反转(9)"命令。

(3)操作说明

该命令下共有4个子命令,分别是反上、反下、反左、反右。使用该命令时,应先选择要翻转的对象,再选择该命令。

(4)操作范例

① 打开"练习文件/chapter3/move.jcd"文件,选择视图中的宝石,如图3-92所示。

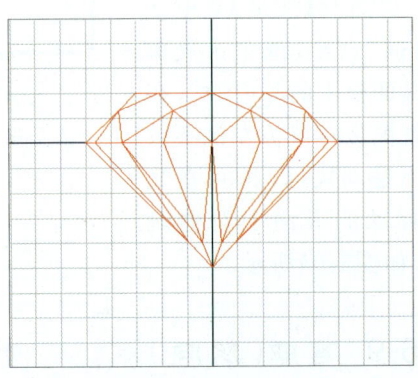

图3-92 选择宝石

②切换到上视图，选择"反转/反上"命令，将宝石向上旋转90°，得到如图3-93所示的结果。

3.6.8 弯曲

（1）功能

在特定的方向上弯曲对象。

（2）运行方式

选择【变形】菜单下"弯曲"命令，或单击变形工具面板上的 ⌒ 图标。

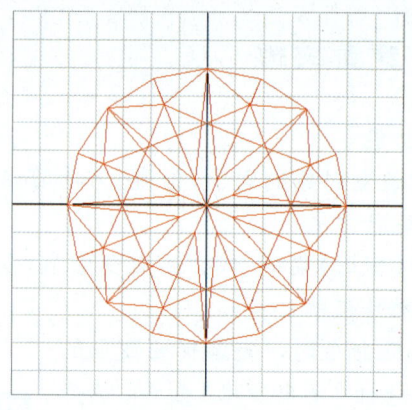

图3-93 反上

（3）操作范例

①打开"练习文件/chapter3/bend.jcd"文件，切换到正右视图窗口显示模式，在正视图中选择视图中的对象。

②选择【变形】菜单下"弯曲"命令，或单击变形工具面板上的 ⌒ 图标，在正视图按住鼠标左键不放上下拖动鼠标，即可在光标移动的方向上弯曲对象，如图3-94所示。

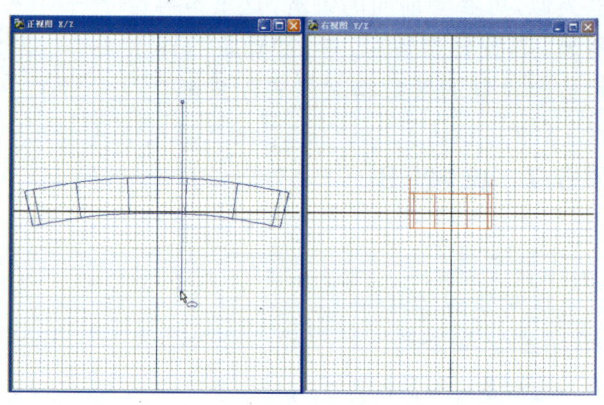

图3-94 弯曲

3.6.9 弯曲（双向）

（1）功能

在两个方向上弯曲对象。

（2）运行方式

选择【变形】菜单下"弯曲（双向）"命令，或单击变形工具面板上的 图标。

（3）操作说明

"弯曲（双向）"命令与"弯曲"命令的不同之处在于，"弯曲"命令在一个方向上弯曲物体，而"弯曲（双向）"命令是在两个方向上弯曲物体。

（4）操作范例

①打开"练习文件/chapter3/bend.jcd"文件，切换到正右视图窗口显示模式，在正视图中选择视图中的对象。

②选择【变形】菜单下"弯曲（双向）"命令，或单击变形工具面板上的 图标，在右视图中按住鼠标左键不放并上下移动光标，长方体除了在其长度方向上弯曲外，在其宽度方向上也会弯曲，如图3-95所示。

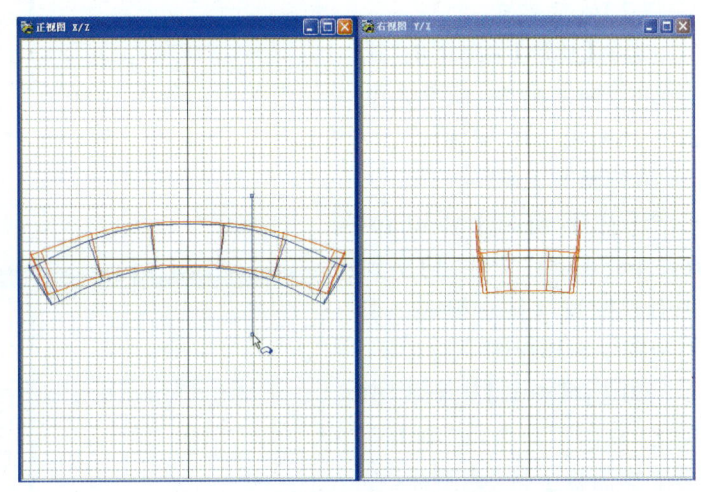

图3-95 弯曲（双向）

3.6.10 梯形化

（1）功能

将对象变成梯形。

（2）运行方式

选择【变形】菜单下的"梯形化"命令，或单击变形工具面板上的 图标。

（3）操作范例

①打开"练习文件/chapter3/bend.jcd"文件，切换到正右视图窗口显示模式，在右视图中选择视图中的对象。

②选择【变形】菜单下"梯形化"命令，或单击变形工具面板上的 图标，在右视图中按住鼠标左键不放并左右移动光标，该对象在横向方向上变成梯形，

如图3-96所示。

3.6.11 梯形化（双向）

（1）功能

同时在两个方向将对象梯形化。

（2）运行方式

选择【变形】菜单下的"梯形化（双向）"命令，或单击变形工具面板上的▽图标。

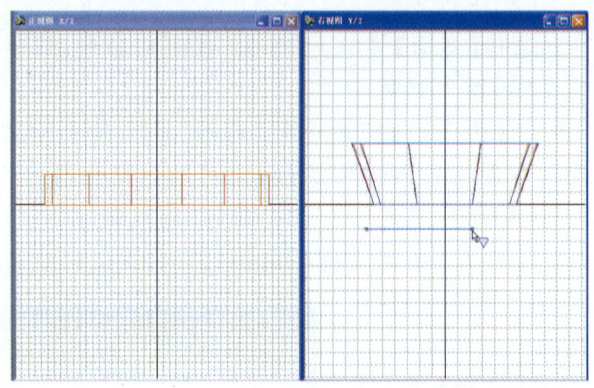

图3-96 梯形化

（3）操作范例

①打开"练习文件/chapter3/bend.jcd"文件，切换到正右视图窗口显示模式，在右视图中选择视图中的对象。

②选择【变形】菜单下"梯形化（双向）"命令，或单击变形工具面板上的▽图标，在右视图中按住鼠标左键不放并左右移动光标，该对象在横向方向上变成梯形，同时对象的另外一个面也被梯形化，如图3-97所示。

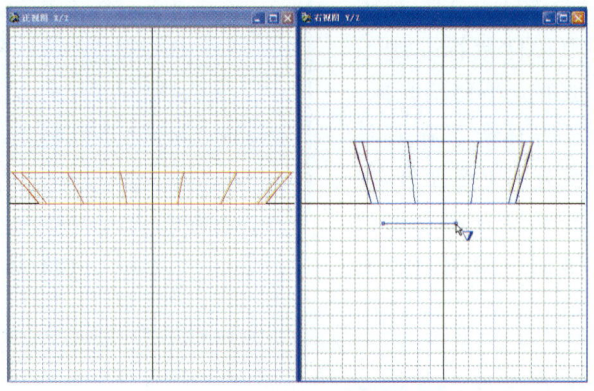

图3-97 梯形化（双向）

3.6.12 比例梯形化

（1）功能

将对象成比例的梯形化，梯形的长边和短边的变化是成比例的。

（2）运行方式

选择【变形】菜单下的"比例梯形化"命令，或单击变形工具面板上的▽图标。

（3）操作范例

①打开"练习文件/chapter3/bend.jcd"文件，切换到正右视图窗口显示模

式，在右视图中选择视图中的对象。

②选择【变形】菜单下"比例梯形化"命令，或单击变形工具面板上的 ▽ 图标，在右视图中按住鼠标左键不放并左右移动光标，该对象在横向方向上变成梯形，同时该对象在正视图中的高度发生了变化，如图3-98所示。

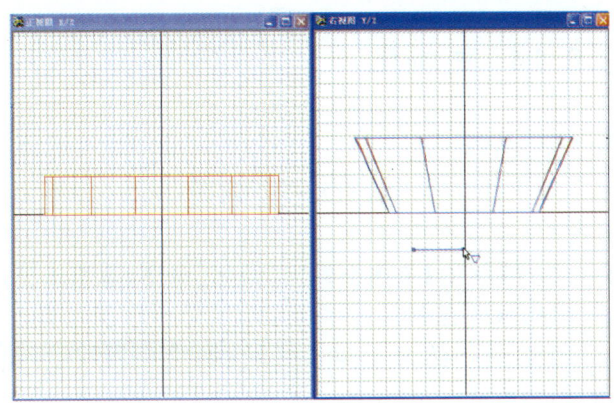

图3-98 比例梯形化

3.6.13 比例梯形化（双向）

(1) 功能

将对象的两边同时成比例的梯形化，梯形的长边和短边的变化是成比例的。

(2) 运行方式

选择【变形】菜单下的"比例梯形化（双向）"命令，或单击变形工具面板上的 ▽ 图标。

(3) 操作范例

①打开"练习文件/chapter3/bend.jcd"文件，切换到正右视图窗口显示模式，在右视图中选择视图中的对象。

②选择【变形】菜单下"比例梯形化（双向）"命令，或单击变形工具面板上的 ▽ 图标，在右视图中按住鼠标左键不放并左右移动光标，该对象在两个方向上都变成梯形，同时该对象在右视图中的高度发生了变化，如图3-99所示。

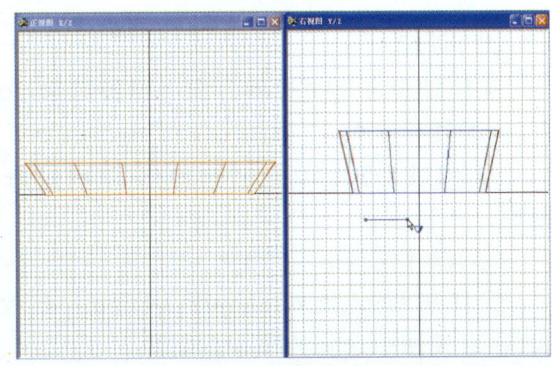

图3-99 比例梯形化（双向）

3.6.14 歪斜化

（1）功能

在横轴方向上让物体产生歪斜。

（2）运行方式

选择【变形】菜单下的"歪斜化"命令，或单击变形工具面板上的 ◰ 图标。

（3）操作范例

①打开"练习文件/chapter3/bend.jcd"文件，切换到正右视图窗口显示模式，在右视图中选择视图中的对象。

②选择【变形】菜单下"歪斜化"命令，或单击变形工具面板上的 ◰ 图标，在右视图中按住鼠标左键不放左右移动光标，对象即可向移动的方向歪斜，如图3-100所示。

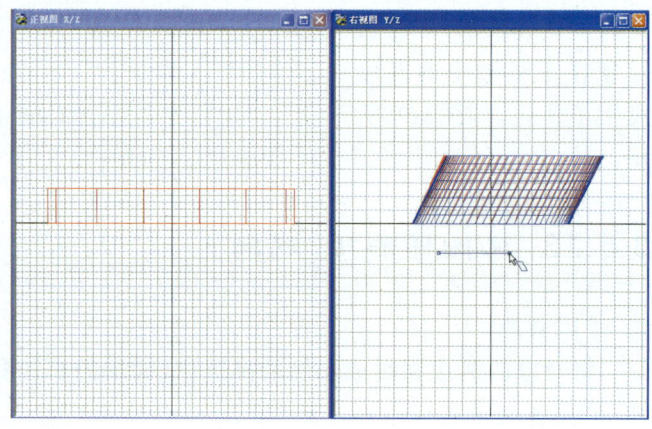

图3-100 歪斜化

3.6.15 歪斜化（双向）

（1）功能

在横轴和进出坐标轴方向上歪斜对象，使对象同时在两个方向上歪斜。

（2）运行方式

选择【变形】菜单下的"歪斜化（双向）"命令，或单击变形工具面板上的 ◰ 图标。

（3）操作范例

①打开"练习文件/chapter3/bend.jcd"文件，切换到正右视图窗口显示模式，在右视图中选择视图中的对象。

②选择【变形】菜单下"歪斜化（双向）"命令，或单击变形工具面板上的 ◰ 图标，在右视图中按住鼠标左键不放并左右移动光标，对象即可在两个方向上

歪斜,如图3-101所示。

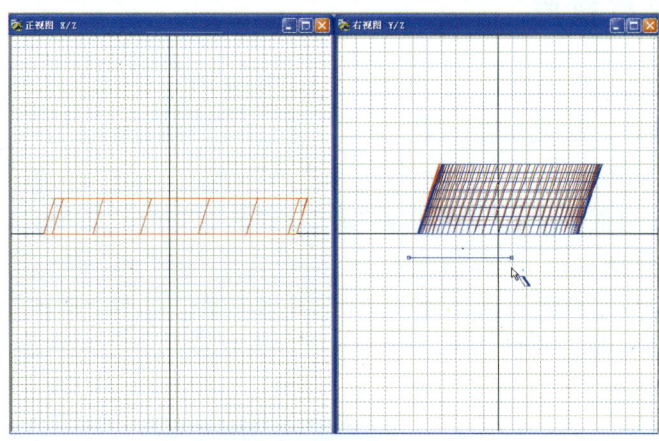

图3-101 歪斜化(双向)

3.6.16 扭曲

(1)功能

对物体产生扭曲变形操作。

(2)运行方式

选择【变形】菜单下的"扭曲"命令,或单击变形工具面板上的 ⋈ 图标。

(3)操作范例

① 打开光盘上的"练习文件/chapter3/twist.jcd"文件,切换到正右视图,在正视图中选中打开的文件,以彩色图模式显示。

② 选择【变形】菜单下的"扭曲"命令,或单击变形工具面板上的 ⋈ 图标,在正视图中按住鼠标左键不放并上下移动光标,对象即可在光标移动的方向上扭曲,如图3-102所示。

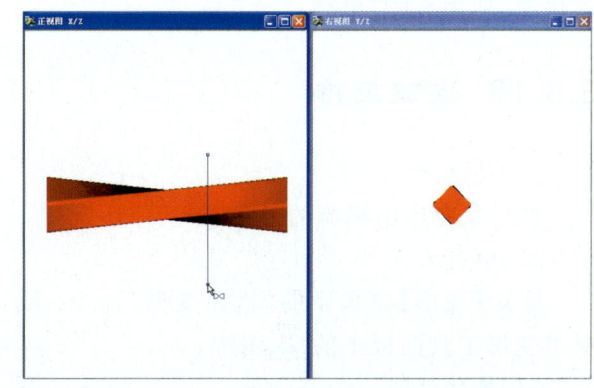

图3-102 扭曲

3.6.17 歪斜扭曲

（1）功能

通过面的歪斜化来扭曲对象。

（2）运行方式

选择【变形】菜单下的"歪斜扭曲"命令，或单击变形工具面板上的 ⋈ 图标。

（3）操作说明

歪斜扭曲与扭曲的不同之处在于，歪斜扭曲是通过两个面向不同的方向歪斜来达到扭曲对象的目的。

（4）操作范例

① 打开光盘上的"练习文件/chapter3/twist.jcd"文件，在正视图中选中打开的文件，切换到正右视图，以彩色图模式显示。

② 选择【变形】菜单下的"歪斜扭曲"命令，或单击变形工具面板上的 ⋈ 图标，在正视图中按住鼠标左键不放并上下移动光标，对象即可将对象歪斜扭曲，如图3-103所示。

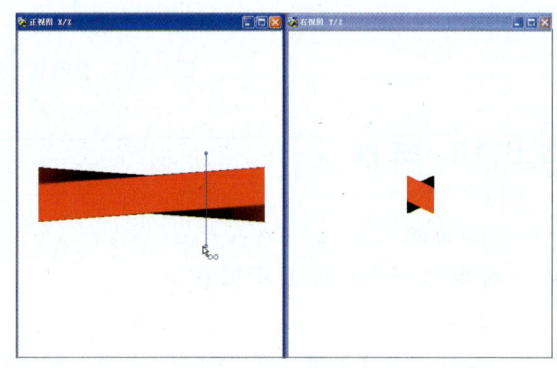

图3-103　歪斜扭曲

3.6.18 涡流变形

（1）功能

将对象变形出涡流的效果。

（2）运行方式

选择【变形】菜单下的"涡流变形"命令，或单击变形工具面板上的 图标。

（3）操作说明

涡流变形将物体变形成涡流的效果，如图3-104所示。

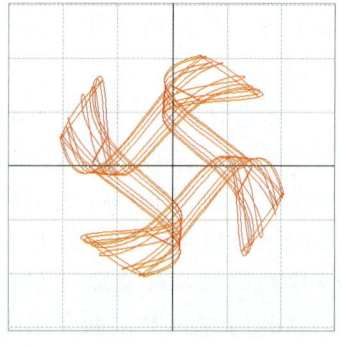

图3-104　涡流变形

3.6.19 映射

(1) 功能

将选择的对象或者CV点映射到曲面或者曲线上。

(2) 运行方式

选择【变形】菜单下的"映射"命令，或单击变形工具面板上的 图标。

(3) 操作说明

映射是将一个物体分布到另一个物体上去。举个例子来说，如果有一幅世界地图，呈平铺状态放在水平的桌子上，还有一个表面积和世界地图等大的球体，如果通过一定的方法将世界地图紧贴在球体表面，那么这个球就成了一个地球仪，使平面状的地图变成了一个球状，将平面的地图映射到球面上去的过程叫做映射。

选择【变形】菜单下的"映射"命令，然后会弹出如图3-105所示的对话框。

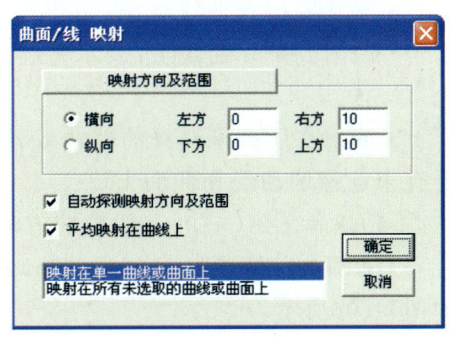

图3-105 "映射"参数设置对话框

- 映射方向和范围：如果是将对象映射到曲线上，曲线映射的方向就是曲线的方向，即对象映射到曲线上后，按照曲线的延伸方向进行排列；如果是将对象映射到曲面上，曲线映射的方向就是曲面的U曲线方向或者V曲线方向，具体情况要看哪个曲线上的CV点多，CV点多的曲线方向就是映射的方向。对象映射到曲面上后将沿着U方向或者V方向排列。

映射的范围是由一个矩形框来决定，位于矩形框中的对象会映射到曲线或者曲面上，矩形框外的对象则不会被映射。矩形框的大小是通过左方、右方、下方、上方4个点的坐标值来决定的，"左方"表示矩形左边框的水平坐标距离，"右方"表示矩形右边框的水平坐标距离，"下方"表示矩形下边框的纵向坐标距离，"上方"表示矩形上边框的垂直坐标距离。

可以直接在相应的数值框中输入数值来决定矩形框的大小，从而决定映射的方向及范围。还可以通过以下直观的操作方式来决定映射的范围。①单击 映射方向及范围 按钮，映射对话框消失，这时在视图上出现一个蓝色的矩形框。②将光标移动到矩形的边框或者矩形的角上，按下鼠标左键。③按住左键不放，拖动鼠标，矩形的边或者角就会随着移动，这样可以改变矩形的大小。④如果同时按住Shift键拖动鼠标，整个矩形框都会随着移动。⑤移动到期望的位置后放开鼠标左键。

• 横向：表示将选择的映射对象的横向作为映射方向，映射后对象的横向方向沿曲线或者曲面排列。

• 纵向：表示将选择的映射对象的纵向作为映射方向，映射后对象的纵向方向沿曲线或者曲面排列。

• 自动探测映射方向及范围：系统根据选择的映射曲线或者曲面自动设置映射方向，选择该项后，在映射方向及范围选项内设置的数值将无效。

• 平均映射在曲线上：表示将选择的对象平均映射到曲线上。

• 映射到单一曲线上：表示将选择的物体只映射到一条曲线或者一个曲面上。

• 映射在所有未选择的曲线或者曲面上：表示将选择的物体映射到视图中所有未选择的曲线和曲面上。

（4）操作范例（一）：一般映射方法

①打开"练习文件/chapter3/map.jcd"文件，选中宝石及宝石下面的对象，如图3-106所示。

②选择"映射"命令，按照图3-107所示设置好对话框中的参数，单击"确定"。

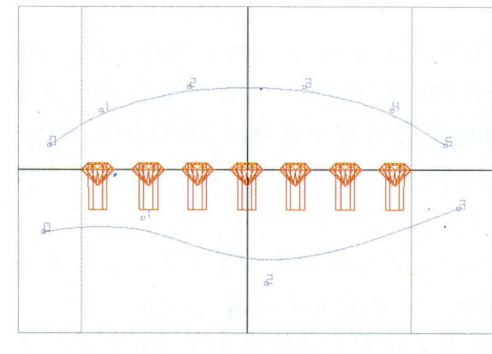

图3-106 选择对象

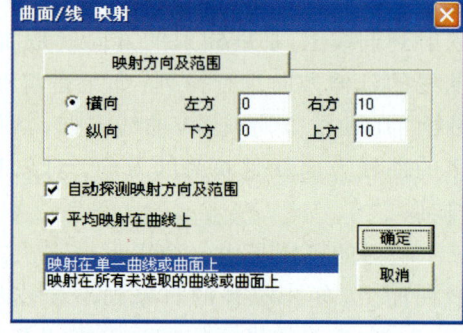

图3-107 "映射"参数设置对话框

③选择上面的那条曲线，即可将选择的对象平均映射上去，如图3-108所示。

（5）操作范例（二）：映射后对象离映射曲线（曲面）的距离

在操作范例（一）中，宝石的腰部和水平坐标轴是重合的，即宝石的腰部离水平坐标轴的距离为0，映射到曲线上后，宝石的腰部是贴在映射曲线上的，即

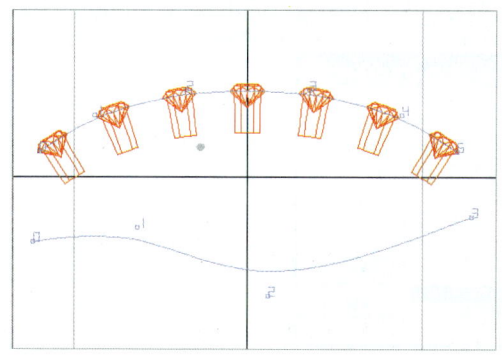

图3-108 映射结果

宝石的腰部离映射曲线的距离也为0。本例中将宝石向下移动一定的距离后再映射,操作流程如下。

①打开"练习文件/chapter3/map.jcd"文件,选中宝石及宝石下面的对象,如图3-109所示。

②将选择的对象向下移动若干距离,如图3-110所示。

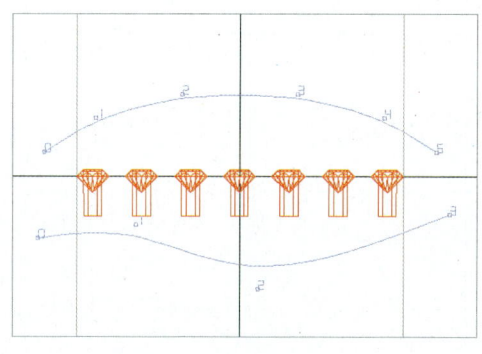

图3-109 选择对象

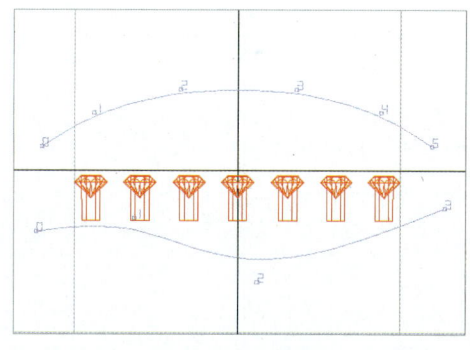

图3-110 移动对象

③选择"映射"命令,按照图3-111所示设置好对话框中的参数,单击"确定"。

④选择上面的那条曲线,即可将选择的对象平均映射上去,如图3-112所示。

从映射结果可以看出,映射后宝石距离映射曲线有一定的距离,这个距离正好和映射之前宝石和水平坐标之间的距离相等。因而可以得出如下结论:在映射之前对象距离水平坐标轴有多大的距离,映射之后对象距离映射曲线(曲

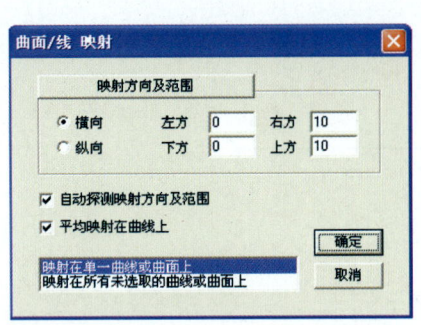

图3-111 "映射"参数设置对话框

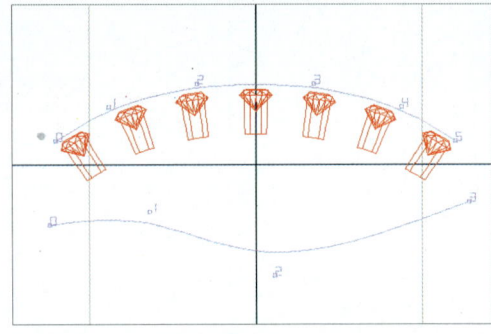

图3-112 映射结果

面)就有多大的距离。

(6)操作范例(三):映射曲线上CV点的排列方向对映射的影响

①打开"练习文件/chapter3/map.jcd"文件,选择上面的那条曲线,再选择【曲线】菜单下的"倒序编号"命令,将曲线上CV点的排列方向反转,如图3-113所示。

②选中宝石及宝石下面的对象,如图3-114所示,选择"映射"命令,按照图

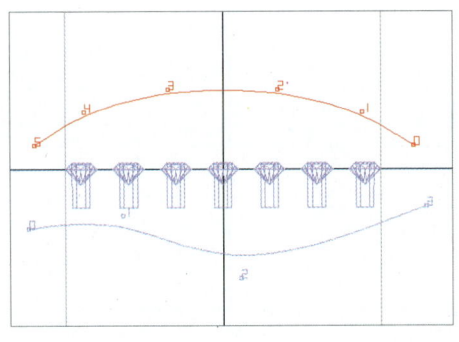

图3-113 倒序编号

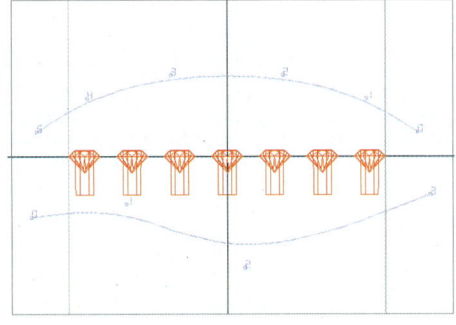

图3-114 选择对象

3-115所示设置好对话框中的参数,单击"确定"。

③选择上面的那条曲线,即可将选择的对象平均映射上去,如图3-116所示。对照操作范例(一)的映射结果可知,如果改变映射曲线的CV点排列顺序后,映射后对象的排列方向也会随着改变。

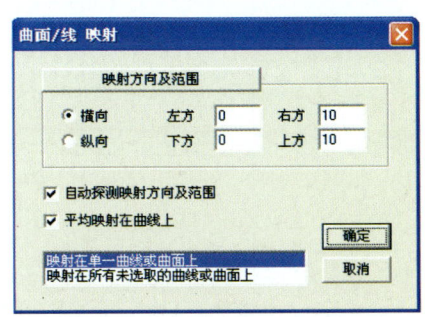

图3-115 "映射"参数设置对话框　　　　图3-116 映射结果

(7)操作范例(四):变形映射及不可变形映射

①打开"练习文件/chapter3/map.jcd"文件,选择视图中的曲面,如图3-117所示。

②选择【编辑】菜单下的"可变形"命令,将视图中的曲面定义为可变形。

③选择"映射"命令,按照图3-118所示设置好对话框中的参数,单击"确定"。

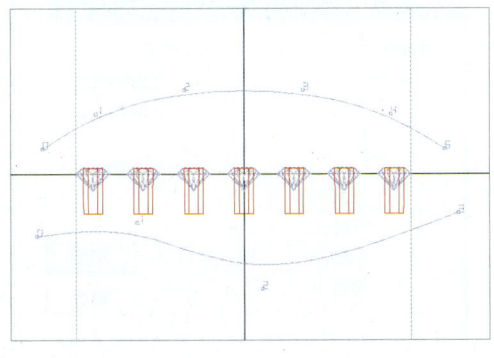
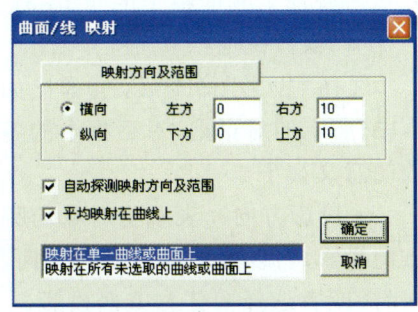

图3-117 选择曲面　　　　　　　　图3-118 "映射"参数设置对话框

④选择上面的那条曲线,将选择的对象平均映射上去,如图3-119所示。从映射结果可以看出,映射后对象发生了变形,上端比下端大一些。

映射时对象默认为"不可变形"的,不可变形映射的结果如图3-120所示。因而如果要使映射后对象的形状随着映射曲线(曲面)的曲率而发生改变,可以通过【编辑】菜单下的"可变形"和"不可变形"两个命令来控制。

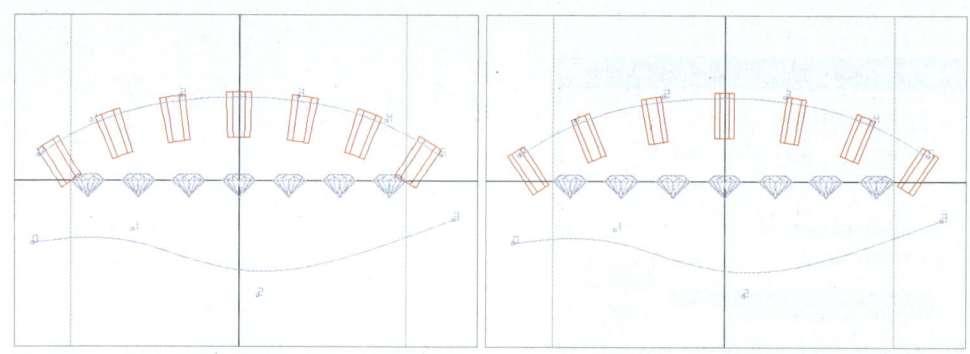

图3-119 可变形映射　　　　图3-120 不可变形映射

3.6.20 投影

（1）功能

将对象或者对象的CV点投影到曲线或者曲面上。

（3）运行方式

选择【变形】菜单下的"投影"命令，或单击变形工具面板上的 图标。

（4）操作说明

选择"投影"命令后，会弹出如图3-121所示的对话框，对话框中的各参数的意义如下。

• 投影方向：表示将对象向哪个方向投影，可以选择向上、向下、向左、向右，或者选择向任意方向投影。

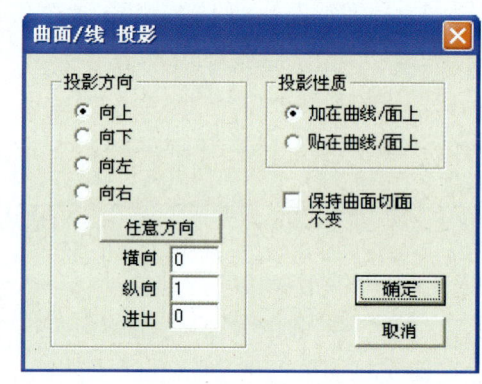

图3-121 "投影"参数设置对话框

• 任意方向：可以在横向、纵向、进出坐标3个数值框中输入数值，通过3个坐标值来决定投影的方向。

• 投影性质："加在曲线上"表示当对象离坐标轴有一定的距离时，将对象投影到曲线（曲面）上，对象距离曲线（曲面）具有同样的距离。"贴在曲线上"表示将对象与投影曲线贴在一起，中间不留距离。

• 保持曲面切面不变：当将曲面投影到曲线（曲面）上时，曲面的切面可能发生变化，选中该项可以使曲面的切面保持不变。

(4)操作范例(一):曲线的投影

①打开"练习文件/chapter3/proj1.jcd"文件,从三维视图可知,视图中的对象为一个圆和一条曲线(图3-122)。

②在右视图中,选择圆,如图3-123所示。

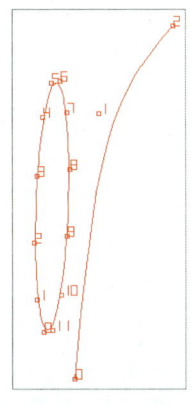
图3-122 打开文件

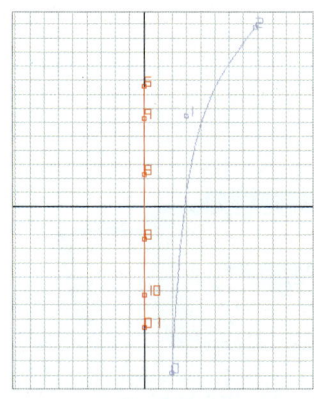
图3-123 选择圆

③单击变形工具面板上的 图标,按照图3-124所示设置好投影对话框中的参数,然后单击"确定",再选择右边的曲线,即可将圆投影到曲线上去,从投影结果(图3-125)可知,圆与曲线贴在了一起,并且具备了和曲线一样的曲率。

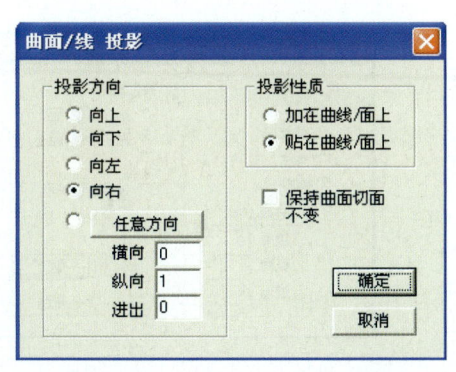
图3-124 "投影"参数设置对话框

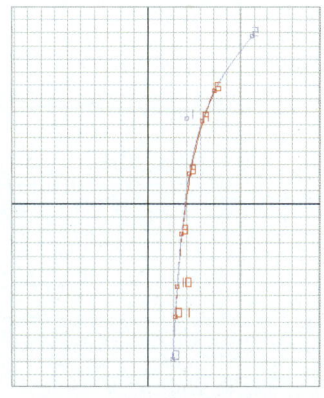
图3-125 投影结果

(5)操作范例(二):CV点的投影

①打开"练习文件/chapter3/proj2.jcd"文件,切换到右视图,以彩色图模式显示,如图3-126所示。该视图中包含两个包镶的镶口,但是两个镶口的下端并

没有对齐，如何才能使小镶口的下端和大镶口的下端对齐呢？可以通过CV点投影的方式。

②沿着大镶口的下端绘制一条直线，如图3-127所示。

图3-126　彩色图模式

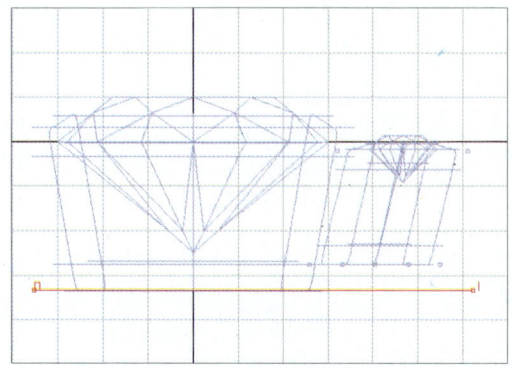

图3-127　绘制直线

③选择小镶口下端的CV点，如图3-128所示。

④选择"投影"命令，按照图3-129所示的对话框设置好投影参数，单击对话

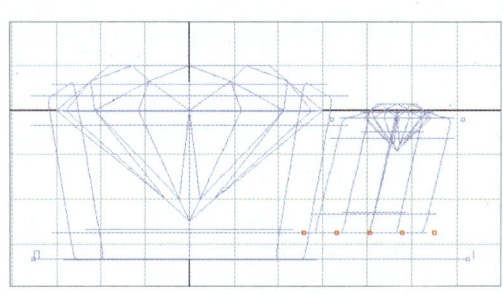

图3-128　选择CV点

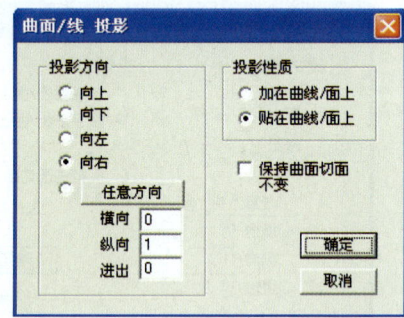

图3-129　"投影"参数设置对话框

框上的"确定",再选择绘制的直线,即可将CV点投影到直线上,如图3-130所示,彩色图如图3-131所示。

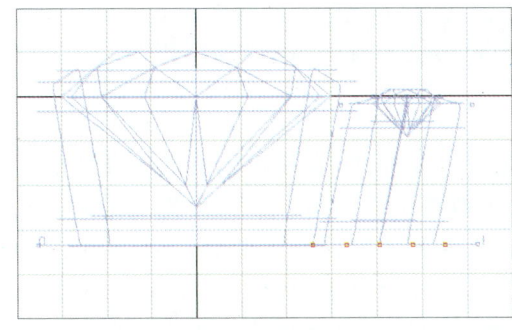 

图3-130 投影CV点　　　　　　　　　　图3-131 投影效果

第4章 曲线的绘制(曲线菜单)

在Jewel CAD中,线可以是直线,也可以是曲线,直线可以看成是曲线的一种特殊情况。曲线是建模的基础,在大多数情况下建造一个曲面先从绘制一条曲线开始,然后通过对曲线的旋转、放样、延伸等操作产生曲面。在Jewel CAD中的曲线是一种自由曲线,曲线的形状并不是由曲线上的点来控制的,而是由独立于曲线之外的点来控制的,这些能够控制曲线形状的点称为控制点,即Control Vertices,简称为CV点。第一个CV点(编号为CV0)和最后一个CVN点位于曲线之上,分别代表曲线的开始和结束,其他CV点位于曲线之外。如图4-1所示,该曲线共有6个CV点,CV0代表曲线的开始,CV5代表曲线的结束,

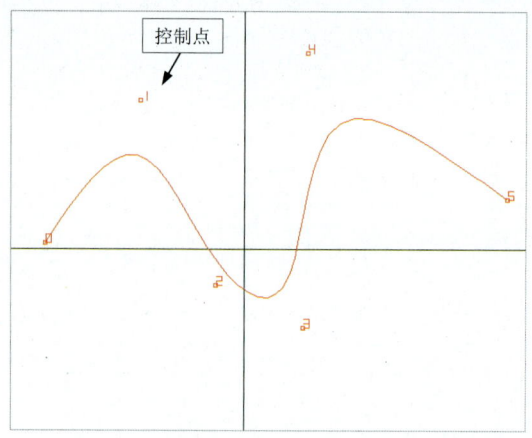

图4-1 曲线及其CV点

CV1、CV2、CV3、CV4均位于曲线之外。绘制曲线就是通过在空间的不同位置放置CV点来实现的。

曲线是在一维方向上延伸的,它只有一个空间参数,即U参数,代表曲线长度延伸的方向,称为U方向。

曲线绘制的相关技巧主要有以下几点。

(1) 增加CV点

在绘图模式下,假设当前绘制的曲线已有多个CV点,当继续增加CV点时,如果在最后一个CV点(编号为N)附近单击左键,此时增加的CV点增加在编号为N的CV点后面,编号为$N+1$。如果在第一个CV点(编号为0)附近单击左键增加CV点,此时增加的CV点成为第1个CV点,编号为0,原来的第1个CV点则变为第2个,编号为1。

如果在两个CV点(第N个和第$N+1$个)之间单击左键增加CV点,新增加的CV点为第$N+1$个CV点,原来的第$N+1$个CV点变成第$N+2$个CV点,原来的第$N+2$个CV点变成第$N+3$个,依次类推。

(2) 移动CV点

前面已经介绍过,曲线的形状是通过CV点来控制的,通过移动CV点使CV点处于不同的位置,就可以改变曲线的形状。在绘图模式下,如果要移动一个CV点,首先将光标指向一个CV点,按下鼠标左键不放,然后移动光标就可以移动CV点,移动到合适的位置放开左键,CV点固定了,如果还需要移动,重复上面的操作即可。

(3) 删除CV点

将光标指向需要删除的CV点,按住鼠标左键不放,同时单击右键,即可删除该CV点。

(4) 利用重复的CV点产生折线

双击可以产生两个重合的CV点,在重合的CV点上再次双击则可产生3个重合的CV点,每多双击一次就会多增加一个CV点。

如果两个CV点重合在一起,该处的曲线将会是一条圆滑折线,如图4-2所示。如果3个或者3个以上的CV点重合在一起,该处的曲线将是锐利的折线,如图4-3所示。

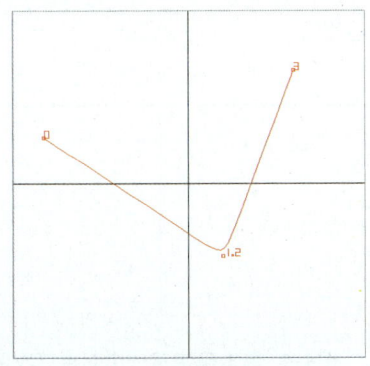

图4-2 圆滑折线

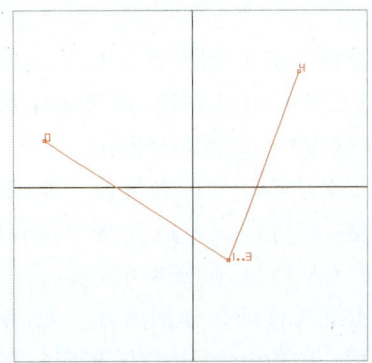

图4-3 锐利折线

（5）绘制另一条曲线

在绘图模式下，如果绘制完了一条曲线，需要绘制另一曲线时，可先按住Ctrl键，再单击左键，即可产生新曲线的第一个CV点，然后放开Ctrl键，即可继续绘制另一条CV曲线。

（6）修改绘制完的曲线

如果已经结束了绘图，那么曲线的形状就固定了，如果需要修改曲线，应先选择相应的绘图命令进入绘图模式。将光标移动到要修改的曲线，按下Shift键，单击左键选择曲线，当曲线处于选中状态时，就可以对曲线进行修改，可以增加、移动或删除CV点，操作方式与上面讲述的相同。

4.1 任意曲线

（1）功能

绘制一条任意形状的曲线。

（2）运行方式

选择【曲线】菜单下的"任意曲线"命令，或单击浮动工具栏的 图标。

（3）操作说明

请参考曲线绘制的相关技巧。

（4）操作范例：曲线的绘制

①选择"任意曲线"命令，将光标移动到视图中，按下鼠标左键确定第一个CV0点，如图4-4所示，然后放开鼠标左键。

②移动光标到另外一处单击鼠标左键，然后放开鼠标左键，即可确定第二个CV点（CV1），如图4-5所示。

③继续移动光标到另外一处，双击鼠标左键，即可在该点放置两个重合的CV（CV2、CV3）点，如图4-6所示。

④继续移动光标到另外一处，单击鼠标左键，放置一个CV4点，如图4-7所示。

⑤单击选择光标 ，结束绘制曲线。

图4-4　单击确定第一个起点（CV0）

第4章 曲线的绘制（曲线菜单） 73

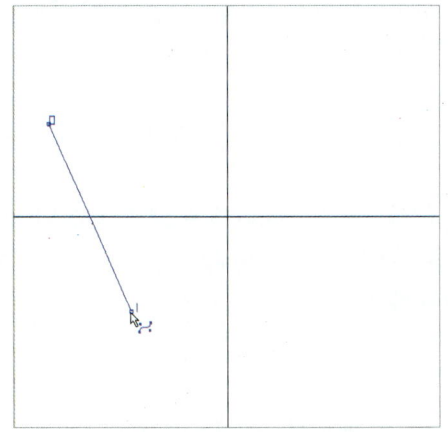

图4-5 单击确定第二个点(CV1)

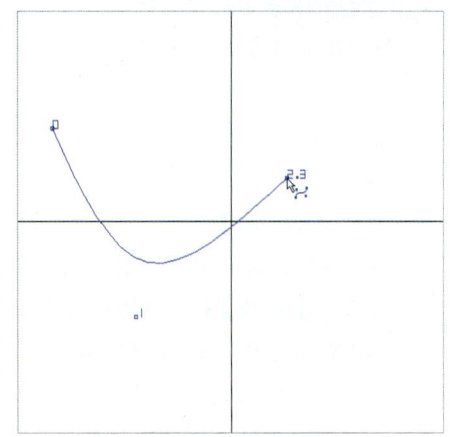

图4-6 双击产生折线(CV2、CV3)

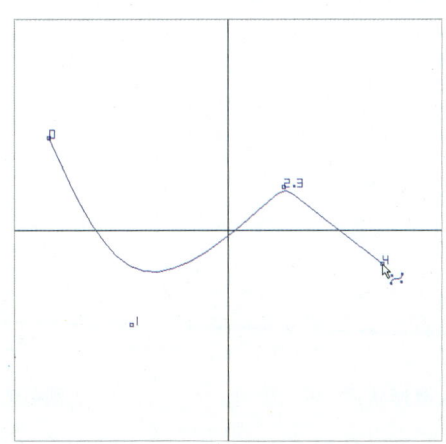

图4-7 单击确定第四个点(CV4)

4.2 左右对称线

（1）功能

绘制一条左右对称的曲线。

（2）运行方式

选择【曲线】菜单下的"左右对称线"命令，或单击浮动工具栏的 图标。

（3）操作说明

左右对称线绘制完毕后，如需对其进行更改，可按照以下两种方式对其进行编辑。

①选择【曲线】菜单下的"修改/左右对称线"命令，然后按住键盘上的Shift键的同时在曲线上单击，即可进入编辑模式，对曲线进行编辑。

②选择【曲线】菜单下的"修改/左右对称线"命令。

（4）操作范例：心形的绘制

①选择"左右对称线"命令。

②在视图中任意放置一些点，画出心形的大概形状，如图4-8所示。

③将点移动到合适的位置，调整出心形，如图4-9所示。

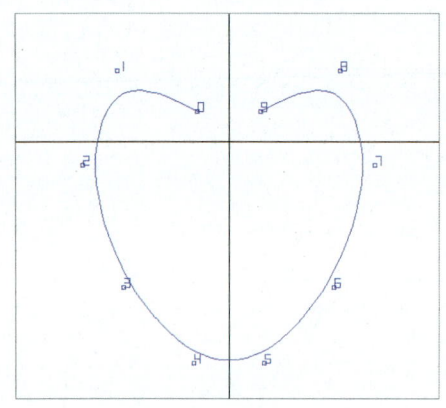

图4-8　绘制大概形状

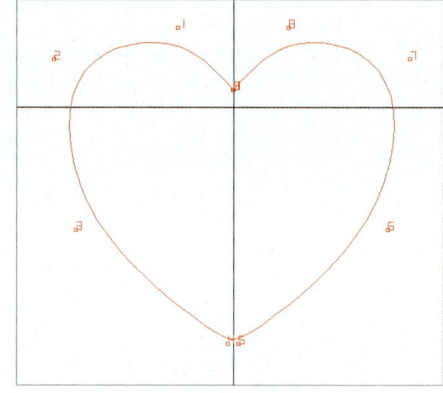

图4-9　调整CV点

4.3　上下对称线

（1）功能

绘制一条上下对称的曲线。

（2）运行方式

选择【曲线】菜单下的"上下对称线"命令，或单击浮动工具面板上的 图标。

（3）操作说明

请参考曲线绘制的相关技巧。

（4）操作范例

参考"左右对称线"绘制心形的方式，绘制一上下对称的心形，如图4-10所示。

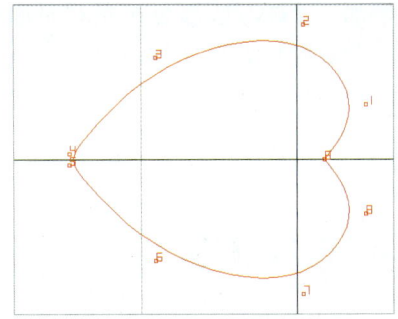

图4-10　上下对称心形

4.4　旋转180°曲线

（1）功能

绘制一条旋转180°对称的曲线。

（2）运行方式

选择【曲线】菜单下的"旋转180"命令，或单击浮动工具面板上的图标。

（3）操作说明

操作说明请参考曲线绘制的相关技巧。利用"旋转180"命令绘制曲线时，每次增加一个CV点，都会在旋转180°的位置自动创建另外一个点，因而绘制的曲线是呈180°对称的，如图4-11所示。

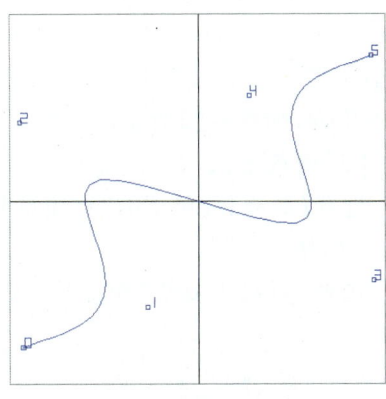

图4-11　旋转180°对称线

4.5　上下、左右对称线

（1）功能

绘制一条上下、左右都对称的曲线。

（2）运行方式

选择【曲线】菜单下的"上下左右对称线"命令，或单击浮动工具面板上的图标。

（3）操作说明

请参考曲线绘制的相关技巧，利用"上下左右对称线"命令绘制曲线时，每次增加一个CV点，都会在左右对称和上下对称的位置自动创建另外3个点，因而绘制的曲线是呈上下、左右对称的，如图4-12所示。

4.6 直线重复线

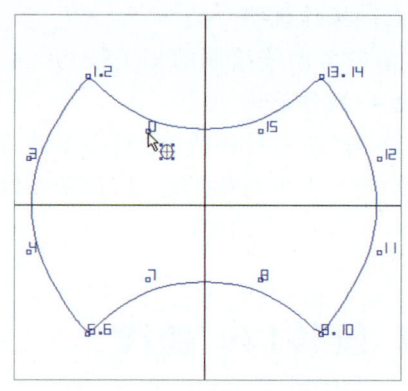

图4-12 上下、左右对称线

（1）功能

绘制首尾相连的并且在一个方向上延伸的多条直线，其CV点序号由大到小从第一条直线到最后一条直线顺序排列，如图4-13所示。

（2）运行方式

选择【曲线】菜单下的"直线重复线"命令，或单击浮动工具面板上的 图标。

（3）操作说明

选择"直线重复线"命令后，就会弹出如图4-14所示的对话框。

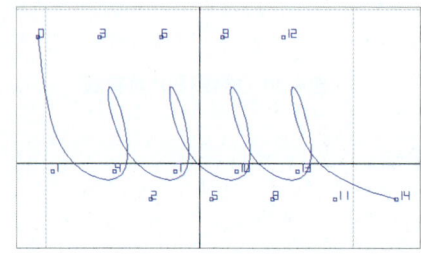

图4-13 直线重复线

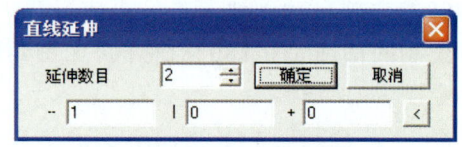

图4-14 直线延伸对话框

对话框中各项参数的意义说明如下。

- 延伸数目：延伸数目指创建的直线的数目，其数目为输入的数减去1，输入的数字不能小于2，例如输入数字5，最后生成的直线数目为4。

通过"直线重复线"命令创建的每条曲线之间都有一定的距离，这个距离是由当前视图中的水平坐标、垂直坐标以及进出坐标来决定的。

- --：表示相邻两条直线之间在横轴方向上的距离。
- |：表示相邻两条直线之间在纵轴方向上的距离。

● +：表示相邻两条直线之间在进出轴方向上的距离。

关于这3个数值框中数值的输入方法，可以参考【复制】菜单下的"直线复制"命令，这里不再赘述。

4.7 环形重复线

（1）功能

建立多条重复的首尾相连的环形曲线，如图4-15所示。

（2）运行方式

选择【曲线】菜单下的"环形重复线"命令，或单击工具面板上的 图标。

（3）操作说明

选择"环形重复线"命令后，弹出如图4-16所示的对话框，对话框中参数的意义如下。

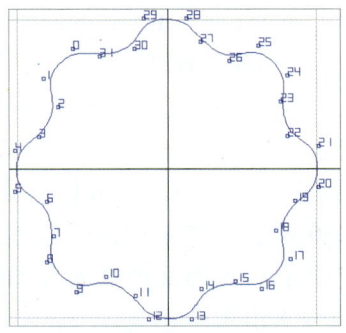

图4-15 环形重复线

图4-16 "环形重复"对话框

● 数目：指在一个环形上重复的曲线数目，可以输入自定义的值，也可以选择预先设定的值，数目至少为2。

● 角度：指相邻两曲线相隔的角度，可以输入自定义的值，也可以选择预先设定的值。

● 全方位：如果选择了全方位，那么数目和角度之间就建立起了对应关系，数目与角度的乘积必须为360°。例如，如果设置重复的数目为9，那么角度值就会自动设置为40。

● 顺时针：在默认设置下，曲线是以反时针方向重复排列的，如果勾选了顺时针，曲线会以顺时针方向重复排列。

4.8 多重变形

(1) 功能

这个命令用来创建多条按照一定方式变化的曲线。

(2) 运行方式

选择【曲线】菜单下的"多重变形"命令。

(3) 操作说明

这个命令用来创建多条按照一定方式变化的曲线，曲线变化的方式由多重变形对话框中的参数决定。选择"多重变形"命令后，弹出如图4-17所示的对话框，该对话框的设置和【变形】菜单下的"多重变形"命令的设置方式一致，其中"复制数目"表示创建的曲线数量。设置完毕后，即可在视图中绘制曲线，绘制方式和任意曲线的绘制方式相同，绘制一条曲线的同时，会根据对话框中的设置变形出多条曲线。

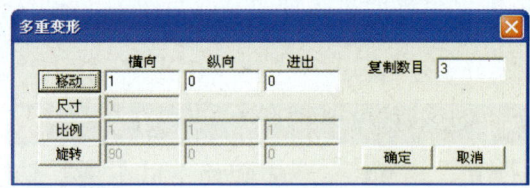

图4-17 "多重变形"对话框

4.9 徒手画

(1) 功能

绘制一条类似于手绘效果的自由曲线。

(2) 运行方式

选择【曲线】菜单下的"徒手画"命令。

(3) 操作说明

这个命令的操作方式与用笔在纸上画线条差不多，在视图中选择一个起始点，按下鼠标左键不放，然后移动光标，视图中将出现一条表示光标移动轨迹的曲线,如图4-18所示。这条曲线就是自由绘制的曲线,绘制完毕后放开鼠标左键,系统会自动根据曲线轨迹创建一些CV点,如图4-19所示。

绘制完成后,放开左键,一条曲线就固定了,如需绘制另一条曲线,直接按下左键绘制即可,无需按住Ctrl键。

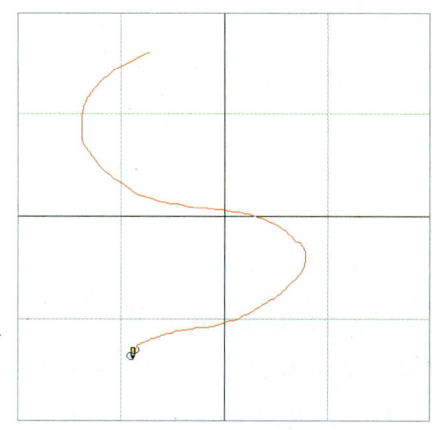

图4-18 徒手画

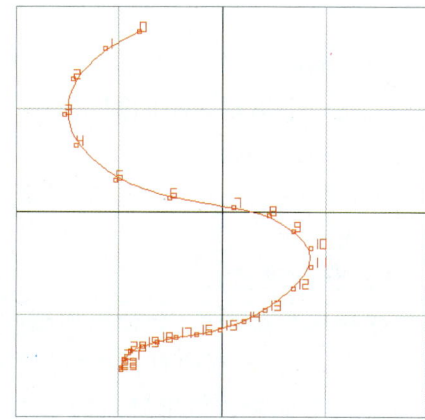

图4-19 自动创建CV点

4.10 直线

(1)功能

绘制一条直线。

(2)运行方式

选择【曲线】菜单下的"直线"命令。

(3)操作说明

选择【曲线】菜单下的"直线"命令后,即出现如图4-20所示的对话框,"与水平线夹角"表示直线与横轴之间的角度,在对话框

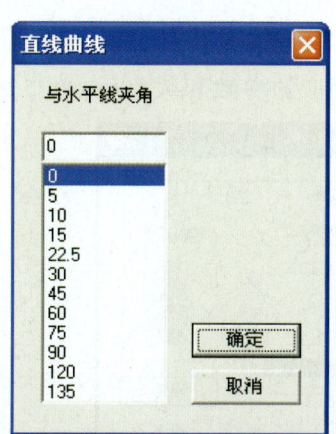

图4-20 "直线"对话框

中选择一个数值,单击"确定",即可生成一条以原点为中心的直线,其长度为两个网格的距离,如图4-21所示。

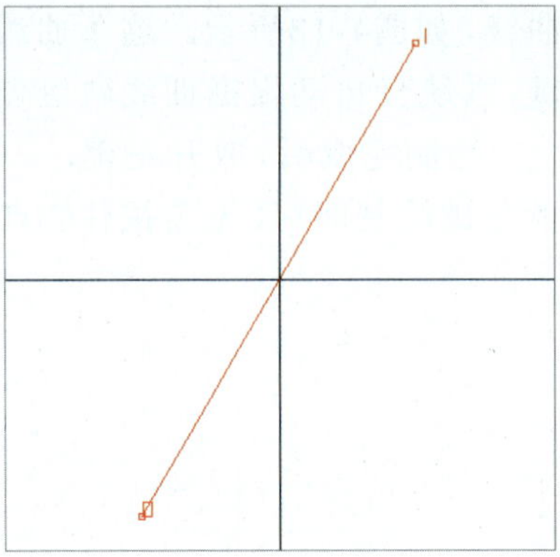

4.11 圆形

(1)功能

绘制一个指定大小的圆。

(2)运行方式

选择【曲线】菜单下的"圆形"命令,或单击工具面板上的 ◯ 图标。

图4-21 直线

(3)操作说明

选择这个命令后,会弹出如图4-22所示的对话框,各参数意义如下。

• 直径:表示圆的直径,可以通过输入直径的数值来确定圆的大小,也可以通过输入半径的数值来确定圆的大小。单击"直径"右边的黑色三角形,就会出现半径选项,也可以在后面的数值框中输入数值作为半径。

• 控制点数:表示圆上的CV点数,可以直接输入数值,也可以从下面的数值列表框中选择,CV点越多,圆就越圆,CV点增多会增加界面的复杂度,一般不宜过多。

• 控制点"0":表示第一个CV点的位置,⊕表示第一个CV点位于横轴上。⊕表示第一个CV点位位于圆的右下方。

输入相应的参数和数值后,单击"确定",即可创建一个圆,如图4-23所示。

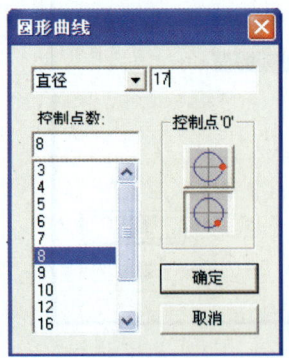

图4-22 "圆形曲线"对话框

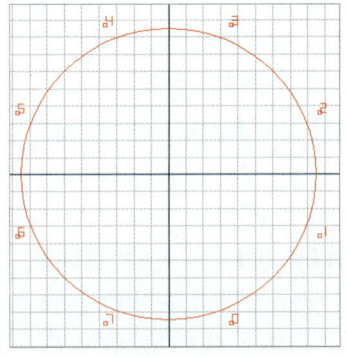

图4-23 圆

4.12 多边形

（1）功能
绘制一个多边形。
（2）运行方式
选择【曲线】菜单下的"多边形"命令。
（3）操作说明
运行该命令后，出现如图4-24的对话框，各参数意义如下。
- 边的数目：表示多边形的边数，可以直接输入数值，也可以从列表框中选择。
- 控制点"0"：表示第一个CV点的位置，◆表示第一个CV点位于横轴上，▨表示第一个CV点位于多边形的右下方。

设置好参数后，单击"确定"，即可创建一个多边形，如图4-25所示。

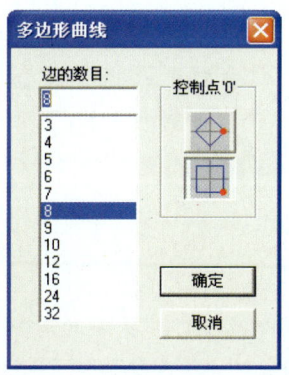
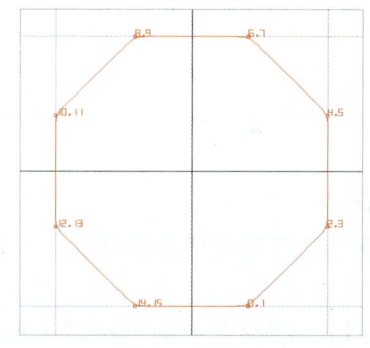

图4-24 "多边形曲线"对话框　　　　图4-25 多边形

4.13 螺旋线

（1）功能
创建一条螺旋线。
（2）运行方式
选择【曲线】菜单下的"螺旋线"命令。

（3）操作说明

运行该命令后，出现如图4-26的对话框，各参数意义如下。

- 半径1：螺旋线起始处的半径。
- 半径2：螺旋线结束处的半径。
- 长度：螺旋线的总长度。
- 回圈数目：螺旋圈的数目。
- 每圈CV数目：每个回圈上的CV点数。

设置好参数后，单击"确定"，即可创建一条螺旋线，如图4-27所示。

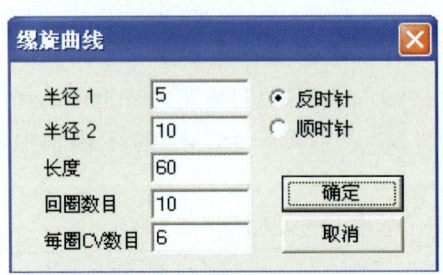
图4-26 "螺旋线"对话框

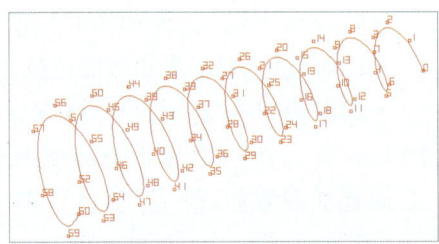
图4-27 螺旋线

4.14 修改

（1）功能

修改已经绘制完毕的曲线。

（2）运行方式

选择【曲线】菜单下的"修改"下面的子命令。

（3）操作说明

使用"修改"命令时，首先应区分曲线的形态。例如，如果要修改的曲线是任意形态的曲线，应该选择"修改"下面的"任意曲线"命令；如果要修改的曲线是左右对称的，应该选择"修改"下面的"左右对称线"命令，选择相应的修改命令后，在相应的曲线上单击，即可对曲线进行修改。

在实际工作中，我们一般采用一种快捷的方式来修改曲线，例如要修改一条左右对称的曲线，可以先选择"左右对称线"命令，然后按住Shift键不动，在相应的曲线上单击即可对曲线进行修改。

如果使用某个命令去修改一条曲线，不管曲线原来是什么形态，曲线都会自动调整为与该命令相应的形态。例如使用"任意曲线"命令去修改一条左右对称的曲线,那么这条左右对称的曲线会自动转变为一条任意曲线。同样的,如果使用"左右对称曲线"命令去修改一条任意形状的曲线,那么这条任意形状的曲线会自动调整为左右对称的。

4.15 封口曲线

(1)功能
将一条开口的曲线封闭。
(2)运行方式
选择【曲线】菜单下的"封口曲线"命令,或单击曲线工具面板上的 ◯ 图标。
(3)操作说明
使用"封口曲线"命令时,先选择要封口的曲线,再选择该命令,即可将该曲线封口。
(4)操作范例
①使用"左右对称线"绘制如图4-28所示的心形,从CV0和CV9两点可以看出,该曲线并不是闭合的。
②选择该心形曲线,再选择"封口曲线"命令,即可将该曲线封闭,如图4-29所示。

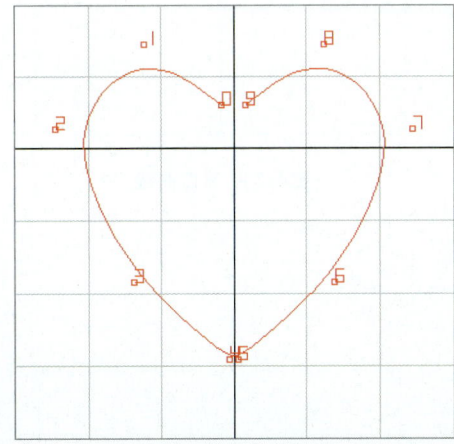
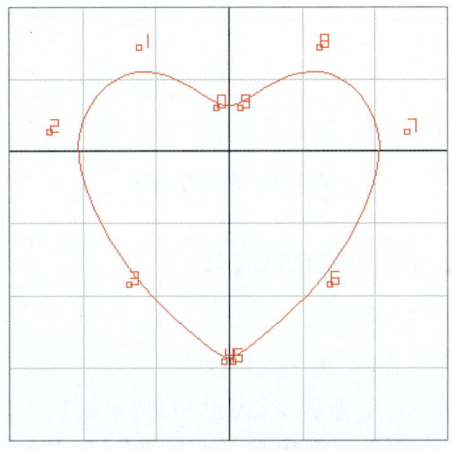

图4-28 开口心形曲线　　　　　　图4-29 封口心形曲线

4.16 开口曲线

（1）功能

将一条封闭的曲线打开。

（2）运行方式

选择【曲线】菜单下的"开口曲线"命令，或单击曲线工具面板上的 图标。

（3）操作说明

"开口曲线"和"封口曲线"的功能正好相反，使用"开口曲线"命令时，先选择要开口的曲线，再选择该命令，即可将该曲线开口。

（4）操作范例

①创建一个直径为20mm，CV点数为10的圆，如图4-30所示。

②选择该圆，再选择"开口曲线"命令，即可将该曲线开口。如图4-31所示，曲线从第一个CV点和最后一个CV点处开口。

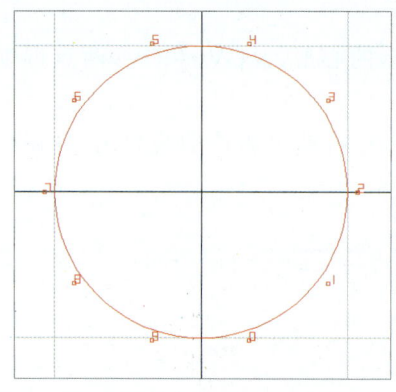

图4-30 创建圆曲线

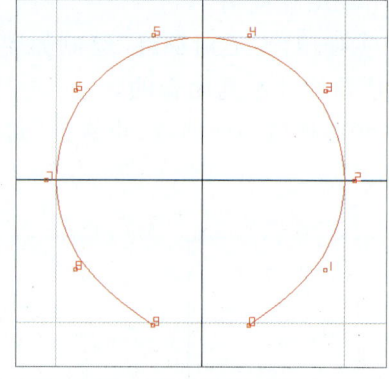

图4-31 开口曲线

4.17 倒序编号

（1）功能

改变曲线上CV点的排列顺序。

（2）运行方式

选择【曲线】菜单下的"倒序编号"命令。

（3）操作说明

倒序编号用来改变曲线上CV点的排列顺序,该命令主要配合"映射"命令来使用,可以通过改变曲线上CV点的排列方向来改变映射后物体的方向。

（4）操作范例

①绘制一条任意形状的曲线,如图4-32所示。

②选择该曲线,再选择"倒序编号"命令,即可倒转该曲线上CV点的排列方向,如图4-33所示。

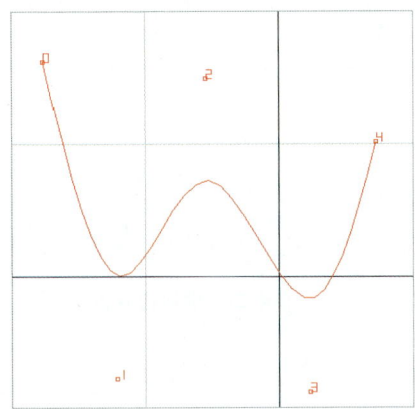
图4-32 绘制任意曲线

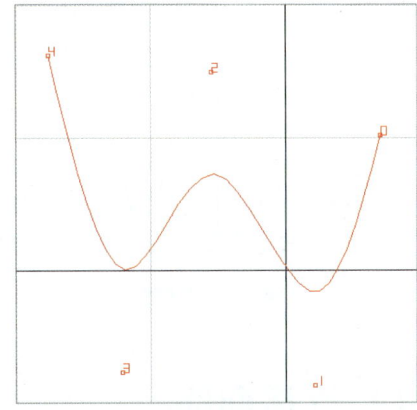
图4-33 倒序编号

4.18 增加控制点

（1）功能

增加曲线上CV点的数目。

（2）运行方式

选择【曲线】菜单下的"增加控制点"命令。

（3）操作说明

选择"增加控制点"命令后,会弹出如图4-34所示的对话框,在对话框中可以选择增加的倍数,控制点只能是成倍地增加。

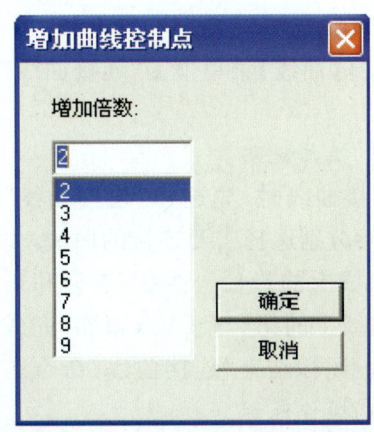
图4-34 "增加曲线控制点"对话框

（4）操作范例

①创建一个直径为20mm，CV点数为8的圆，如图4-35所示。

②选择该圆，然后选择"增加控制点"命令，按照图4-34所示的对话框设置好参数，单击"确定"，即可将曲线上的CV点增加两倍，如图4-36所示。

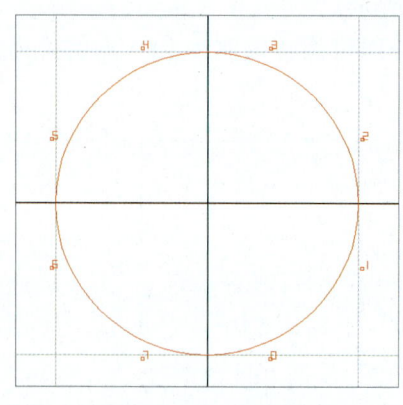

图4-35 创建圆

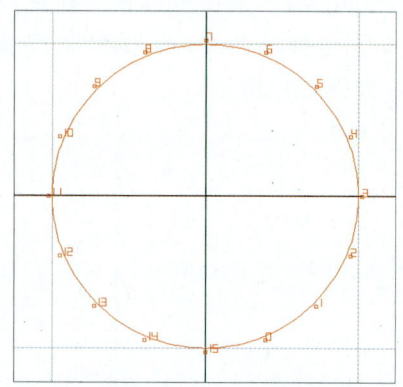

图4-36 增加控制点

4.19 连接曲线

（1）功能

将多条曲线首尾连接在一起变成一条。

（2）运行方式

选择【曲线】菜单下的"连接曲线"命令。

（3）操作说明

连接曲线时，先选择"连接曲线"命令，然后分别选择需要连接的曲线，先选择的曲线上的最后一个CV点会和后选择的曲线上的第一个CV点相连，完成后单击 图标结束"连接曲线"命令。

（4）操作范例

①绘制两条任意形状的曲线，如图4-37所示。

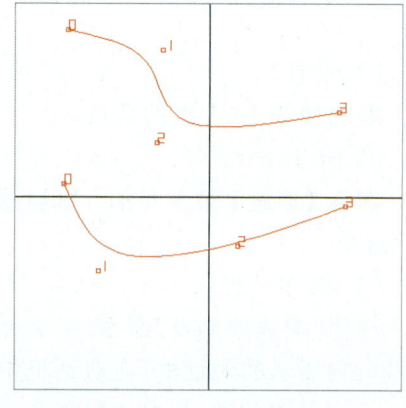

图4-37 绘制任意形状曲线

②选择"连接曲线"命令，先选择上面的曲线（图4-38），再选择下面的曲线（图4-39），最后结束"连接曲线"命令，即可将两条曲线连接在一起（图4-40）。

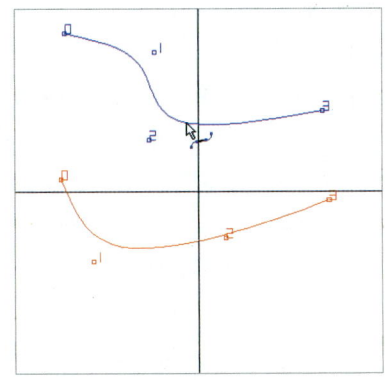
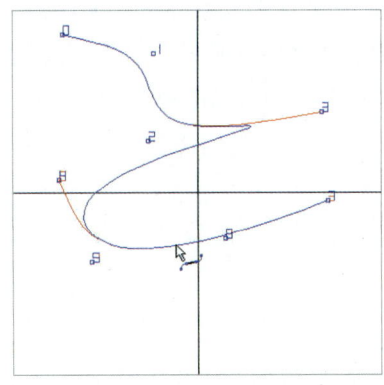

图4-38 选择第一条曲线　　　　　　图4-39 选择第二条曲线

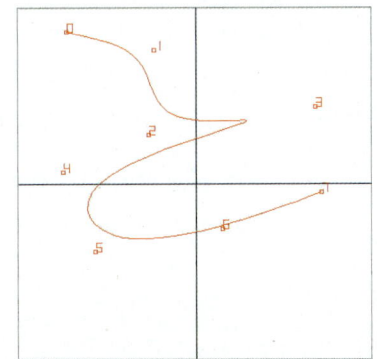

图4-40 连接后的曲线

4.20 切开曲线

（1）功能

将一条曲线拆分为多段。

（2）运行方式

选择【曲线】菜单下的"切开曲线"命令。

（3）操作说明

将曲线分成两段时，先选择"切开曲线"命令，再将光标移动到曲线的CV点上，单击左键，曲线就从该CV点处一分为二。如果要将曲线分为多段，可继续在相应CV点上单击左键,完成后单击 图标结束"切开曲线"命令。

(4)操作范例

①创建直径为20mm,CV点数为8的圆,如图4-41所示。

②选择"切开曲线"命令,分别在CV0和CV1上单击。

③单击 图标结束"切开曲线"命令,即可将曲线拆分成两段,如图4-42所示。

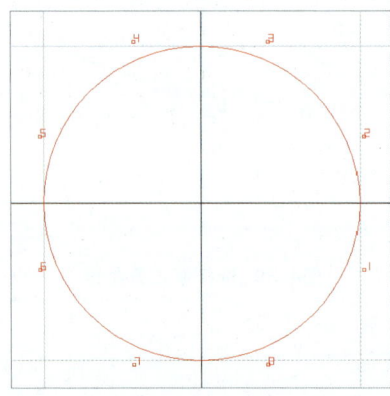
图4-41 创建圆

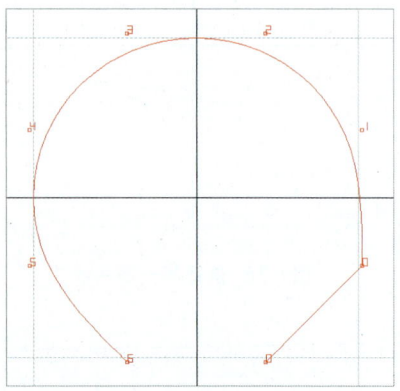
图4-42 切开曲线

4.21 偏移曲线

(1)功能

将一条曲线向偏离原位置一段距离处复制。

(2)运行方式

选择【曲线】菜单下的"偏移曲线"命令。

(3)操作说明

使用偏移命令复制曲线时,应先选择原曲线,再选择"偏移曲线"命令,这时弹出如图4-43所示的对话框,对话框中各项参数意义如下。

• 偏移半径:偏移的距离。

• 两方偏移:在原曲线的两侧都偏移复制曲线。

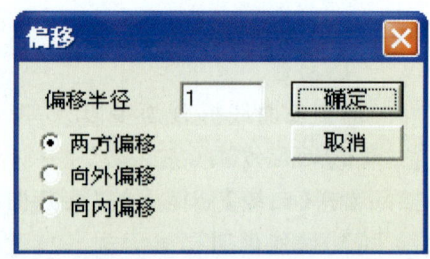
图4-43 "偏移曲线"对话框

- 向外偏移：只在原曲线的右边复制曲线。
- 向内偏移：在原曲线的左边复制曲线。

选择相应的选项后，点击"确定"，即可生成相应的偏移曲线。

（4）操作范例

①创建直径为20mm，CV点数为8的圆，如图4-44所示。

②选择创建的圆，再选择"偏移曲线"命令，按照如图4-43所示设置好对话框中的参数，单击"确定"，结果如图4-45所示。

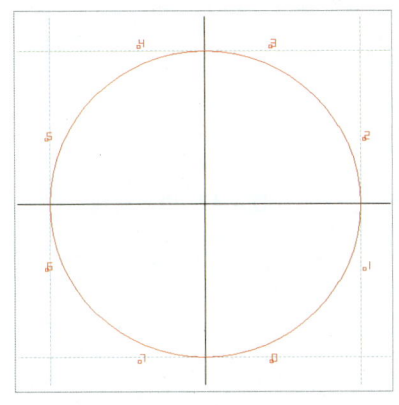

图4-44 创建圆

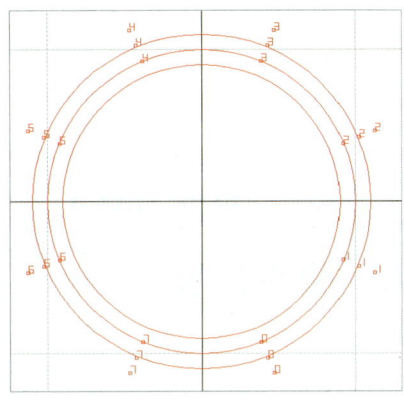

图4-45 偏移

4.22 中间曲线

（1）功能

在两条具有相同CV点的曲线的中间创建一条曲线。

（2）运行方式

选择【曲线】菜单下的"中间曲线"命令。

（3）操作说明

先选择"中间曲线"命令，再从视图中选择两条曲线，选择完毕后，两条曲线之间会生成一条新曲线，新曲线和原曲线具有相同的CV点。必须注意的是，两条原曲线必须具有相同的CV点。

（4）操作范例

①在正视图中绘制如图4-46所示的两条曲线，保证曲线上的CV点数和排列方向一致。

②选择"中间曲线"命令,依次在两条曲线上单击,即可在两条曲线中间生成一条曲线,如图4-47所示。

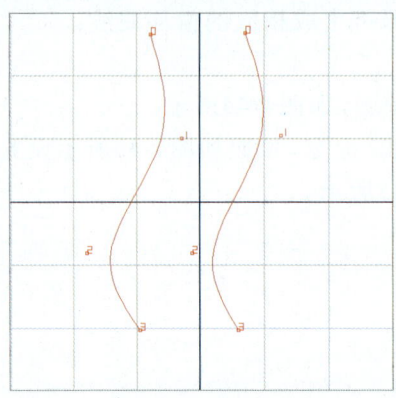

图4-46 创建曲线

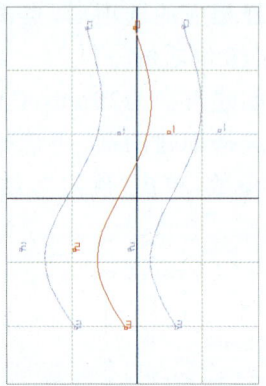

图4-47 中间曲线

4.23 曲线长度

(1)功能

测量曲线的长度。

(2)运行方式

选择【曲线】菜单下的"曲线长度"命令。

(3)操作说明

测量一条曲线长度时,先选择"曲线长度"命令,再选择要测量的曲线,测量结果会显示在状态栏上。

(4)操作范例

①绘制任意一条曲线,如图4-48所示。

②选择【曲线】菜单下的"曲线长度"命令。

③在绘制的曲线上单击,在状态栏上即可显示该曲线的长度,如图4-49所示。

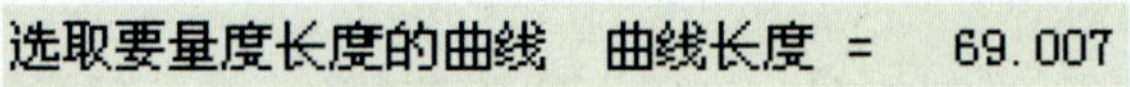

图4-48 绘制曲线

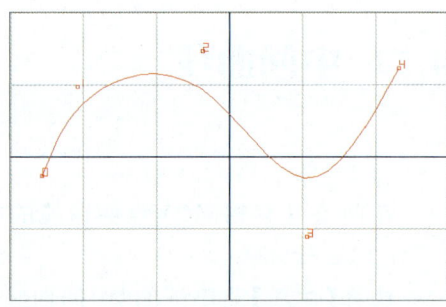

图4-49 曲线长度

第5章 曲面的生成（曲面菜单）

在Jewel CAD中，构成一个三维物体至少需要两种形状的曲线，一种曲线是决定物体的外形的，即轮廓曲线，这种曲线称为U曲线；另一种曲线是决定物体的切面（截面）形态的，这种曲线称为V曲线。

如图5-1所示的物体，正面是曲形的，侧面（截面）是四边形的，U曲线就是该曲面轮廓的形状，V曲线就是决定切面形态的曲线。

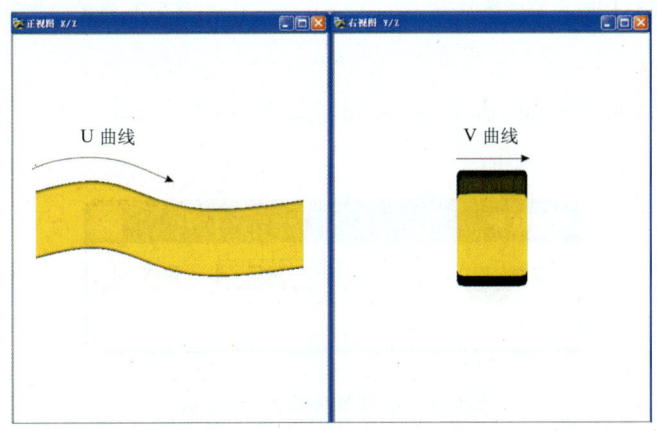

图5-1 U曲线和V曲线

5.1 直线延伸曲面

（1）功能

使曲线沿着一条线状路径延伸，曲线在空间移动的轨迹即为一个曲面。

（2）运行方式

选择【曲面】菜单下的"直线延伸曲面"命令，或单击工具面板上的 图标。

（3）操作说明

使用"直线延伸曲面"命令生成曲面时，必须有一条曲线作为延伸曲线，延伸曲线可以是封闭的,也可以是开放的。如果是封闭的曲线,生成的是一个封闭的曲面(曲体),它既具有面积也具有体积(图5-2);如果是开放的曲线,生成的是一个不封闭的曲面,它只具有面积而没有体积(图5-3)。

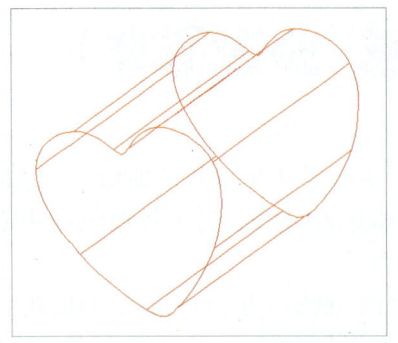
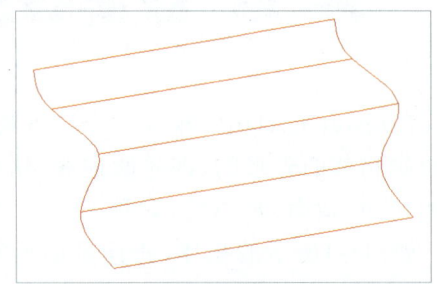

图5-2 封闭的曲面　　　　　　　图5-3 开放的曲面

选择"直线延伸曲面"命令后,会弹出如图5-4所示的对话框,各项参数意义如下。

图5-4 "直线延伸曲面"对话框

- 延伸数目:延伸曲面上曲线的数量。
- --:水平方向上的延伸距离。
- |:垂直方向上的延伸距离。
- +:进出坐标轴方向上移动的距离。

对话框中的各项数值,既可以直接输入,也可以通过鼠标的拖动来输入。
(4)操作范例(一):输入数值确定延伸方向和大小
①创建一个直径为20mm,CV点数为8的圆。
②切换到四视图模式,激活正视图,如图5-5所示。
③选择【曲面】菜单下的"直线延伸曲面"命令,在弹出的对话框中按图5-6所示设置好数值。单击"确定"后,在视图中即可延伸出一个圆柱体,如图5-7所示。

第5章 曲面的生成（曲面菜单） 93

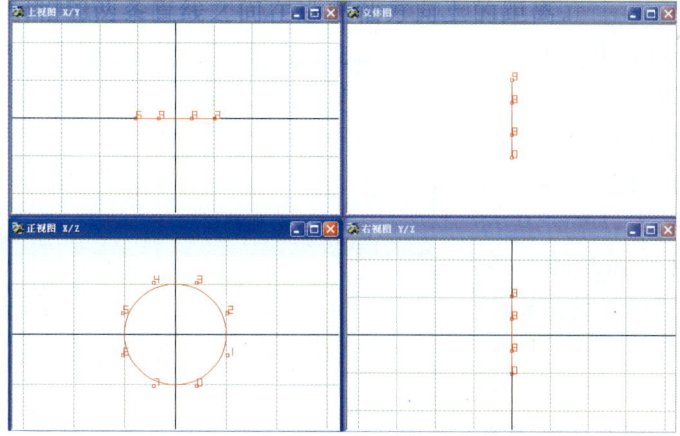

图5-5 四视图

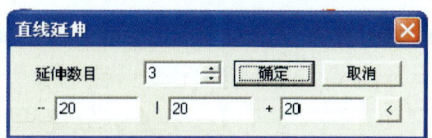

图5-6 "直线延伸曲面"参数设置对话框

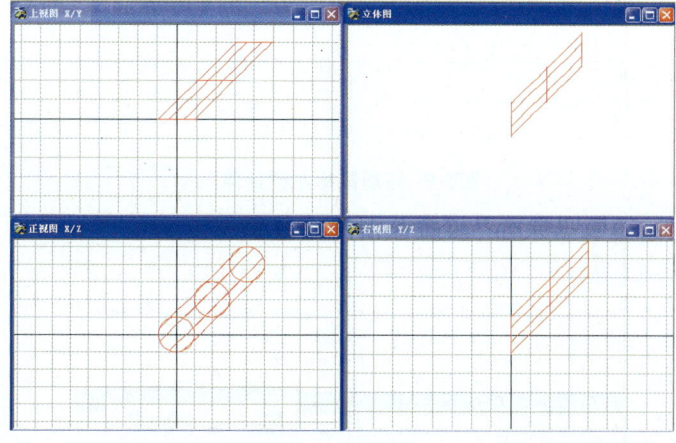

图5-7 延伸结果

（5）操作范例（二）：拖动鼠标数值确定延伸方向和大小
①创建一个直径为20mm，CV点数为8的圆。

②切换到正/上视图模式,如图5-8所示。

③选择【曲面】菜单下的"直线延伸曲面"命令,按住鼠标左键不放可以上下或者左右拖动鼠标(图5-9),按住鼠标右键不放可以在任意方向上拖动鼠标(图5-10),在拖动鼠标的同时,数值框中的数值会随着鼠标拖动的距离而变化,然后单击对话框上的"确定",即可在拖动的方向上延伸出一个圆柱体,如图5-11所示。

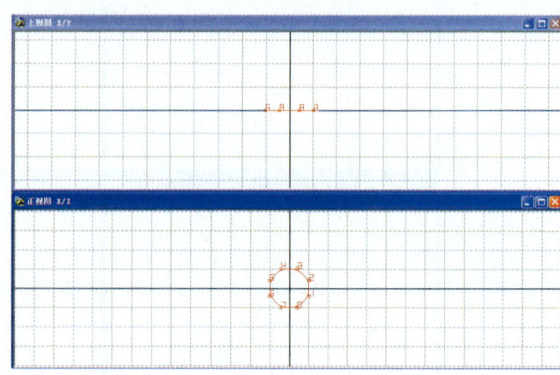

图5-8　正/上视图

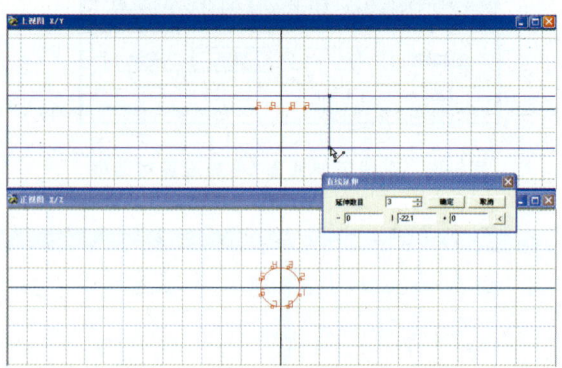

图5-9　拖动鼠标左键延伸

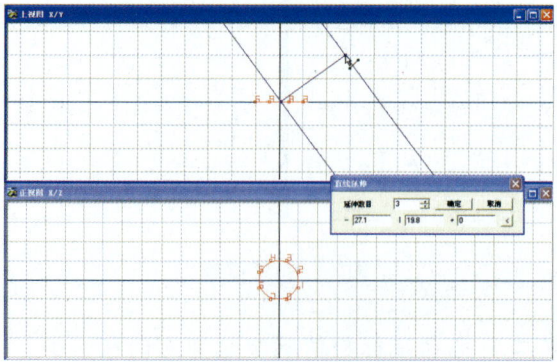

图5-10　拖动鼠标右键延伸

第5章 曲面的生成（曲面菜单） 95

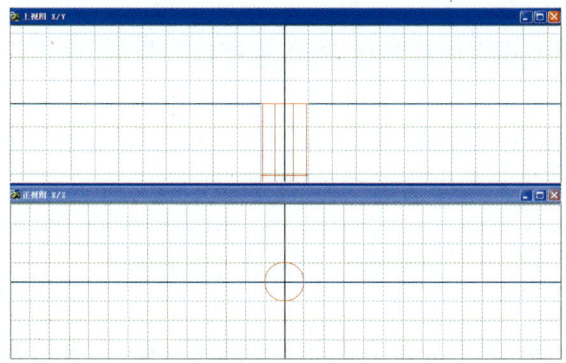

图5-11 延伸结果

5.2 纵向环形对称曲面

（1）功能

让一条曲线围绕纵轴旋转生成一个曲面。

（2）运行方式

选择【曲面】菜单下的"纵向环形对称曲面"命令，或点击工具面板上的 图标。

（3）操作说明

使用"纵向环形对称曲面"命令生成曲体时，先选择旋转曲线，再选择"纵向环形对称曲面"命令，弹出如图5-12所示的对话框，在对话框中输入相应的数值，一般使用默认值即可，单击"确定"即可生成相应的曲面。

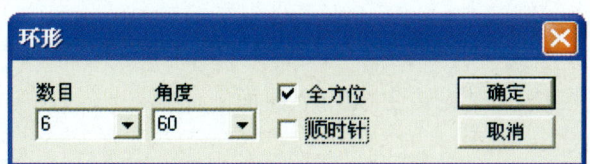

图5-12 "纵向环形对称曲面"对话框

对话框中各项参数如下。

- 数目：曲面上包含该曲线的数目，可以直接输入数值，也可以从下拉框中选择预设值。

• 角度：相邻曲线之间的角度，可以直接输入数值，也可以从下拉框中选择预设值。

• 全方位：勾选这一项后，曲线的数目和曲线之间的角度的乘积必须为360°，例如数目设为6，角度就必须为60°。

• 顺时针：曲线围绕纵轴顺时针旋转。在默认情况下，切面曲线是逆时针排列的，勾选这一项后，切面曲线以顺时针方向排列。

（4）操作范例

①在正视图中绘制一条如图5-13所示的任意曲线，并选择该曲线。

②选择"纵向环形对称曲面"命令，单击对话框上的"确定"，即可生成如图5-14所示的曲面。

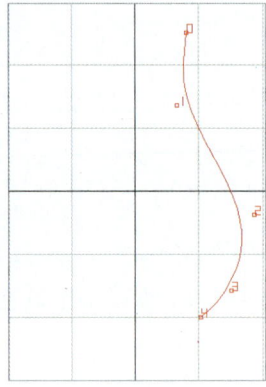
图5-13　绘制曲线

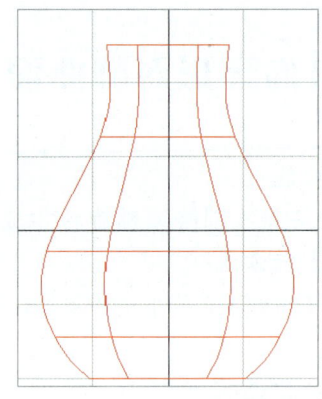
图5-14　纵向环形对称曲面

5.3　横向环形对称曲面

（1）功能

让一条曲线围绕横轴旋转生成一个曲面。

（2）运行方式

选择【曲面】菜单下的"横向环形对称曲面"命令，或点击工具面板上的图标。

（3）操作说明

操作方式与"纵向环形对称曲面"命令相同，不同的是曲线围绕横轴旋转生成曲面。

(4)操作范例

①在正视图中绘制一条如图5-15所示的任意曲线,并选择该曲线。

②选择"横向环形对称曲面"命令,单击对话框上的"确定",即可生成如图5-16所示的曲面。

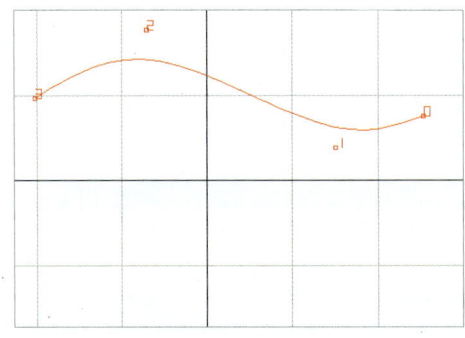

图5-15 绘制曲线

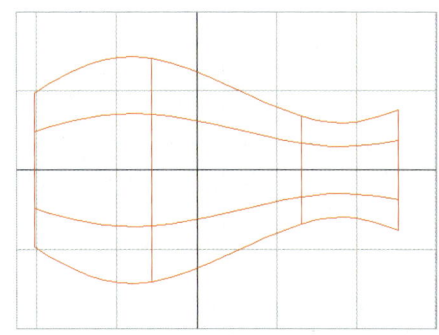

图5-16 横向环形对称曲面

5.4 多重变形

(1)功能

通过对一条曲线进行多重变换从而产生一个曲面。

(2)运行方式

选择【曲面】菜单下的"多重变形"命令。

(3)操作说明

选择【曲面】菜单下的"多重变形"命令后,会弹出如图5-17所示的对话框,该对话框与【复制】菜单下的"多重变换"命令相同,对话框的设置方式可参考前面的讲述,对话框中的"复制数目"表示变换出来的曲线的数目。

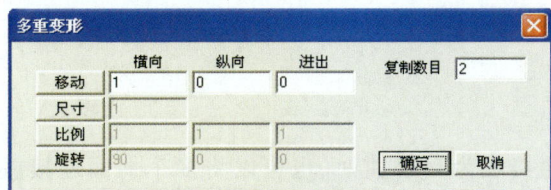

图5-17 "多重变形"对话框

(4)操作范例

①创建一个直径为20mm，CV点为8的圆，如图5-18所示。

②选择【曲面】菜单下的"多重变形"命令，按照图5-19所示设置好对话框中

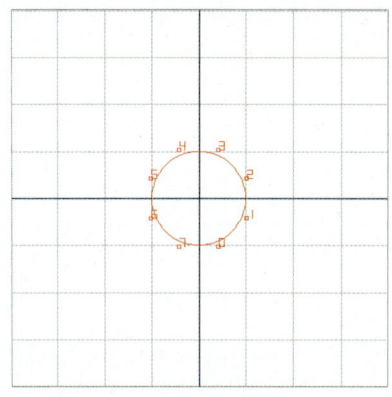

图5-18 创建圆

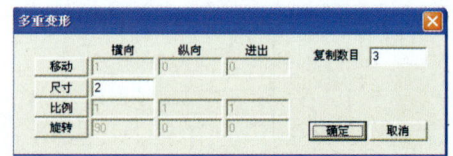

图5-19 "多重变形"参数设置对话框

的参数，单击"确定"，结果如图5-20所示。

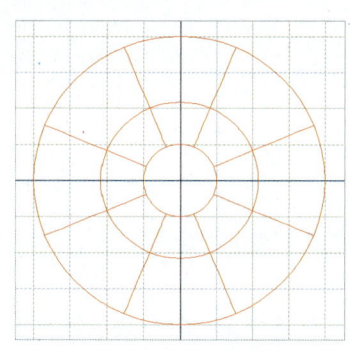

图5-20 多重变形曲面

5.5 线面连接曲面

(1)功能

将多条曲线连接成为一个曲面，也可以将多个曲面连接成一个曲面。

(2)运行方式

选择【曲面】菜单下的"线面连接曲面"命令，或点击工具面板上的 图标。

(3)操作说明

为了能使用"线面连接曲面"命令,曲线曲面必须符合一定的条件,即连接的曲线或者曲面的V曲线必须具有相同的CV点,而且必须都是开放的曲线或者封闭的曲线。使用"线面连接曲面"命令后,会出现如图5-21所示的对话框,如果使用"线面连接曲面"命令时,发现选择的曲面或曲线不符

图5-21 线面连接对话框

合条件时,可以通过对话框来解决,对话框中各选项的意义如下。

• 切面倒序:如果当前选择的曲线或曲面的CV点与其他的不同,可以先选择该曲线或曲面,再使用该命令将其CV点序号反转。

• 曲面倒序:如果当前选择的切面是一个曲面,选择该曲面后,可以使用该命令将曲面的方向反转。

• U/V互换:如果当前选择的切面是一个曲面,可以使用该命令来交换曲面的U曲线和V曲线。

(4)操作范例

①打开光盘上的"chapter5/loft.jcd"文件,如图5-22所示,视图中包含5条导轨曲线,分别用数字①、②、③、④、⑤来表示。

②选择"线面连接曲面"命令,先在曲线①上单击,然后按照顺序分别在曲线②、③、④、⑤上点击两次,再返回到曲线①上单击一次,最后单击 图标结束"线面连接曲面"命令。

③选择【曲面】菜单下的"封口"曲面命令,结果如图5-23所示。

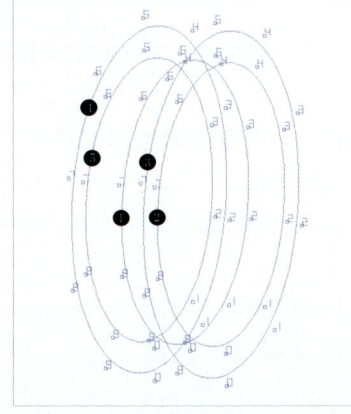

图5-22 导轨曲线

图5-23 连接结果(一)

完成上述操作后,重新打开loft.jcd文件,依照上述的操作步骤,先在曲线①上单击,然后分别在曲线②、③、④、⑤上单击一次,再返回到曲线①上单击一次,最后单击 图标结束"线面连接曲面"命令,结果如图5-24所示。由结果可知,在曲线上单击一次可以获得圆滑的效果,点击两次可以获得相对锋利的效果,如果点击3次,则可获得十分锋利的效果。

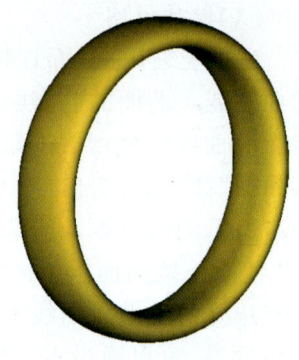

图5-24 连接结果(二)

5.6 管状曲面

(1)功能

将作为切面的曲线沿一条曲线扫描移动,生成一个管状曲面。

(2)运行方式

选择【曲面】菜单下的"管状曲面"命令,或点击工具面板上的 图标。

(3)操作说明

选择该命令后,会出现如图5-25所示的对话框,各选项意义如下。

• 单切面:选择该项后,生成的曲面在扫描方向上只有一种形状的切面。

• 双切面:选择该项后,生成的曲面在扫描方向上具有多种形状的切面。选择的第一条曲线作为生成曲面的起始切面,选择的第二条曲线作为生成曲面的

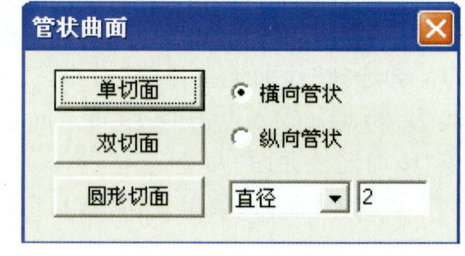

图5-25 "管状曲面"对话框

最后一个切面,位于起始切面和最后一个切面之间的切面形状是两种切面的过渡形,其形状由第一个切面逐渐过渡到第二个切面。

• 圆形切面:以一个圆作为切面,这个选项不需要选择切面,只需要在右边的框中输入圆的直径或半径即可。

• 横向管状:表示路径是横向的,切面沿路径横向扫描。

• 纵向管状:表示路径是纵向的,切面沿路径纵向扫描。

(4)操作范例(一):单切面纵向切面

①绘制一条曲线作为路径曲线,再绘制一个大小适当的圆作为切面,如图

5-26所示。

②将曲线选中,再选择"管状曲面"命令,按照图5-27所示设置好对话框中的参数,然后单击 单切面 ,再选择作为切面的曲线,选择完成后就生成如图

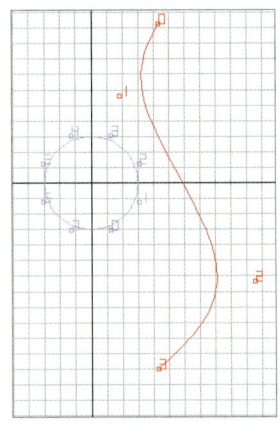

图5-26 绘制曲线和切面

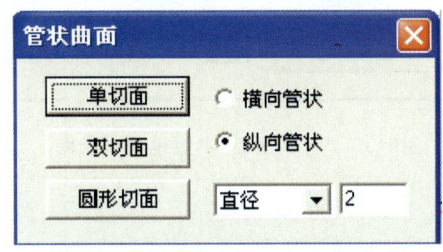

图5-27 "管状曲面"参数设置对话框

5-28所示的管状曲面。

(5)操作范例(二):双切面横向切面

①绘制一条曲线作为路径,再绘制一个圆和一个椭圆作为切面,椭圆和圆上的CV点的数目和排列数目一致(图5-29)。

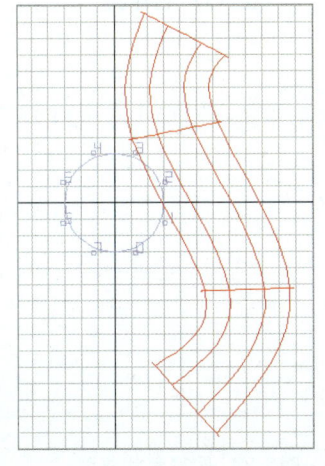

图5-28 管状曲面

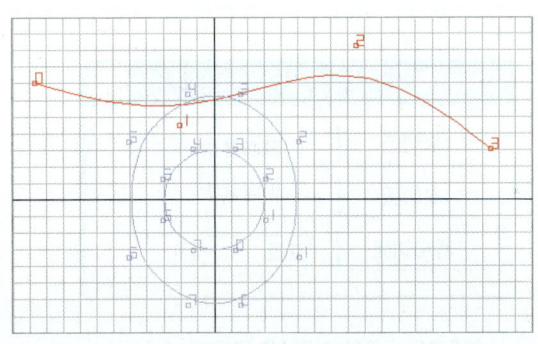

图5-29 绘制曲线和切面

②将曲线选中，再选择"管状曲面"命令，按照图5-30所示设置好对话框中的参数，然后单击 双切面 。

③选择该圆，再选择椭圆，选择完成后就生成如图5-31所示的管状曲面。

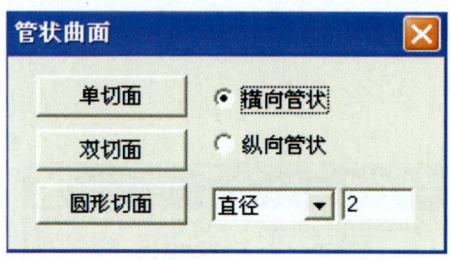

图5-30 "管状曲面"参数设置对话框

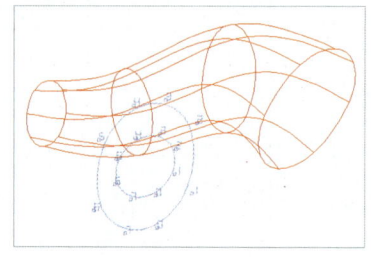

图5-31 管状曲面

（6）操作范例（三）：圆形切面

①创建一直径为17mm，CV点数为8的圆，如图5-32所示。

②选择该圆，再选择"管状曲面"命令，按照图5-33所示设置好对话框中的参数，设置圆形切面的直径为1mm，然后单击 圆形切面 ，即可生成如图5-34所示的曲面。

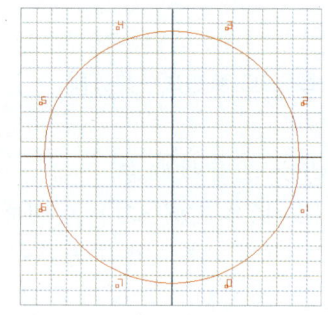

图5-32 创建圆

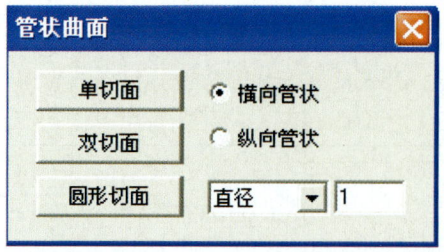

图5-33 "管状曲面"参数设置对话框

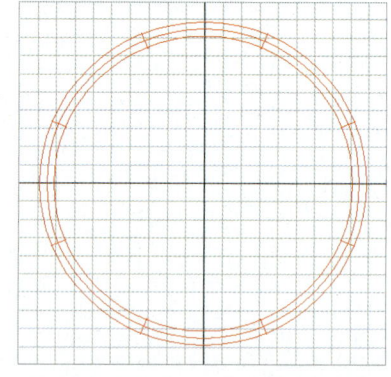

图5-34 圆形管状曲面

5.7 导轨曲面

（1）功能

切面沿若干条导轨扫描运动生成曲面。

（2）运行方式

选择【曲面】菜单下的"导轨曲面"命令，或点击工具面板上的 图标。

（3）操作说明

"导轨曲面"命令是让作为切面的封闭曲线沿一条或者多条导轨运动生成的一个曲面。选择"导轨曲面"命令后弹出如图5-35所示的对话框，对话框中各选项意义如下。

① 单导轨

• 纵向：只需要选择一条导轨曲线，另一条导轨曲线是纵轴。选择该项生成曲面时，作为切面的曲线置于导轨曲线和纵轴之间，切面的大小根据导轨曲线和纵轴之间的距离成比例地放大或缩小。

• 横向：只需要选择一条导轨曲线，另一条导轨曲线是横轴。选择该项生成曲面时，作为切面的曲线置于导轨曲线和横轴之间，切面的大小根据导轨曲线和横轴之间的距离成比例地放大或缩小。

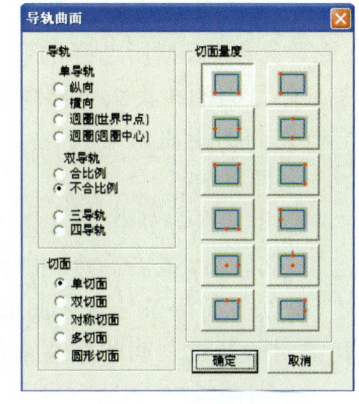

图5-35 "导轨曲面"对话框

• 迥圈（世界中点）：只需选择一条导轨曲线，另一条导轨是进出坐标轴。选择该项生成曲面时，作为切面的曲线置于导轨曲线和进出轴之间，切面的宽度（或者高度，根据所选择的切面量度而定，切面量度在下文中介绍）根据导轨和进出坐标轴之间的距离放大或缩小，其高度（宽度）保持不变。

• 迥圈（迥圈中心）：只需选择一条导轨曲线，另一条导轨是物体自身的中心。选择该项生成曲面时，作为切面的曲线置于导轨曲线和自身的中心之间，切面的宽度（或者高度，根据所选择的切面量度而定，切面量度在下文中介绍）根据导轨和进出坐标轴之间的距离放大或缩小，其高度（宽度）保持不变。

② 双导轨

双导轨是以两条曲线作为导轨，作为切面的曲线沿两条导轨扫描生成曲面，它有以下选项。

• 合比例：选择该项生成导轨曲面时，作为切面的曲面置于两条导轨之间。沿导轨扫描时，切面的宽度和高度根据两条导轨之间的距离成比例缩放。因此，使用该命令生成的曲面，其切面是相似的，没有形状上的变化，而只有大小的变化。

• 不合比例：选择该项生成导轨曲面时，作为切面的曲面置于两条导轨之间。沿导轨扫描时，切面的宽度（或者高度，根据所选择的切面量度而定，切面量度在下文中介绍）根据两条导轨之间的距离放大或缩小，其高度（或者宽度）保持不变。

③三导轨

使用三条导轨作为路径，作为切面的曲线置于前面两条导轨之间，其宽度（或者高度，根据所选择的切面量度而定，切面量度在下文中介绍）根据前面两条导轨之间的距离大小而缩放，其高度（或者宽度）根据第三条导轨与前面两条导轨之间的距离来缩放。

④四导轨

使用四条导轨作为路径，作为切面的曲线置于先选择的第一和第二条导轨之间，其宽度（或者高度，根据所选择的切面量度而定，切面量度在下文中有讲述）根据前面两条导轨之间的距离来缩放，其高度（或者宽度）根据第三条导轨和第四条导轨之间的距离来确定。

⑤切面

• 单切面：使用一个切面沿导轨扫描生成曲面。

• 双切面：使用两个切面沿导轨扫描生成曲面。第一个切面作为曲面的起始切面，第二个切面作为曲面的最后一个切面，位于起始切面和最后切面之间的切面形状是介于两个切面的过渡形，其形状由第一个切面过度到最后一个切面。

• 对称切面：镜像切面需要两个切面，第一个切面作为起始切面和最后一个切面，第二个切面位于曲面的中间。位于第一个切面和第二个切面，以及第二个切面和最后一个切面之间的切面形状是一种过渡形。

• 多切面：使用多个切面作为曲面的切面。

• 圆形切面：使用圆作为切面，只需输入圆的直径或半径即可。

⑥切面量度

在"导轨曲面"命令中，导轨在视图中的位置是固定不变的，切面在视图中的位置是可变化的，切面量度表示切面沿着导轨运动的时候，切面与导轨之间的相对位置，它们有以下几种位置关系：

- —— ▫ 表示导轨位于切面左下角和右下角,三维效果如图5-36所示。
- —— ▫ 表示导轨位于切面左中和右中,三维效果如图5-37所示。

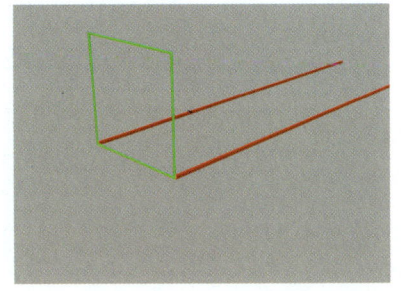

图5-36 导轨位于左下角和右下角

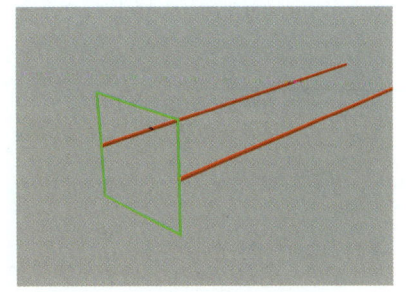

图5-37 导轨位于左中和右中

- —— ▫ 表示导轨位于切面的左上角和右上角,三维效果如图5-38所示。
- —— ▫ 表示导轨位于切面的下中和右下角,三维效果如图5-39所示。

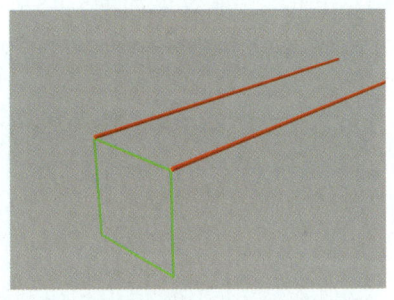

图5-38 导轨位于左上角和右上角

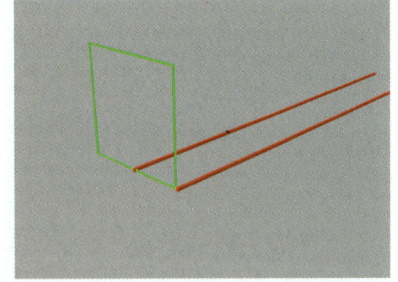

图5-39 导轨位于下中和右下角

- —— ▫ 表示导轨位于切面的中心和右中,三维效果如图5-40所示。
- —— ▫ 表示导轨位于切面的上中和右上角,三维效果如图5-41所示。

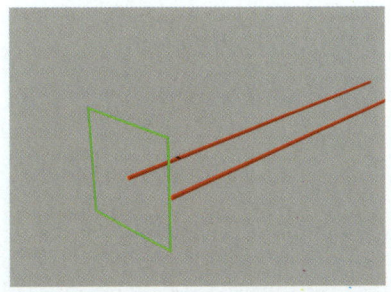

图5-40 导轨位于中心和右中

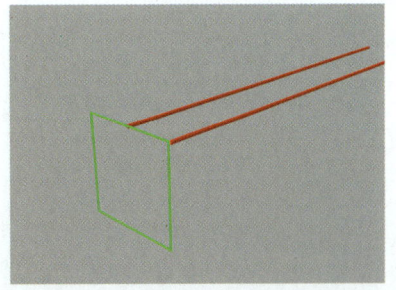

图5-41 导轨位于上中和右上角

- —— ▫ 表示导轨位于切面的左上角和左下角，三维效果如图5-42所示。
- —— ▫ 表示导轨位于切面的上中和下中，三维效果如图5-43所示。

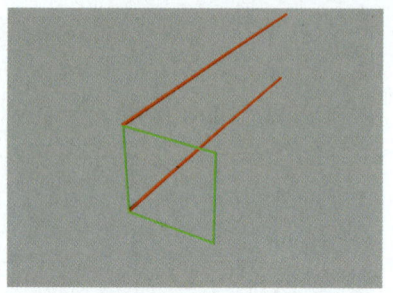

图5-42 导轨位于左上角和左下角

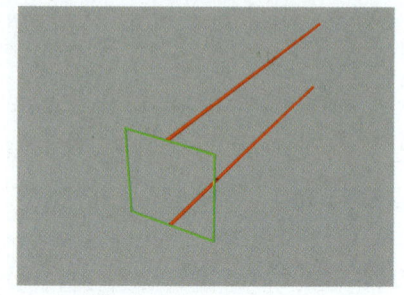

图5-43 导轨位于中和下中

- —— ▫ 表示导轨位于切面右边的右上角和右下角，三维效果如图5-44所示。
- —— ▫ 表示导轨位于切面的左中和左上角，三维效果如图5-45所示。

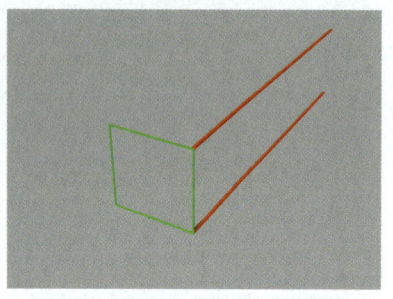

图5-44 导轨位于右上角和右下角

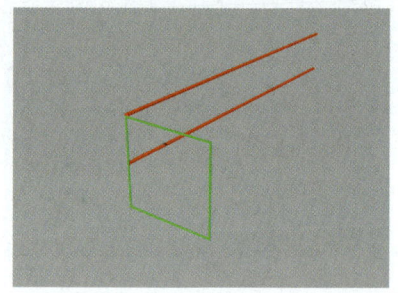

图5-45 导轨位于左中和左上角

- —— ▫ 表示导轨位于切面的中心和上中，三维效果如图5-46所示。
- —— ▫ 表示导轨位于切面的右上角和右中，三维效果如图5-47所示。

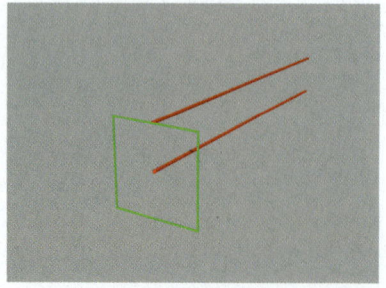

图5-46 导轨位于中心和上中

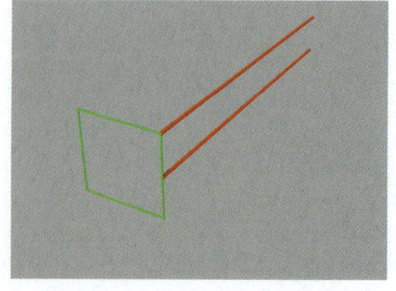

图5-47 导轨位于右上角和右中

(4)操作范例(一):单导轨、纵向

①打开"练习文件/chapter5/1rail1.jcd"文件,如图5-48所示。

②选择"导轨曲面"命令,按照图5-49所示设置好对话框中的参数,该对话框表示单导轨、纵向、单切面。纵轴实际上也作为一条导轨,切面中心在纵轴上,切面右边的中心点在另一条导轨上。

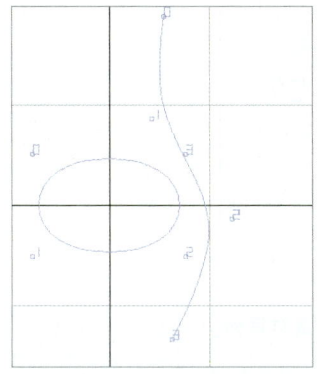

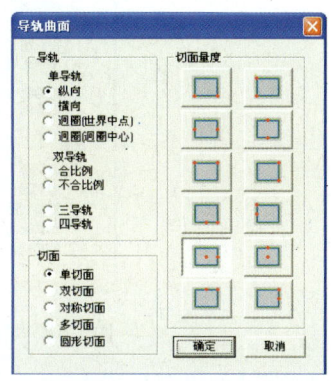

图5-48 单导轨、纵向　　　　　　　　图5-49 "导轨曲面"参数设置对话框

③单击对话框上的"确定",先选择导轨曲线,再选择椭圆,创建的曲面如图5-50所示。

(5)操作范例(二):迴圈(世界中点、迴圈中心)

①打开"练习文件/chapter5/1rail2.jcd"文件,如图5-51所示,左边的心形曲线为导轨曲线,右边的曲线为切面曲线。

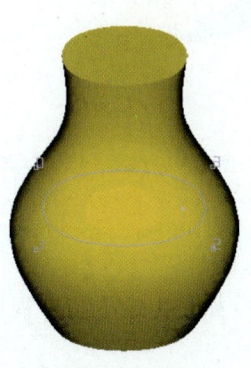

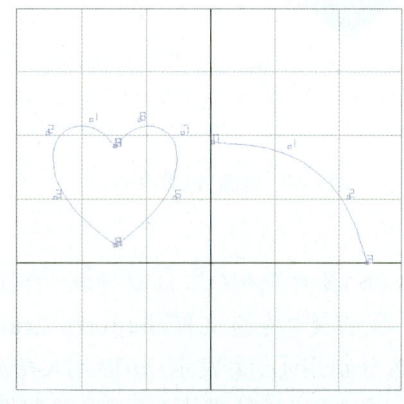

图5-50 创建的曲面　　　　　　　　图5-51 迴圈

②选择"导轨曲面"命令，按照图5-52所示设置对话框中的参数。

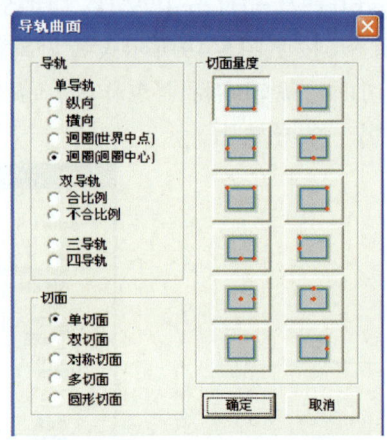

图5-52 "导轨曲面"参数设置对话框

③单击对话框上的"确定"，先选择心形导轨曲线，再选择切面曲线，产生的曲面如图5-53所示。

④在第二步中，如果选择"迴圈（世界中点）"，创建的曲面如图5-54所示。

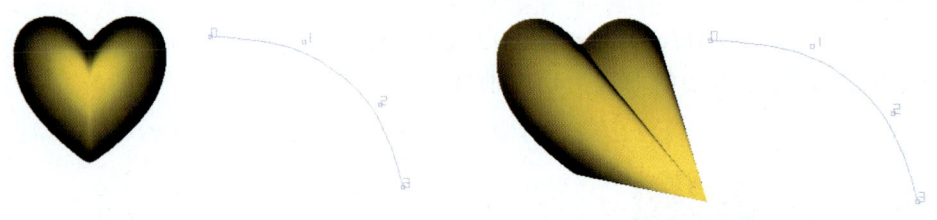

图5-53 迴圈（迴圈中心）　　　　　图5-54 迴圈（世界中点）

（6）操作范例（三）：双导轨（合比例、不合比例）

①打开"练习文件chapter5/2rail.jcd"文件，如图5-55所示，视图中的两条导轨分别用①、②表示，切面用A表示。

②选择"导轨曲面"命令，按照图5-56所示设置对话框中的参数，这里选择双导轨合比例。

第5章　曲面的生成（曲面菜单）　109

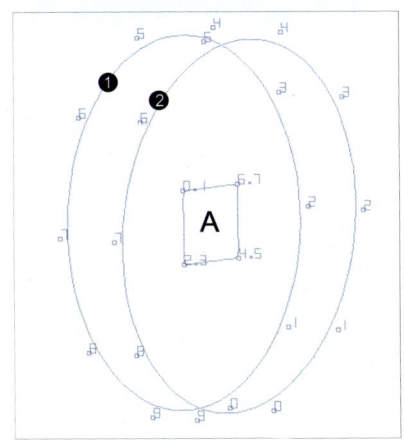
图5-55　双导轨、单切面

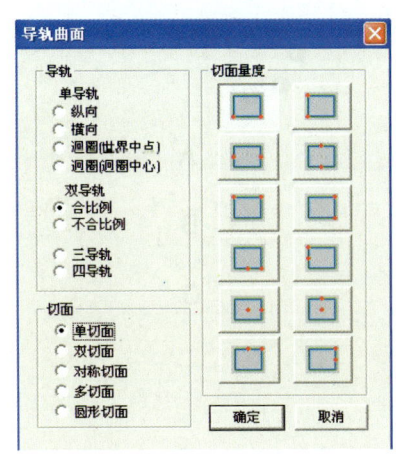
图5-56　"导轨曲面"参数设置对话框

③先选择导轨①、②，再选择切面A，生成的曲面如图5-57所示。由结果可知，当切面的宽度随着导轨之间的距离而变化时，切面的高度也随之变化。

在上一步中，如果选择不合比例，最后创建的曲线如图5-58所示，当切面的宽度随着导轨之间的距离而变化时，高度保持不变。

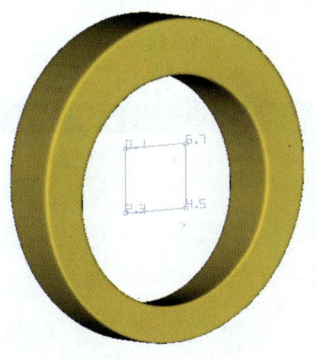
图5-57　合比例

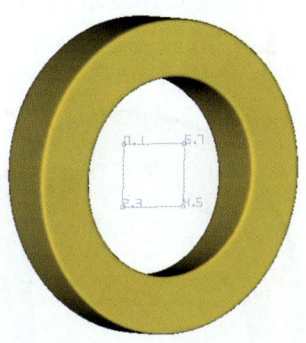
图5-58　不合比例

（7）操作范例（四）：三导轨、单切面

①打开"练习文件chapter5/3rail.jcd"文件，如图5-59所示，视图中的3条导轨分别用①、②、③表示，3个切面分别用A、B、C表示。

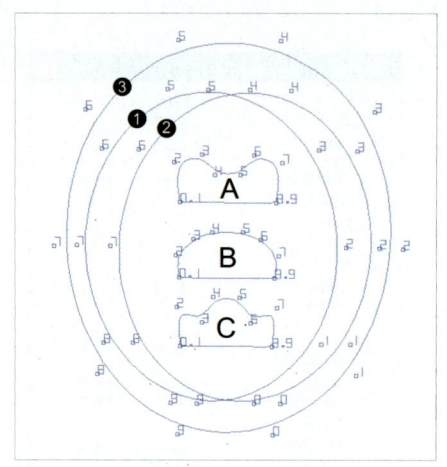

图5-59 三导轨

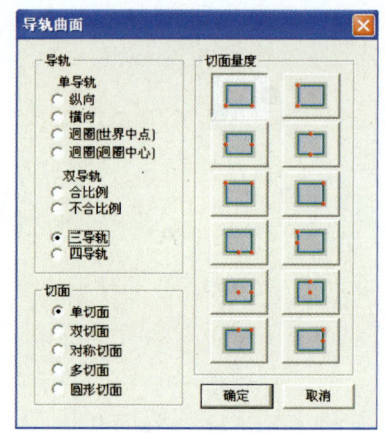

图5-60 "导轨曲面"参数设置对话框

②选择"导轨曲面"命令，按照图5-60所示设置好对话框中的参数。

③单击对话框上的"确定"，先选择导轨①、②，再选择导轨③，最后选择切面B，创建的曲面如图5-61所示。

（8）操作范例（五）：三导轨、双切面

①打开"练习文件chapter5/3rail.jcd"文件，如图5-59所示，视图中的3条导轨分别用①、②、③表示，3个切面分别用A、B、C表示。

②选择"导轨曲面"命令，按照图5-62所示设置好对话框中的参数。

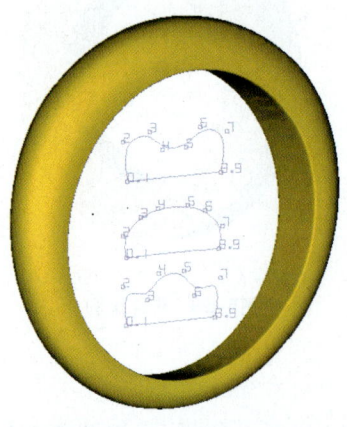

图5-61 三导轨、单切面

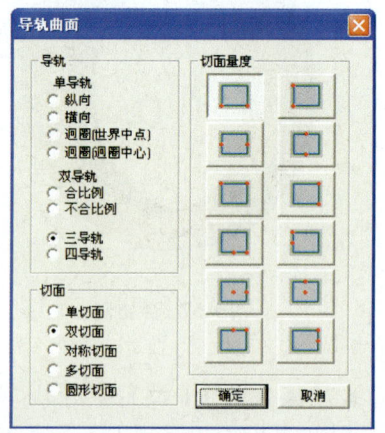

图5-62 "导轨曲面"参数设置对话框

③单击对话框上的"确定",先选择导轨①、②,再选择导轨③,先选择切面A,再选择切面B,创建的曲面如图5-63所示。该曲面上CV0点的位置的切面形状是切面A的形状,CV9点处的形状是切面B的形状,介于CV0和CV9之间的形状是由切面A到切面B的过渡形状。

(9)操作范例(六):三导轨、多切面

①打开"练习文件chapter5/3rail.jcd"文件,如图5-59所示,视图中的3条导轨分别用①、②、③表示,3个切面分别用A、B、C表示。

②选择"导轨曲面"命令,按照图5-64所示设置好对话框中的参数。

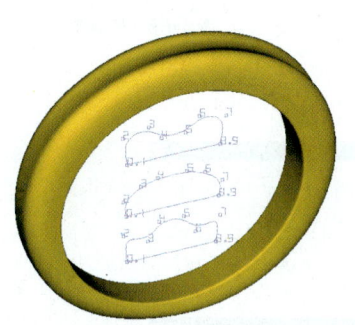
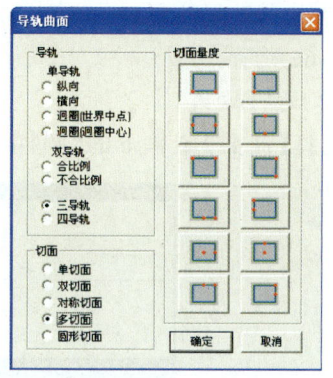

图5-63 三导轨、双切面　　　　图5-64 "导轨曲面"参数设置对话框

③单击对话框上的"确定",根据以下状态栏上的提示进行操作。

a.选一曲线作为左边导轨。选择导轨①。

b.选一曲线作为右边导轨。选择导轨②。

c.选一曲线作为上边导轨。选择导轨③。

d.选一曲线作为切面0。选择一曲线作为CV0处的切面,这里选择切面A。

e.在左边导轨上选择1+。"1+"的意思是编号在1以上的CV点,这里选择CV2。

f.选择一曲线作为切面2。选择一个曲线作为CV2处的切面,这里选择切面B。

g.在左边导轨上选择3+。"3+"的意思是编号在3以上的CV点,这里选择CV6点。

h.选一曲线作为切面6。选择一个曲线作为CV6处的切面,这里选择切面C。

i.在左边导轨上选择7+。"7+"的意思是编号在7以上的CV点,这里选择CV9。

j.选一曲线作为切面9。

选择一个曲线作为CV6处的切面,这里选择切面B。多切面要求一直选到最后一个CV点和该点处的切面,选完后会自动生成曲面,如图5-65所示,每一个CV点处的切面的形态都和该点处选择的切面形态相同。

5.8 圆柱曲面

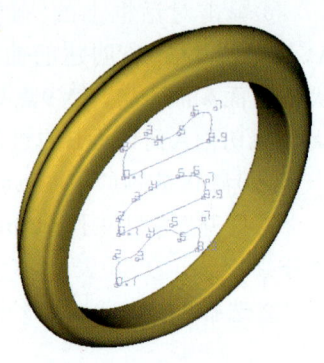

（1）功能

创建一个直径为2mm,高为2mm的圆柱,如图5-66所示。

图5-65 三导轨、多切面

（2）运行方式

选择【曲面】菜单下的"圆柱曲面"命令。

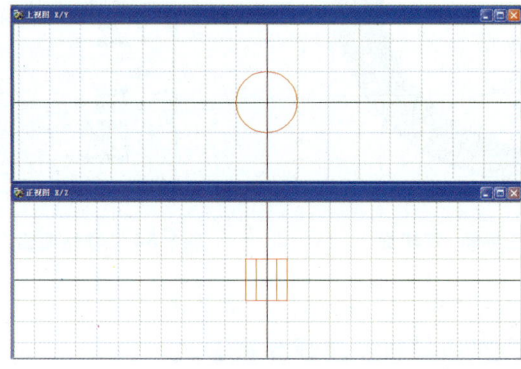

图5-66 圆柱曲面

5.9 角锥曲面

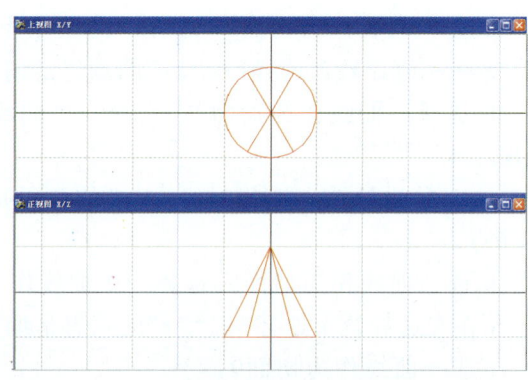

（1）功能

创建一个直径为2mm,高为2mm的角锥,图5-67所示。

（2）运行方式

选择【曲面】菜单下的"角锥曲面"命令。

图5-67 角锥曲面

5.10 球体曲面

(1)功能

创建一个直径为2mm的球体,如图5-68所示。

(2)运行方式

选择【曲面】菜单下的"球体曲面"命令。

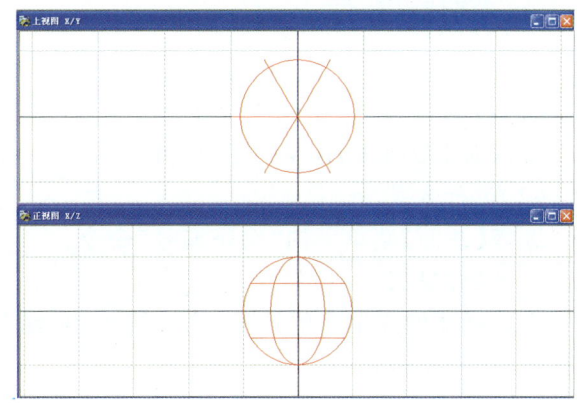

图5-68 球体曲面

5.11 封口曲面

(1)功能
从U方向封闭曲面,使之成为一个封闭的曲面。
(2)运行方式
选择【曲面】菜单下的"封口曲面"命令。
(3)操作说明
先选择要封口的曲面,再选择"封口曲面"命令,即可将曲面从U方向封口。

5.12 开口曲面

(1)功能
将封口的曲面打开,与"开口曲面"的功能相反。
(2)运行方式
选择【曲面】菜单下的"开口曲面"命令。
(3)操作说明
先选择要开口的曲面,再选择"开口曲面"命令,即可将曲面从U方向开口。

5.13 倒序编号

(1)功能

将曲面上U曲线的CV点序号反转。

(2)运行方式

选择【曲面】菜单下的"倒序编号"命令。

(3)操作说明

先选择要倒序编号的曲面,再选择"倒序编号"命令,即可将曲面上U曲线的CV点序号反转。

5.14 增加控制点

(1)功能

增加曲面上的CV点。

(2)运行方式

选择【曲面】菜单下的"增加控制点"命令。

(3)操作说明

使用该命令时,先选择要增加CV点的曲面,再选择该命令,会弹出如图5-69所示的对话框,对话框中各项参数的意义如下。

• 增加倍数:在原来CV点个数的基础上增加的倍数。

• UV方向都增加:同时增加U方向和V方向的CV点个数。

• U方向增加:只增加U方向上的CV点个数。

• V方向增加:只增加V方向上的CV点个数。

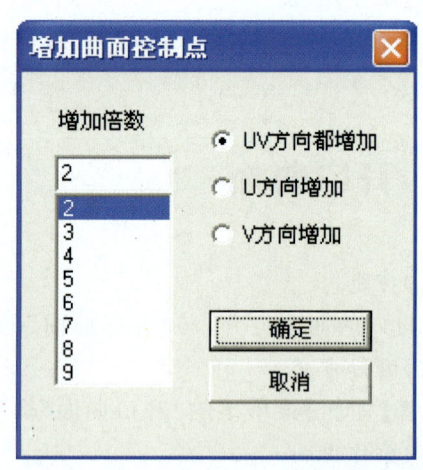

图5-69 "增加曲面控制点"对话框

（4）操作范例

①打开资料库中如图5-70所示的戒指，切换到正/右视图。

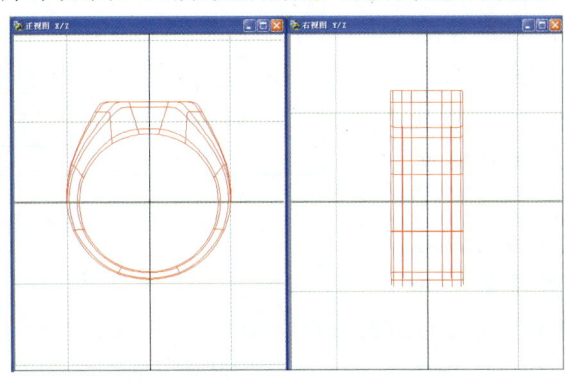

图5-70 正/右视图

②选择视图中的戒指，再选择"增加控制点"命令，在对话框中设置增加的倍数为4，分别设置在U方向和V方向增加控制点，结果如图5-71和图5-72。

5.15 平滑度

（1）功能

更改曲面的平滑度。

（2）运行方式

选择【曲面】菜单下的"平滑度"命令。

（3）操作说明

该命令通过增加曲面的步数来使曲面变得更加平滑，但步数的增加会导致某些操作的时间变得更长，例如渲

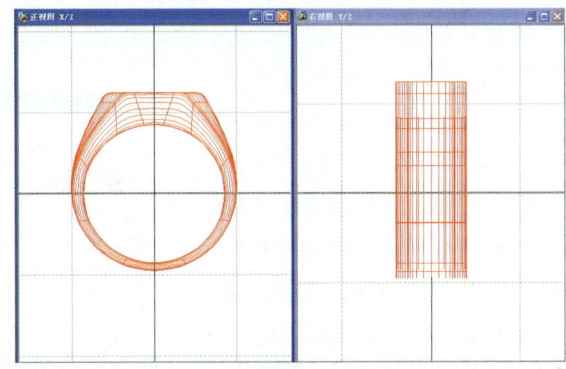

图5-71 U方向增加

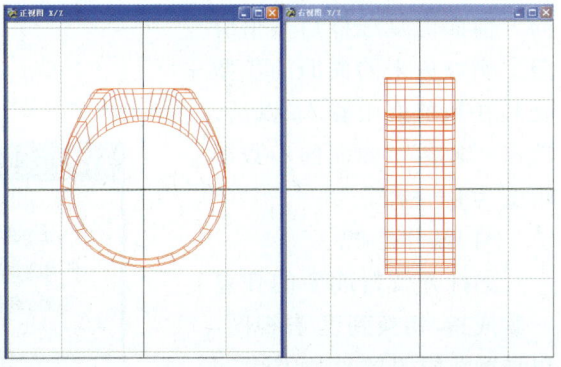

图5-72 V方向增加

染、切薄片、数控加工等。

先选择要改变平滑度的曲面,然后选择"平滑度"命令后,会弹出如图5-73所示的对话框。

对话框中各项参数的意义如下。

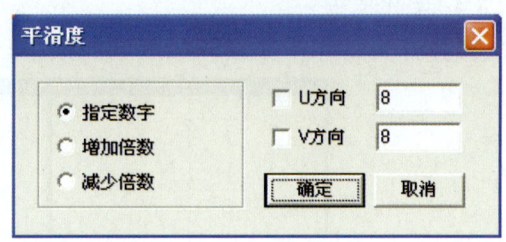

图5-73 "平滑度"对话框

- 指定数字:指定U方向和V方向上曲面的步数。可以在右边U方向和V方向后面的数值框中输入数值,勾选"U方向"和"V方向"前面的复选框后数值有效。设置完成后单击"确定",曲面的步数即可变成设定的值。

- 增加倍数:指定U方向和V方向上曲面的步数的增加倍数。可以在右边U方向和V方向后面的数值框中输入数值,勾选"U方向"和"V方向"前面的复选框后数值有效。例如原来的曲面的步数是4,在数值框中输入8以后,单击"确定",曲面的步数即可变为4×8=32。

- 减少倍数:指定U方向和V方向上曲面的步数的减少倍数,可以在右边U方向和V方向后面的数值框中输入数值,勾选"U方向"和"V方向"前面的复选框后数值有效。例如原来的曲面的步数是4,在数值框中输入2以后,单击"确定",曲面的步数即可变为4÷2=2。

(4)操作范例

①打开资料库中的任意一款戒指,切换到正/右视图,以详细线框图显示,如图5-74所示。

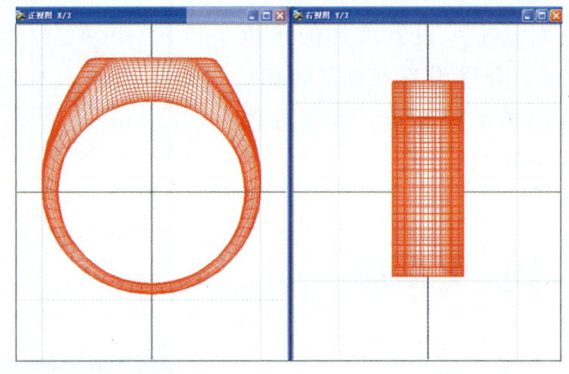

图5-74 正/右视图

图5-75 "平滑度"参数设置对话框

②选择视图中的戒指,再选择"平滑度"命令,按照如图5-75所示的对话框设置好参数,单击"确定",结果如图5-76所示。

5.16 U/V互换

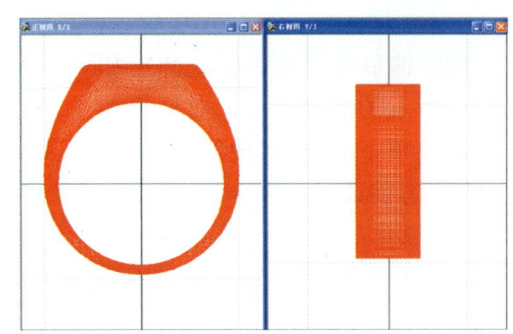

图5-76 平滑度增加结果

(1)功能

将曲面的U曲线和V曲线互换。

(2)操作方式

选择【曲面】菜单下的"U/V互换"命令。

(3)操作说明

使用该命令时,先选择曲面,再选择"U/V互换"命令,即可将曲面的U曲线和V曲线互换。

5.17 反转曲面面向

(1)功能

反转曲面的面向。

(2)操作方式

选择【曲面】菜单下的"反转曲面面向"命令。

(3)操作说明

曲面的面向是一个假想的方向,它垂直于曲面的表面向外。

5.18 偏移曲面

(1)功能

从选中的曲面偏移出另外一个曲面。

(2)操作方式

选择【曲面】菜单下的"偏移曲面"命令。

（3）操作说明

选择偏移曲面命令后，弹出如图5-77所示的对话框，该对话框和【曲线】菜单下的"偏移曲线"命令相同，可参考前面的讲解。

（4）操作范例

①打开资料库中如图5-78所示的戒指。

②选择该戒指，再选择"偏移曲面"命令，按照图5-79所示的对话框

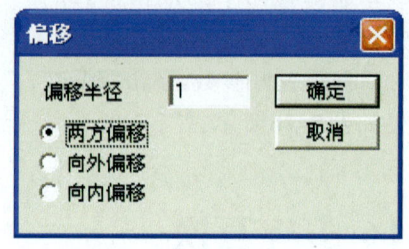

图5-77 "偏移曲面"对话框

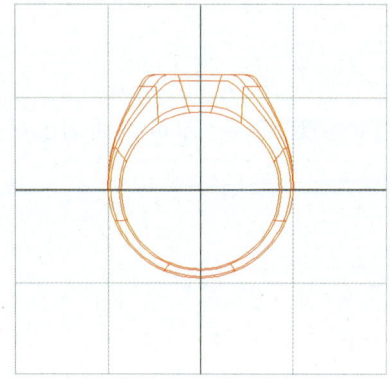

图5-78 打开文件

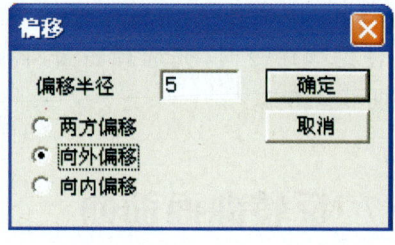

图5-79 "偏移曲面"参数设置对话框

设置好参数，单击"确定"，偏移结果如图5-80所示，其中红色的为偏移出来的曲面。

5.19 V-曲线

（1）功能

V-曲线下面包含3个命令："封口曲面"用来将曲面的V方向封闭从而使曲面成为一个封闭的曲面；"开口

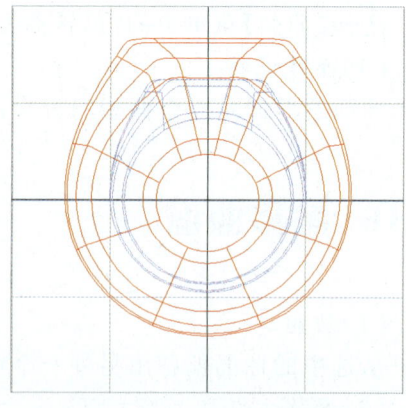

图5-80 偏移曲面结果

曲面"用来将曲面的V方向打开从而使曲面成为一个开口的曲面；"倒序编号"用来将曲面上V曲线的CV点方向反转。

（2）操作方式

选择【曲面】菜单下"V-曲线"命令下的子命令。

（3）操作说明

前面所讲的"封口曲面"、"开口曲面"命令是将曲面的U曲线进行封闭、开口从而将整个曲面进行封口或者开口，是对U曲线进行操作。这里"V-曲线"命令下的3个子命令都是对V曲线进行操作，而不是对U曲线进行操作。

（4）操作范例

①打开资料库中如图5-81所示的戒指。

②选择视图中的戒指，再选择"V-曲线"命令下的"开口曲面"命令，结果如图5-82所示。

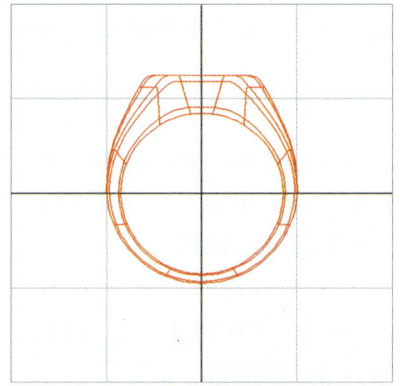

图5-81 打开文件

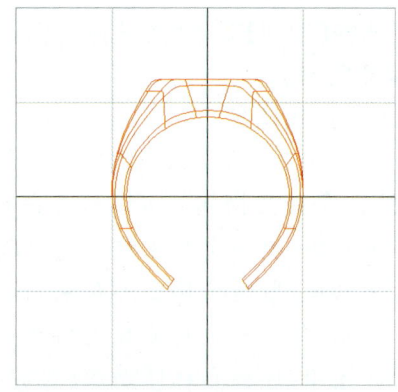

图5-82 "V-曲线"命令下的开口曲面

第6章 杂项菜单

6.1 布林体

（1）功能

对三维对象进行结合、相交、相减等操作。

（2）运行方式

选择【杂项】菜单"布林体"命令下相应的子命令，或点击布林体工具面板上相应的图标。

（3）操作说明

布林体命令下面包含6个子命令，分别是联集、交集、相减、还原、展示减去物体、隐藏减去物体。可以直接在布林体工具面板上单击相应的图标。

- 联集：将多个对象联合在一起，对应工具面板上的 图标。
- 交集：取两个相交的对象的公共部分，对应工具面板上的 图标。
- 相减：用一个对象减去另外一个对象，对应工具面板上的 图标。
- 还原：还原布林体操作，对应工具面板上的 图标。
- 展示减去物体：展示作为减体的物体。
- 隐藏减去物体：将作为减体的物体隐藏。

（4）操作范例（一）：联集

①创建一个球体和一个角锥，如图6-1所示。

②将球体和角锥全部选中，单击布林工具面板上的 图标，即可将两者结合在一起，单击工具面板上的 图标可将结合在一起的对象解散。

（5）操作范例（二）：交集

①创建一个球体和一个角锥，如图6-1所示。

②将球体和角锥全部选中，单击布林工具

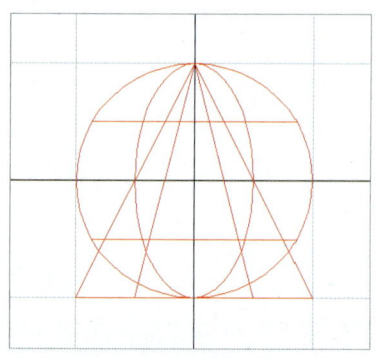

图6-1 球体和角锥

面板上的 ■ 图标，即可取两者的交集，如图6-2所示。

（6）操作范例（三）：相减

① 创建一个球体和一个角锥，如图6-1所示。

② 先选择球体，如图6-3所示，再单击布林体工具面板上的 ■ 图标，最后在角锥上单击，即可利用球体减去角锥，如图6-4所示。

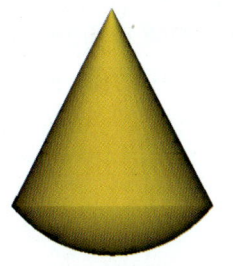

图6-2 交集

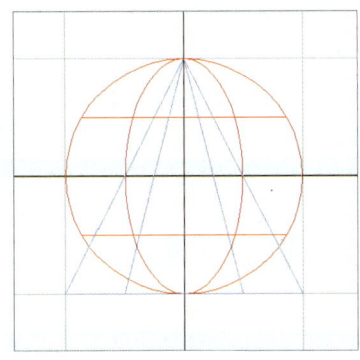

图6-3 选中球体

图6-4 相减

6.2 块状体

（1）功能

将封闭的曲线延伸成实体的曲面。

（2）运行方式

选择【杂项】菜单下"块状体"命令。

（3）操作说明

选择"块状体"命令后，会弹出如图6-5所示的对话框，在对话框中可以设置块状体的厚度、切角、圆角大小。

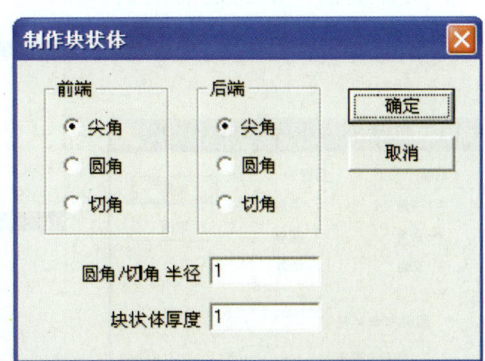

图6-5 "块状体"对话框

（4）操作范例

①创建一个直径为20mm，CV点为8的圆，如图6-6所示。

②选择视图中的圆，再选择"块状体"命令，按照图6-7所示对话框设置好参

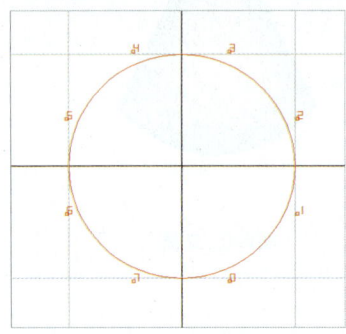

图6-6 创建圆

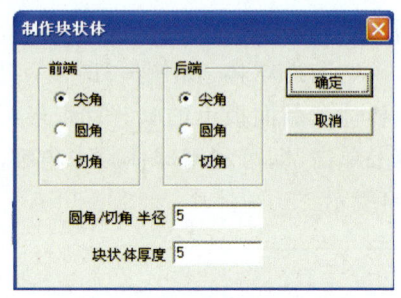

图6-7 "块状体"参数设置对话框

数，单击"确定"，即可创建如图6-8所示的块状体。

该对话框设置的意思是设置块状体的厚度为5mm，前端和后端都是尖角，"圆角/切角半径"中虽然输入了数值，但由于前端和后端都是尖角，所以这里的数值不起作用。

如果按照如图6-9所示的对话框设置数值，则创建的块状体如图6-10所示，该块状体的

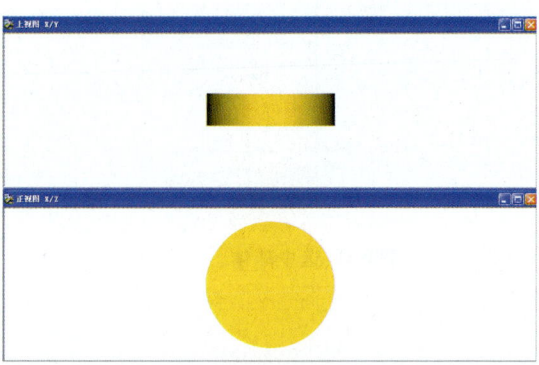

图6-8 尖角块状体

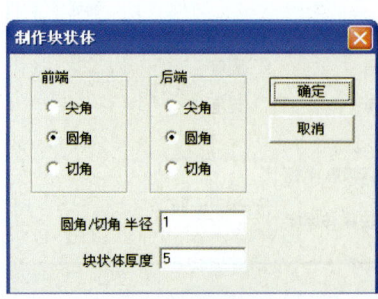

图6-9 "块状体"参数设置对话框

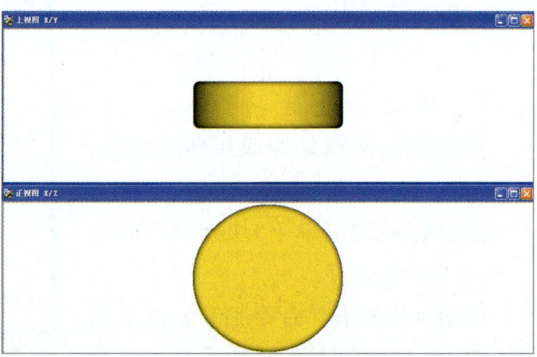

图6-10 圆角对话框

前端和后端是半径为1mm的圆角。

如果按照图6-11所示的对话框设置数值，则创建的块状体如图6-12所示，该块状体的前端和后端都是半径为1mm的切角。

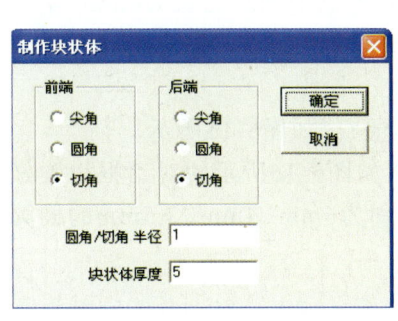

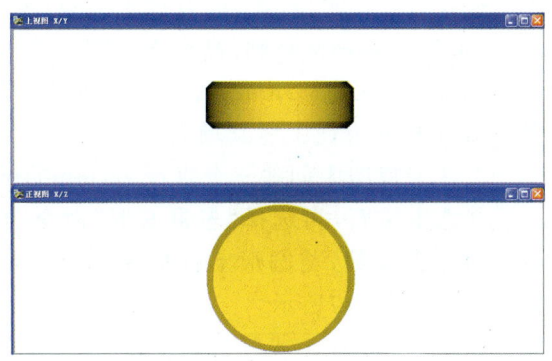

图6-11 "块状体"参数设置对话框　　　　　图6-12 切角块状体

6.3 宝石

（1）功能

创建宝石。

（2）运行方式

选择【杂项】菜单下"宝石"命令。

（3）操作说明

选择"宝石"命令后，弹出如图6-13所示的对话框，对话框中包含了常见琢型的宝石，如果在对话框中选择圆形宝石，会弹出如图6-14所示的对话框，可以在对话框中输入圆形宝石的直径，单击"确定"，即可在视图中创建一颗圆形的宝石。除了圆形宝石可以设定其尺寸外，其他宝石均没有尺寸设定功能，默认的宝石大小

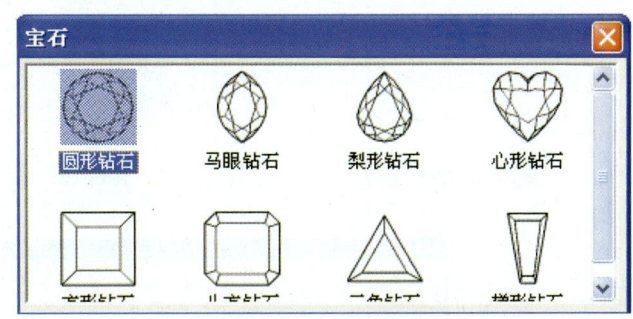

图6-13 "宝石"对话框

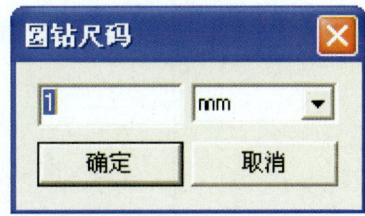

图6-14 "圆形宝石"对话框

大多数是1mm×1mm。

（4）操作范例：椭圆宝石的创建

由于宝石库中没有椭圆形的宝石，椭圆形宝石一般是由圆形宝石变换而来的。椭圆形宝石的长、宽、高有如下关系：如果是一般的彩色宝石，高=（长+宽）÷2×0.7；如果是钻石则：高=（长+宽）÷2×0.6。本例中椭圆的长为6mm，宽为4mm，故高度应为3.5mm，由于我们创建的宝石直径为1mm，其高度为0.7mm，故需要在高度方向上将其增大5倍。

①在上视图中创建一个直径为1mm的圆形宝石，如图6-15所示。

②选中宝石，再选择"多重变形"命令，按照如图6-16所示的对话框设置好对话框中的参数，将圆形宝石变成长、宽、高分别为6mm、4mm、3.5mm的椭圆形宝石，如图6-17所示。

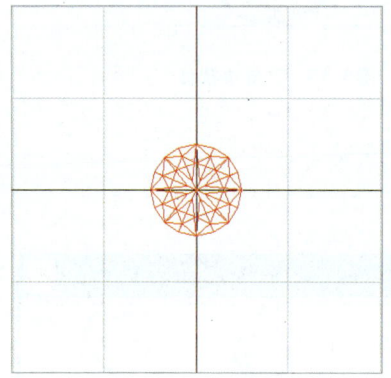

图6-15　圆形宝石

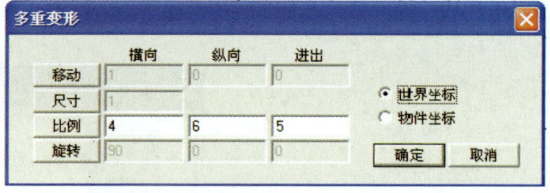

图6-16　"多重变形"参数设置对话框

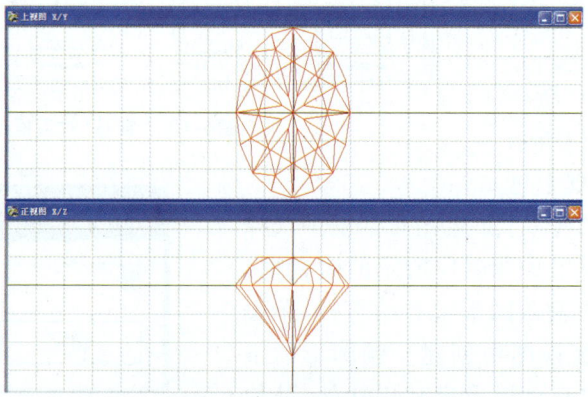

图6-17　多重变形结果

6.4 多面体

(1)功能

对多面体进行编辑。

(2)运行方式

选择【杂项】菜单下"多面体"命令下的子命令。

(3)操作说明

目前常用的首饰CAD软件除了Jewel CAD之外,还有Rhino、3design、3dsmax等软件,为了能将某个软件设计的作品导入到其他软件中,需要将设计的作品先转化成STL格式的文件。STL是Stereo Lithography的缩写,由3D Systems公司开发而来,它使用三角形面片来表示三维实体模型,现已成为不同三维软件的标准接口文件。将其他软件输出的STL文件导入到Jewel CAD后,即可用多面体功能对其进行编辑。

以在Rhino中设计的球体为例,如图6-18所示,将其保存为STL格式的文件

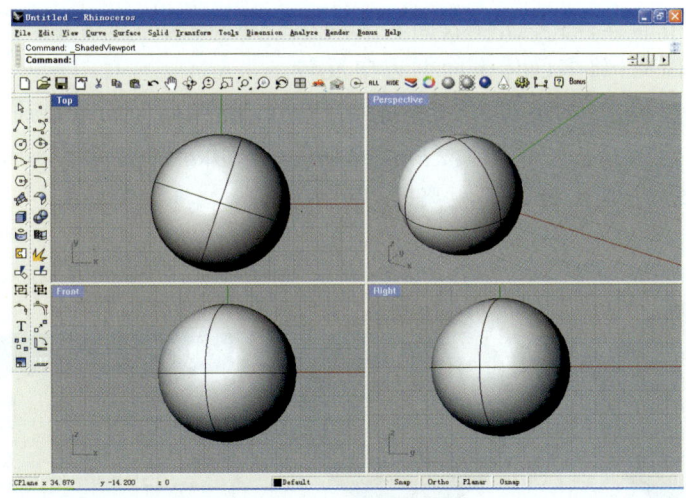

图6-18 Rhino设计球体

后,再在Jewel CAD中导入该STL文件,如图6-19所示,该文件以多面体的方式显示。

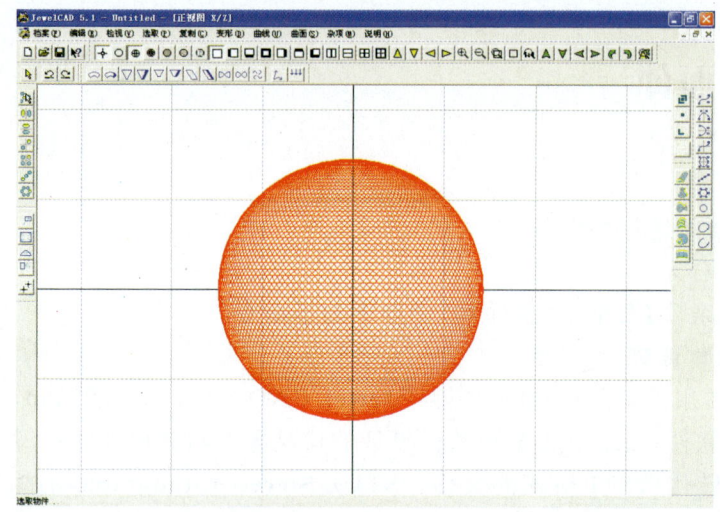

图6-19 导入STL文件

"多面体"命令下面有4个子命令,其意义如下:
- 平滑多面体:将多面体表面变光滑,如图6-20所示。
- 平面多面体:将多面体表面转化为小平面,如图6-21所示。
- 反转面向:将多面体表面的方向反转。
- 延伸成实体:如果导入的多面体是一个开放的曲面,可以通过该功能将其延伸成一个实体,选择该命令后弹出如图6-22所示的对话框,在对话框中输入在X、Y、Z轴方向上延伸的距离即可。

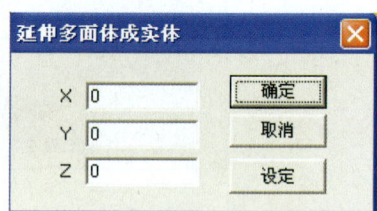

图6-20 平滑多面体　　　　图6-21 平面多面体　　　　图6-22 "延伸成实体"对话框

6.5 文字

（1）功能

创建实体文字。

（2）运行方式

选择【杂项】菜单下"文字"命令。

（3）操作说明

选择"文字"命令后弹出如图6-23所示的对话框,在文字编辑框中可以输入文字,如果勾选对话框左下角的"制作立体文字",系统会将文字创建为一个块

图6-23 文字对话框

状体,单击  弹出如图6-24所示的对话框,在对话框中可以设定字体、字号等参数。

设定完后单击文字对话框的"确定",弹出如图6-25所示的块状体对话框,可以设置块状体的厚度、尖角、切角等,最后生成的文字块状体如图6-26所示。

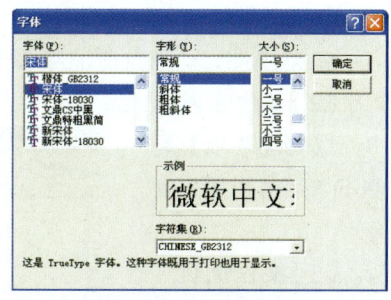

图6-24 设定字体

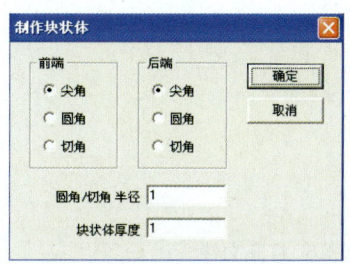

图6-25 "块状体"对话框

图6-26 块状体文字

6.6 辅助线

（1）功能

创建辅助线。

（2）运行方式

选择【杂项】菜单下"辅助线"命令。

（3）操作说明

选择"辅助线"命令后，光标变成 的形状，在视图中按住鼠标左键不放并上下/左右拖动光标即可创建辅助线，如图6-27所示。

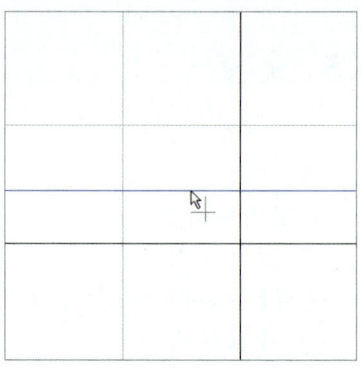

图6-27 辅助线

6.7 存光影图

（1）功能

渲染视图，并将当前渲染图保存为一个图片文件。

（2）操作方式

选择【杂项】菜单下"存光影图"命令。

（3）操作说明

选择"存光影图"命令后，弹出如图6-28所示的对话框，对话框中各项参数的意义如下。

• 档案名称：单击"档案名称"可以选择档案保存的路径和名称。

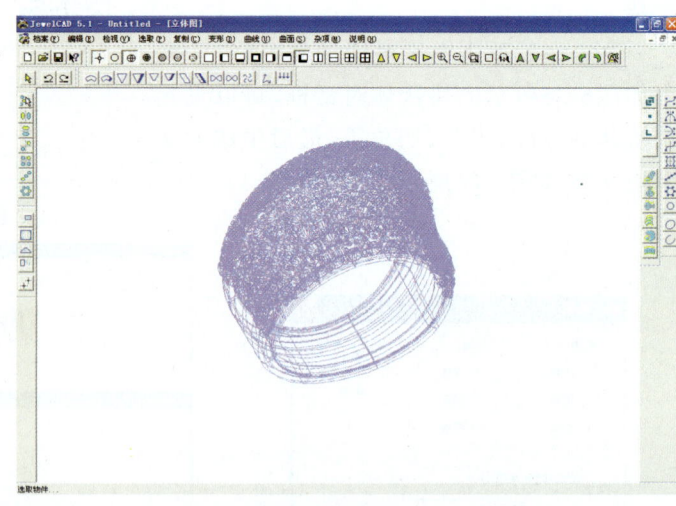

图6-28 打开文件

·解析度：设置渲染图片的大小，可以直接在数值框中输入数值，也可以在右边的数值框中选择。

·背景颜色：设置渲染图的背景颜色，可以在色块上单击，然后在弹出的调色板中选择颜色。

·抗变形度：设置抗变形度可以提高渲染图的质量，但会增加渲染时间，最高可以设置3。

·轮廓线条：勾选轮廓线条后，可以渲染出类似手绘效果的图片，后面的数值框中的数值越大，手绘效果的轮廓线条也越多。

（4）操作范例

①从数据库打开任意一款首饰，如图6-28所示。

②选择"存光影图"命令，按照图6-29所示的对话框设置好参数，单击"确定"，最后的渲染效果如图6-30所示。

③在图6-29所示的对话框中如果勾选了"轮廓线条"，并在后面的数值框中设置数值为15，视图会渲染成轮廓线条图，渲染的结果如图6-31所示。

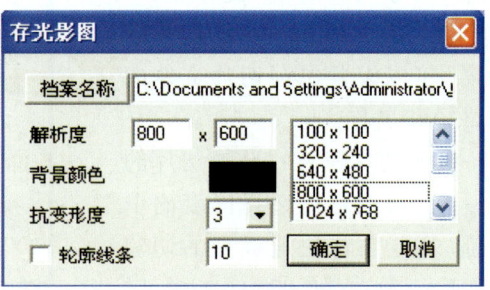

图6-29 "存光影图"对话框

图6-30 渲染图

图6-31 轮廓线条图

6.8 切薄片

（1）功能

输出SLC格式的薄片文件。

（2）运行方式

选择【杂项】菜单下"切薄片"命令。

（3）操作说明

选择"切薄片"命令后，弹出如图6-32所示的对话框，对话框中各项参数的意义如下。

• 切片档案：单击"切片档案"可以设置保存切片文件的路径和名称。

• 切片厚度：设置切片的厚度，后面可以选择厚度的单位。用于首饰快速成型的切片厚度一般选择0.0381mm即可，切片越薄，获得的蜡模也越精细，但同时也会增加快速成型的时间，如果要获得更精细的蜡模，可选择0.0254mm。

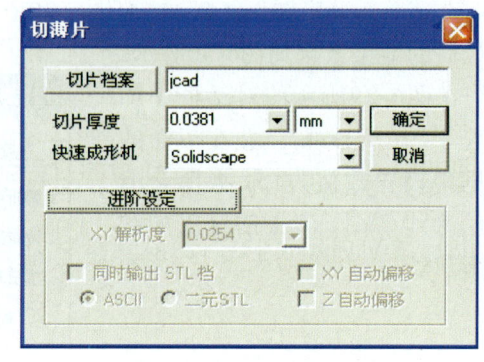

图6-32 "切薄片"对话框

• 快速成型机：设置快速成型机的型号。

单击"进阶设定"后会激活下面的选项，选项的意义如下。

• XY解析度：设置XY平面的精确度，解析度越精确，薄片文件会越大，也会增加切薄片的时间。

• 同时输出STL档：勾选这一项后，会同时输出一个STL格式的文档，可以选择ASCII格式的，或者是二元STL格式的。

• XY自动偏移：切片数据根据X、Y轴自动调整偏移量。

• Z自动偏移：切片数据Z轴自动调整偏移量。

一般不需要进行进阶设定，设置完毕后单击对话框上的"确定"，即可生成SLC格式的切片文件。

6.9 展示薄片

(1) 功能

用来展示薄片文件。

(2) 运行方式

选择【杂项】菜单下"展示薄片"命令。

(3) 操作说明

选择"展示薄片"命令,会弹出如图6-33所示的对话框。单击  可以打开一个薄片文件,拖动中间的滚动条可以查看每一层的薄片,如图6-34所示;单击最右边的 图标可以展示所有的薄片,如图6-35所示。

图6-33 "展示薄片"对话框

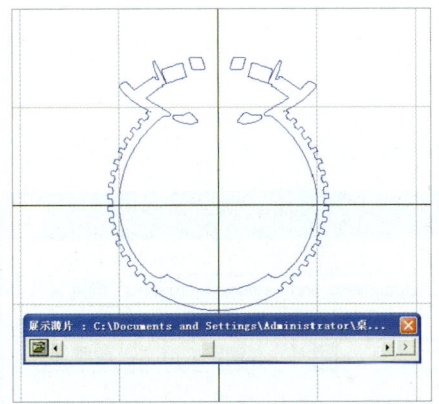

图6-34 查看一层薄片

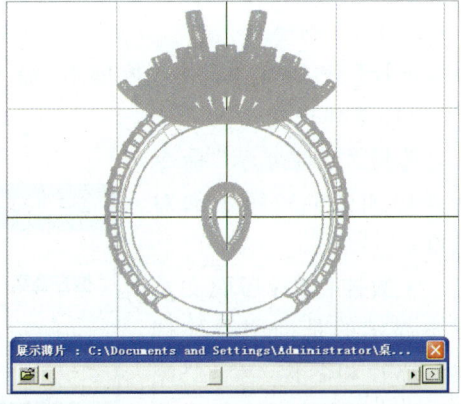

图6-35 查看所有薄片

6.10 数控加工

（1）功能

输出数控加工文件。

（2）运行方式

选择【杂项】菜单下"数控加工"命令。

（3）操作说明

选择"数控加工"命令后弹出如图6-36所示的对话框，在对话框中可以设置数控档案保存的路径、名称、格式、刀具的半径等信息，单击"确定"即可生成数控加工文件。

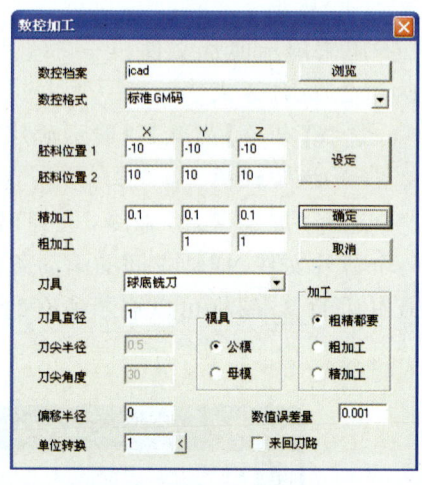

图6-36 "数控加工"对话框

6.11 数控展示

（1）功能

展示数控加工文件。

（2）运行方式

选择【杂项】菜单下"数控展示"命令。

（3）操作说明

选择"数控展示"命令后弹出如图6-37所示的对话框。

• 数控档案：后面文本框中显示的是当前数控档案的路径和名称，单击"浏览"可以打开指定的数控档案。

• 物件比例：设置显示的比例，单击数值框后面的

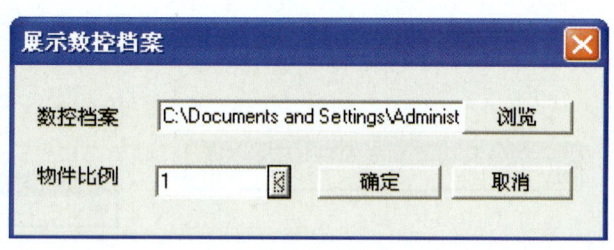

图6-37 "数控展示"对话框

"<"图标,弹出如图6-38所示的对话框,在对话框中可以将当前的数控档案的尺寸进行转换,还可以设置显示的比例大小。

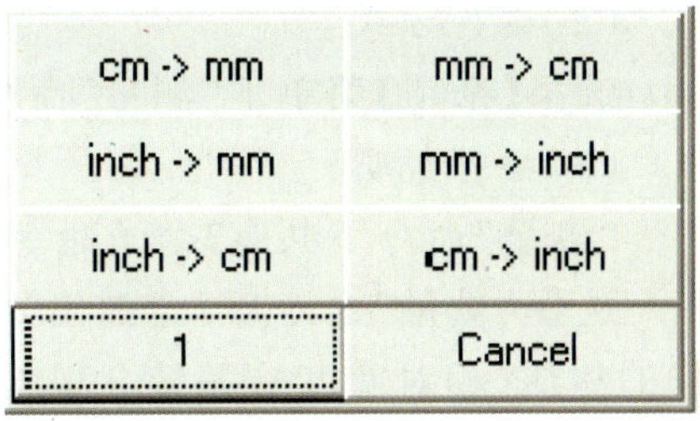

6.12 STL输出

图6-38 尺寸转换

(1)功能

输出用于数控加工的STL文件。

(2)运行方式

选择【杂项】菜单下"STL输出"命令下的子命令。

(3)操作说明

"STL输出"命令下有两个子命令,分别是"三轴式数控加工"和"滚转式数控加工"。

选择"三轴式数控加工"后弹出如图6-39所示的对话框,在对话框中可以设置X、Y轴的精确度,设置完后单击"确定",在弹出的对话框中设置文件保存的路径和名称即可。

选择"滚转式数控加工"后弹出如图6-40所示的对话框,在对话框中可以设置角度精确度和Y轴的精确度,设置完后单击"确定",在弹出的对话框中设置文件保存的路径和名称即可。

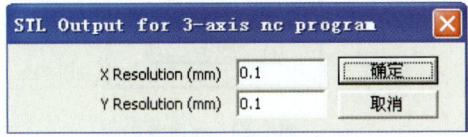

图6-39 轴式数控加工 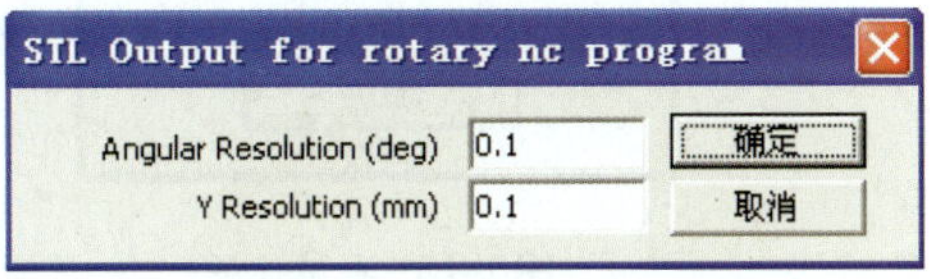　　　　　图6-40 滚转式数控加工

6.13 测量

(1)功能

测量物体的重量、体积、重心。

(2)运行方式

选择【杂项】菜单下"测量"命令。

(3)操作说明

"测量"命令下共有3个子命令,分别用来测量对象的重量、体积和重心。

选择"重量"命令后,会弹出如图6-41所示的对话框,在对话框中可以选不同的材质(相对密度),系统会根据不同的相对密度自动计算出重量,显示结果如图6-42所示。

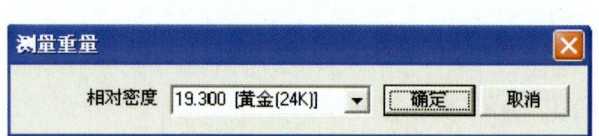

图6-41 "测量"对话框

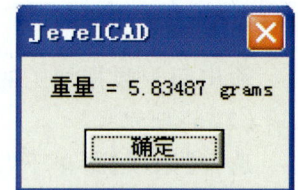

图6-42 测量重量

选择"体积"命令后,系统会自动计算体积,显示结果如图6-43所示。

选择"重心"命令后,系统会自动计算对象的重心坐标值,显示结果如图6-44所示。

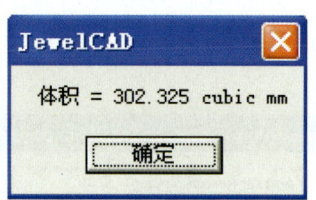

图6-43 测量体积

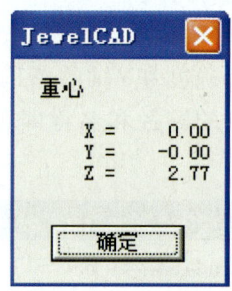

图6-44 测量重心

6.14 量度距离

(1)功能

测量两点之间的距离。

(2)运行方式

选择【杂项】菜单下"量度距离"命令。

（3）操作说明

选择量度距离后，光标变成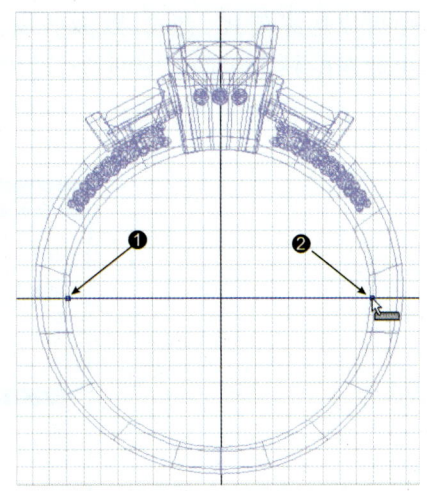的形状。例如需要测量如图6-45所示①、②两点之间的距离，只需分别在①、②两点上单击，状态栏上即可显示出测量的值。

6.15 圆形宝石数量

（1）功能

计算视图中圆形宝石的大小和数量。

（2）运行方式

选择【杂项】菜单下"圆形宝石数量"命令。

图6-45 测量距离

（3）操作说明

选择"圆形宝石数量"命令后，会弹出如图6-46所示的对话框，显示圆形宝石的大小和数量。

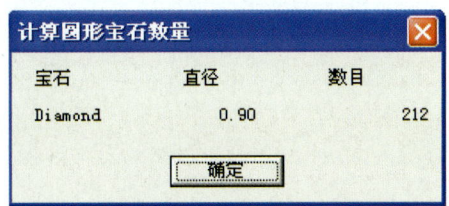

图6-46 圆形宝石数量

6.16 戒指尺码

（1）功能

根据指定的戒指尺寸，创建一个等大的圆。

（2）运行方式

选择【杂项】菜单下"戒指尺码"命令。

（3）操作说明

选择"戒指尺码"命令后，弹出如图6-47所示的对话框，在对话框

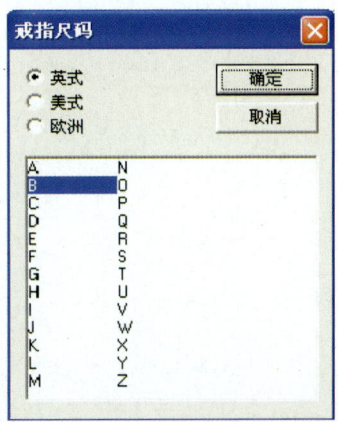

图6-47 戒指尺码对话框

中可以选择英式、美式、欧洲的戒指尺码表示方式，设置完毕后单击"确定"，弹出如图6-48所示的对话框，对话框中默认的圆的直径就是选择的戒指尺寸，也可以在对话框中更改圆的直径和CV点，完成后单击"确定"，即可创建一个圆。

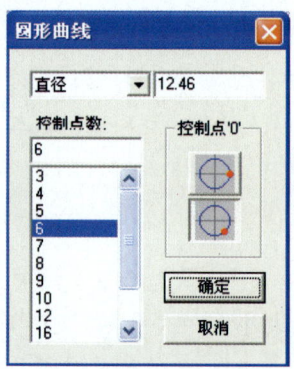

图6-48　圆形曲线对话框

第二部分 Jewel CAD 版图绘制实训

第7章 爪 镶

爪镶是用较长的金属爪（或柱），利用金属的变形应力紧紧扣住宝石的镶嵌方式。根据爪的数量可分为两爪镶、三爪镶、四爪镶、六爪镶等；根据爪的形态可分为圆爪、扁平爪、尖爪、双尖爪、花式爪等。爪镶最大的优点就是金属很少遮挡钻石，能清晰呈现钻石的美态，并有利于光线从不同角度入射和反射，令钻石看起来更大更璀璨，使跳动的光芒展露无疑。

根据爪与石头相对数量的多少，可分为一爪管一石，如图7-1所示的四爪镶，图7-2所示的插镶口，图7-3所示的公共爪，图7-4所示的围石爪等。

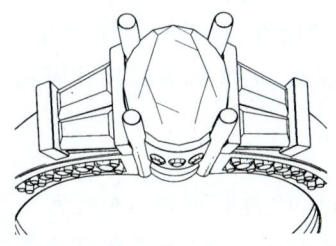

图7-1 四爪镶

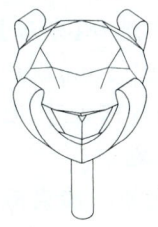

图7-2 插镶口

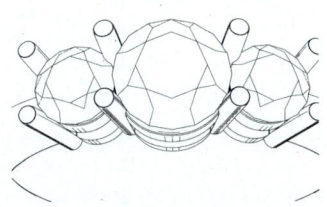

图7-3 公共爪

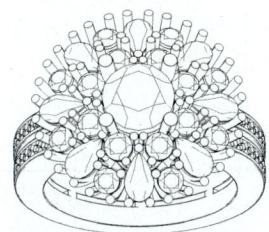

图7-4 围石爪

以圆形宝石为例，爪镶尺寸参考数据如表7-1所示，其他琢型的宝石和爪可参考该数据。

表7-1 爪镶尺寸参考数据

宝石大小(mm)	爪的大小(mm)	爪吃石位(mm)	爪高出宝石台面(mm)
1~1.3	0.5	0.1~1.2	1.5
1.4~1.7	0.6		1.5
1.7~2	0.65		2
2~2.4	0.7~0.8		2
2.5~4	0.8~0.9		2~2.5
4~6.5	0.9~1.2		3~3.5
6.5以上	1.1~1.4		3.5~4

7.1 四爪镶

（1）创建圆形宝石

在上视图中选择【杂项】菜单中的"宝石"命令，创建一颗圆形宝石，在本例中石头的大小为7.5mm，但是考虑到3%的缩水，这里石头的尺寸要相应的大一点，做到7.8mm就可以了，如图7-5所示。

（2）创建石碗

①石碗的大小一般做到与石头等大即可，但也有例外。本例为一颗大钻石的爪镶戒指，为了凸出显示钻石，将石碗稍稍做小一点，这样在镶嵌的时候就可以将钻石镶高一些。创建一个直径为7mm、CV点为8的圆，如图7-6所示，再选

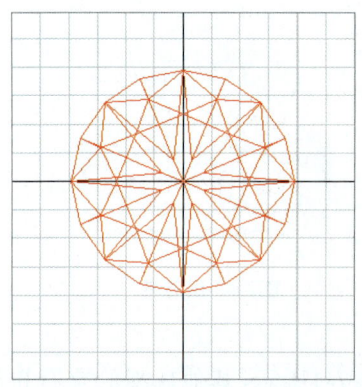

图7-5 创建宝石

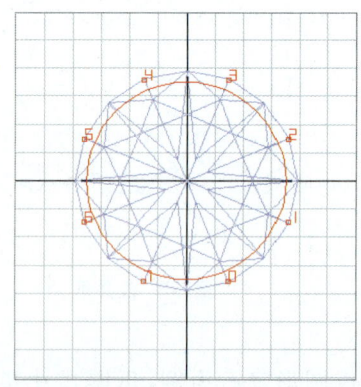

图7-6 创建石碗

择【曲线】菜单下的"偏移曲线"命令,将曲线向内偏移1mm,如图7-7所示。

②绘制一个四边形作为切面曲线,如图7-8所示,选择"导轨曲面"命令,按

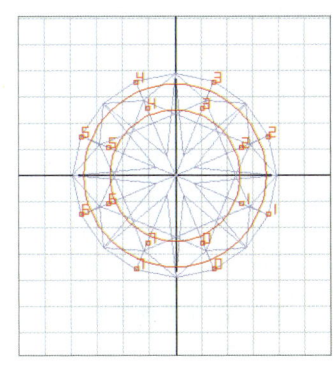

图7-7 偏移曲线

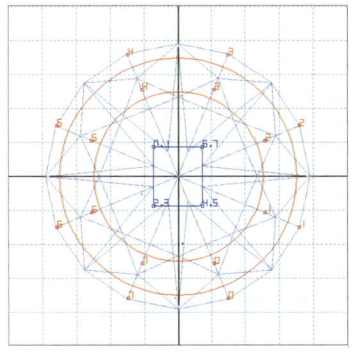

图7-8 绘制四边形切面曲线

照图7-9所示设置好对话框中的参数,利用图中的两条导轨曲线和切面曲线创建如图7-10所示的实体作为石碗。

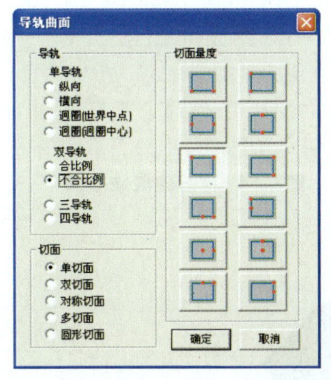

图7-9 "导轨曲面"参数设置对话框

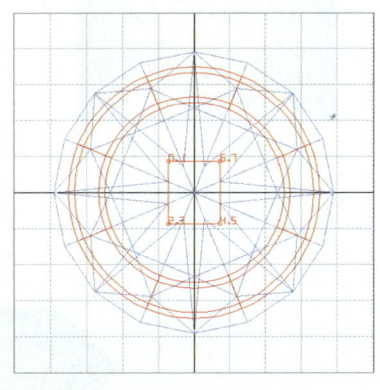

图7-10 石碗

③删除图中的切面曲线,切换到正视图,如图7-11所示。选择"尺寸"工具,按住鼠标右键向下拖动鼠标将镶口变长一点(图7-12),再将镶口移动到石头腰部以下,使宝石贴住石碗(图7-13),接着展示石碗的CV点,选中最下面一排的CV点,选择"尺寸"工具,按住鼠标左键左右拖动鼠标将CV点向中间缩放,使镶口底部变小(图7-14),然后将CV点适当上下移动,调整镶口的高度,石碗可稍高一点(图7-15),最后隐藏其CV点。

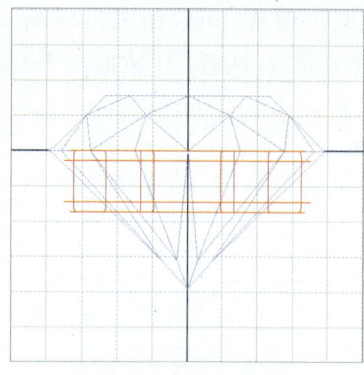

图7-11 石碗正视图

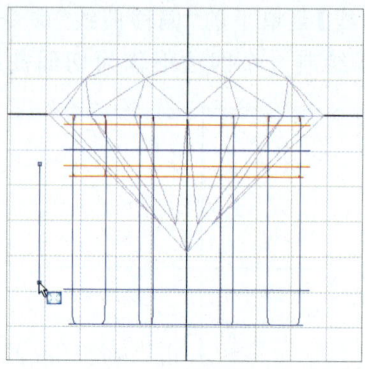

图7-12 将石碗变长

图7-13 宝石贴住石碗

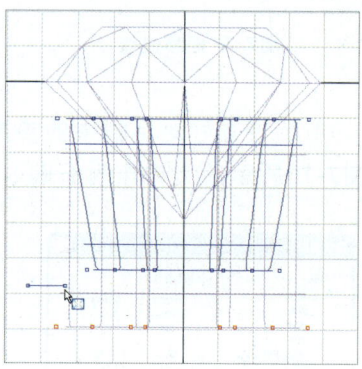

图7-14 将石碗底端收斜

图7-15 石碗效果图

(3)创建戒指的爪

①爪的大小为1.1mm。先创建一个直径为1.1mm的圆作为辅助的尺寸参考,接着绘制爪的轮廓线(图7-16),爪高出石头台面0.5mm左右,利用"纵向环形对称曲面"命令将轮廓曲线旋转成爪,如图7-17所示。

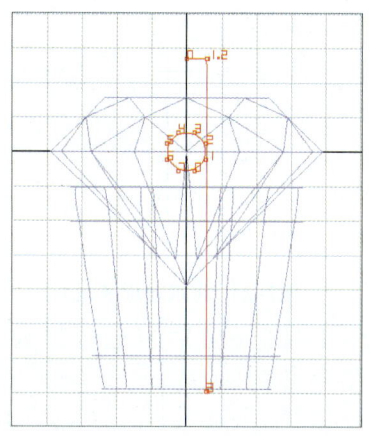

图7-16 创建爪的轮廓线

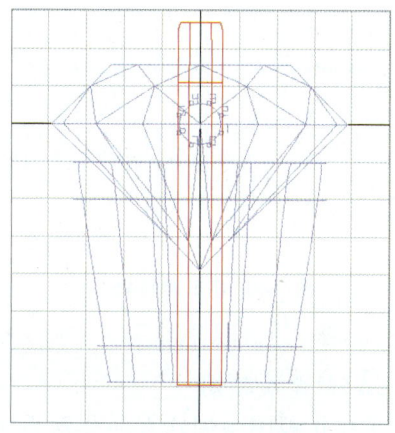

图7-17 将轮廓线旋转成爪

②删除辅助圆,将爪移动到镶口右边(图7-18),将爪旋转倾斜,并将其移动,使之与镶口相贴,爪吃石位0.1~0.2mm(图7-19)。

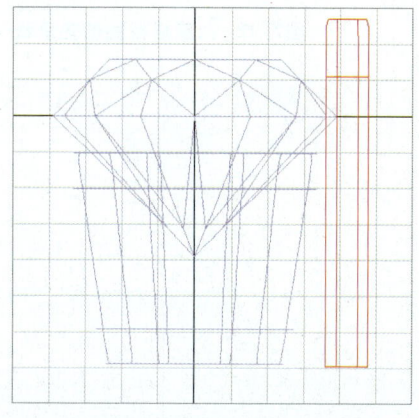

图7-18 将爪移动到镶口右边

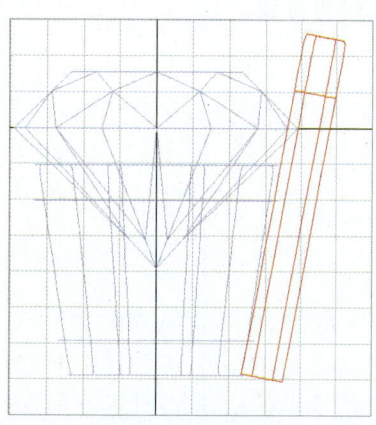

图7-19 将爪倾斜

③切换到上视图,将爪旋转到石碗45°的位置(图7-20),然后将其对称复制4个(图7-21),再将石碗和爪结合在一起。

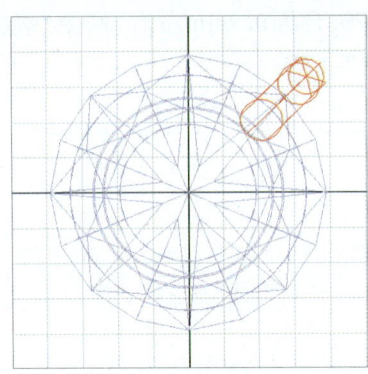

图7-20 将爪旋转45°

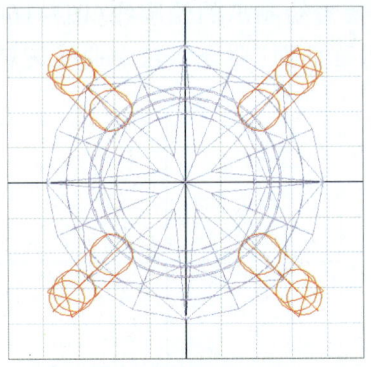

图7-21 将爪对称复制4个

(4)创建戒指圈

①在正视图中创建直径分别为16mm、19mm,CV点为10的两个圆(图7-22),将镶口向上移动到如图7-23所示的位置,并调整外圆到如图7-24所示的形状,这两条曲线作为导轨曲线,分别是戒指的外轮廓线和内轮廓线。调整好后注意镶口与戒指的比例要协调。

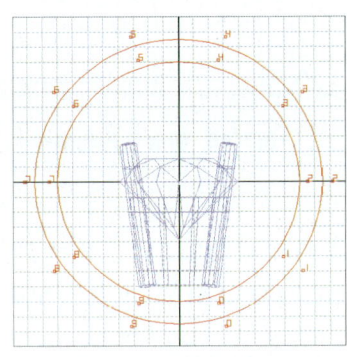

图7-22 创建戒指圈的轮廓线

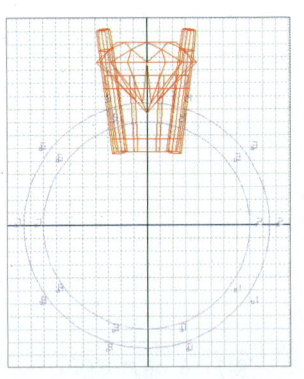

图7-23 移动镶口的位置

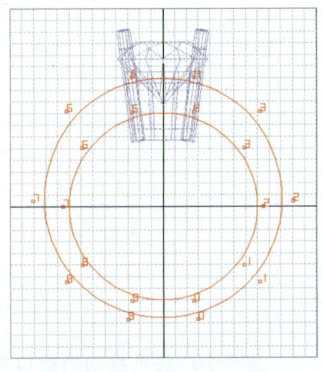

图7-24 调整外圈形状

②切换到右视图,将内圈导轨向右移动1.1mm(图7-25),再将内圈导轨左右对称复制1条(图7-26)。

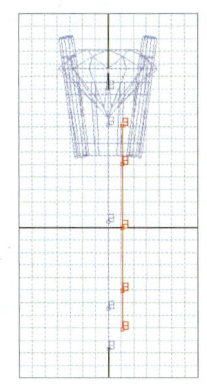
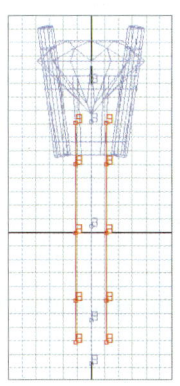

图7-25 内圈导轨向右移动　　　图7-26 左右对称复制

③绘制如图7-27所示的切面曲线,选择"导轨曲面"命令。按照图7-28所示设置好对话框中的参数,先选择两条决定宽度的内圈轮廓线导轨,再选择决定高度的外轮廓线导轨,最后选择切面曲线,生成的戒指圈如图7-29所示。

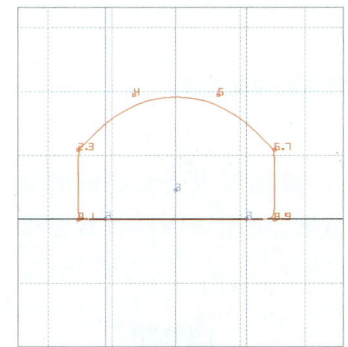
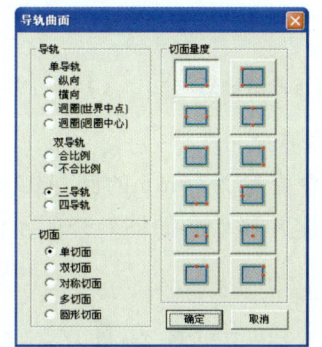
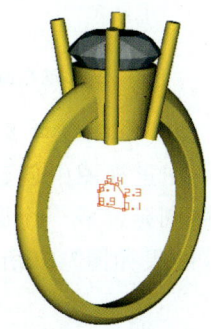

图7-27 绘制戒指切面曲线　　图7-28 "导轨曲面"参数设置对话框　　图7-29 生成的戒指圈

(5)减去戒指圈与镶口相交的部分

绘制如图7-30所示的曲线,切换到上视图,选择"直线延伸曲面"命令,向下拖动鼠标将曲线延伸成曲面(图7-31),单击对话框上的"确定"按钮,将生成的曲面移动到与戒指圈相交的位置(图7-32),再用该曲面减去戒指圈,如图7-33所示(已隐藏宝石)。

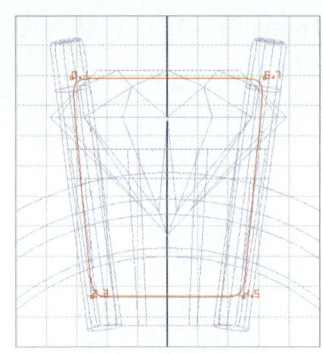

图7-30 绘制相减曲线

图7-31 将曲线延伸成曲面

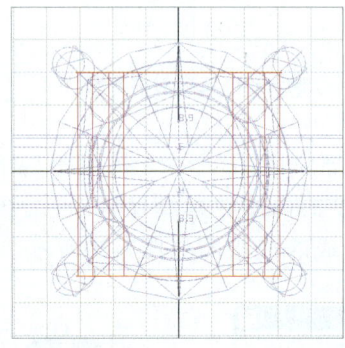

图7-32 移动相减曲面与戒圈相交

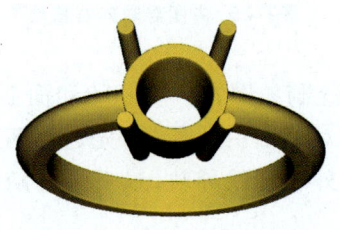

图7-33 减去戒圈

（6）减去镶口多余的部分

在正视图中创建一个直径为16mm的圆（图7-34），采用与上一步相同的方式将圆延伸成一个圆柱体并移动到如图7-35所示的位置，再用该圆柱体减去镶口，结果如图7-36所示。

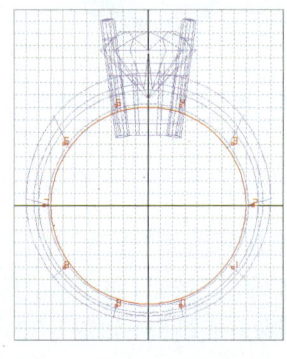

图7-34 创建相减的圆

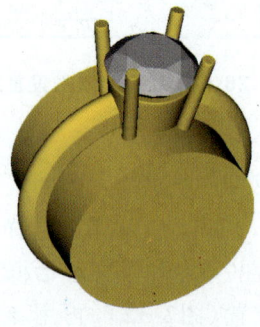

图7-35 将圆延伸成曲面

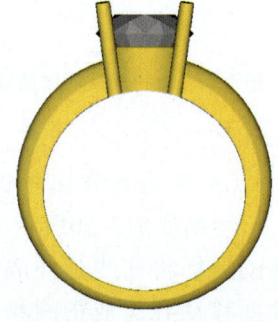

图7-36 利用圆柱减去镶口

（7）为镶口开夹层

①夹层的高度至少为0.5mm，夹层上下至少留0.8mm的空间。绘制如图7-37所示的开夹层曲线，图中的两个圆用来作为尺寸参考，上面的圆的直径为1.2mm，下面的圆的直径为0.8mm。参考第（5）步的方法将开夹层曲线延伸成曲面，如图7-38所示。

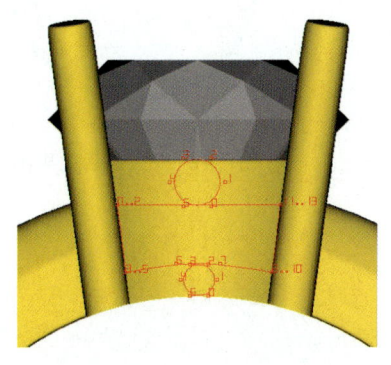
图7-37 绘制开夹层曲线

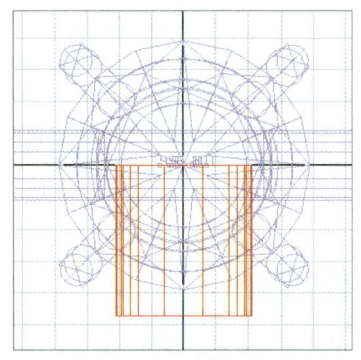
图7-38 将开夹层曲线延伸成曲面

②在上视图中，分别选择该开夹层曲面上下两端的CV点，利用右键缩放功能将其调整成如图7-39所示的梯形，梯形的两边垂直于镶口，细节特征如图7-40所示。

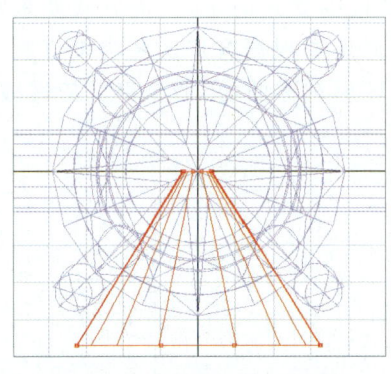
图7-39 将曲面调整成梯形

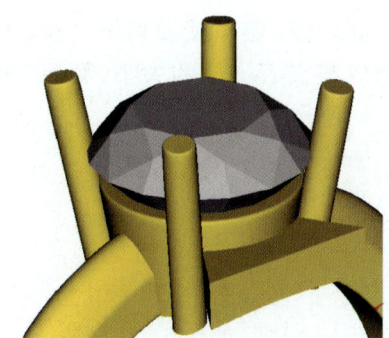
图7-40 梯形效果图

③在上视图中将开夹层曲面上下对称复制，如图7-41所示，再用开夹层物体减去镶口，结果如图7-42所示。

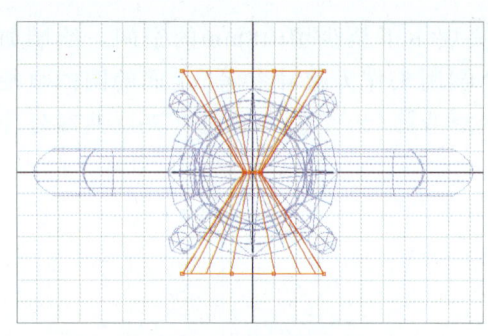
图7-41 对称复制梯形

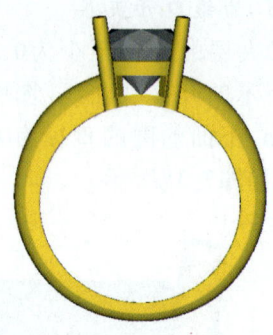
图7-42 开夹层后效果图

7.2 公共爪

（1）创建圆形宝石

创建直径为6.2mm的圆形宝石。

（2）创建石碗

在正视图中绘制如图7-43所示的曲线（稍长一点，后面要将镶口多余的部分减掉），曲线位于宝石腰部以下1/3左右的位置，这个位置就是宝石与石碗接触的位置。此位置并非是固定不变的，要根据款式而定，有的款式要求将主石镶嵌得高一点，镶口就要偏下一些，有时候还要根据客户的要求来订制。石碗一般做成与宝石一样的大小，利用"纵向环形对称曲面"命令将其旋转成曲面，如图7-44所示。

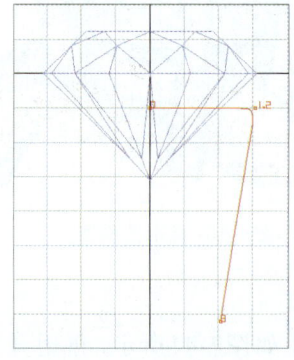
图7-43 绘制石碗轮廓线

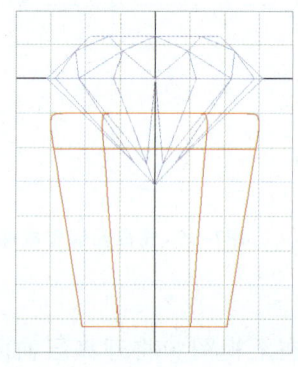
图7-44 将轮廓线旋转成曲面

(3)创建开孔物体

①绘制开孔物体的轮廓线,该曲线与石碗的距离为1mm,这个值就是最后石碗的厚度,如图7-45所示。再利用"纵向环形对称曲面"命令将其旋转成曲面(图7-46),最后用开孔物体减去上一步创建的实体,结果如图7-47所示。

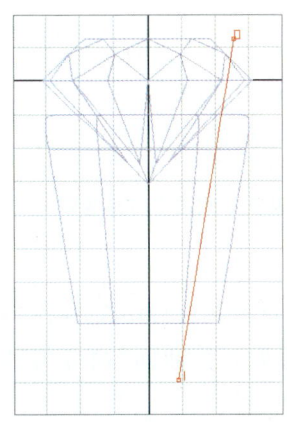 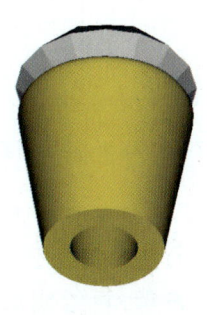

图7-45 开孔物体轮廓线　　图7-46 将开孔轮廓线旋转成曲面　　图7-47 开孔效果

②采用相同的方式,再创建一个直径为4.2mm的副石及其石碗,如图7-48所示,石碗要稍高一点。

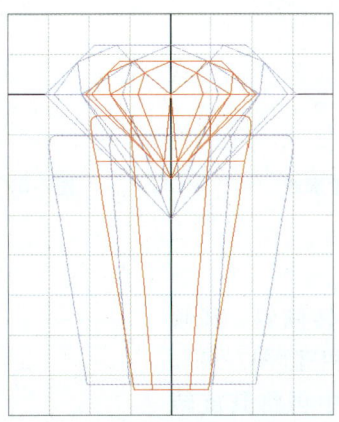

图7-48 创建副石及其石碗

③利用移动、旋转工具将副石及其石碗移动到如图7-49所示的位置,副石要比主石低一点,再将副石及其石碗左右对称复制一个,如图7-50所示。

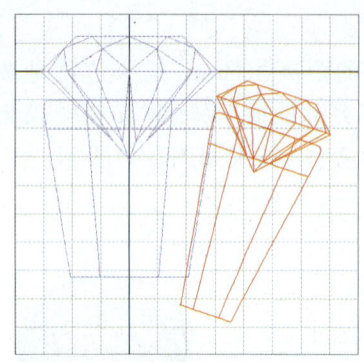
图7-49 移动、旋转副石及其石碗的位置

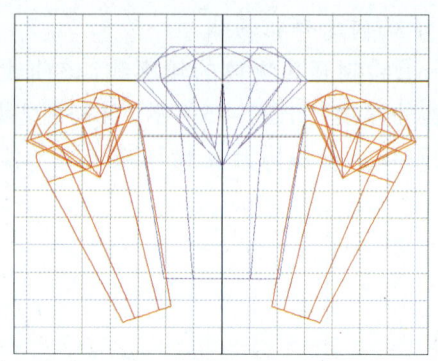
图7-50 将副石及其石碗左右对称复制

（4）创建公共爪

①在本例中公共爪的直径为1.1mm，可先绘制一个直径为1.1mm的圆作为尺寸参考，再绘制爪的轮廓曲线（图7-51），利用"纵向环形对称曲面"命令将其旋转成爪，如图7-52所示。

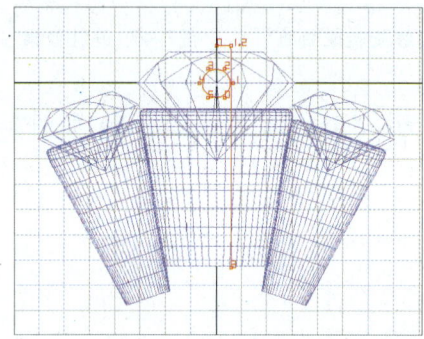
图7-51 绘制爪的轮廓线

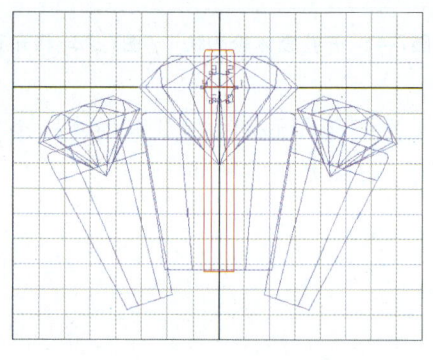
图7-52 将轮廓线旋转成曲面

②在正视图中将爪旋转倾斜，其倾斜程度与石碗的倾斜程度相等（图7-53）。切换到右视图，在右视图中再将其旋转倾斜（图7-54）。最后再稍稍移动、旋转到与两个石碗均相交的位置，保证宝石腰部进入爪0.1~0.2mm，爪比宝石台面略高，如图7-55所示。

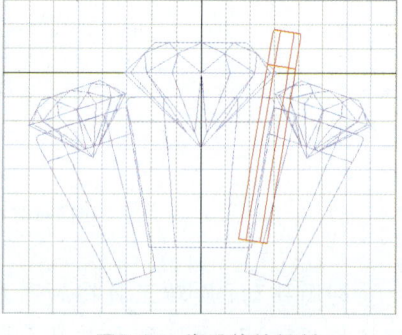
图7-53 将爪旋转倾斜

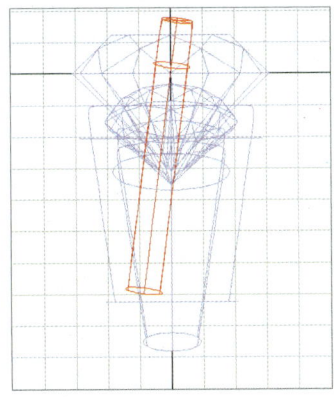

图7-54 将爪旋转倾斜(右视图)

图7-55 爪的最终位置

③在上视图中,将爪对称复制4个,如图7-56所示。

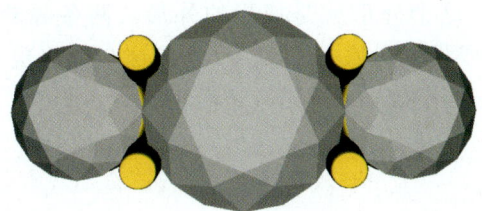

图7-56 将爪对称复制4个

④采用同样的方式,为两侧的副石创建直径为1mm的4个爪(图7-57),将所有的镶口和爪结合在一起。

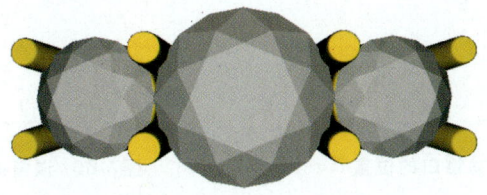

图7-57 为两侧的副石创建直径为1mm的4个爪

⑤在正视图中创建两个直径分别为17mm和21mm,CV点为10的圆(图7-58),将这两个圆作为戒指的内圈和外圈的导轨曲线。

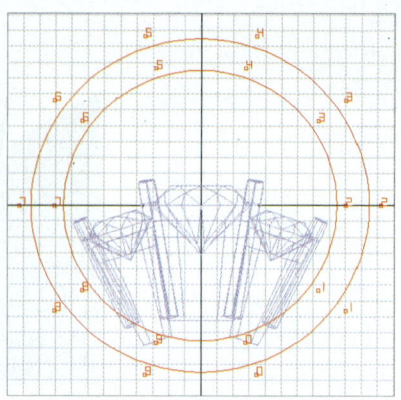

图7-58 绘制戒指的导轨曲线

⑥将所有石头、石碗移动到圆的上面(图7-59),并调整戒指圈外导轨至如图7-60所示的形态,这个外形就是戒指的外形。两条导轨最下面的距离约为1.5mm,这个值就是戒指圈最底部的厚度,当然这个数值也不是固定的,要根据款式而定,在本款中采用1.5mm是比较适合的。

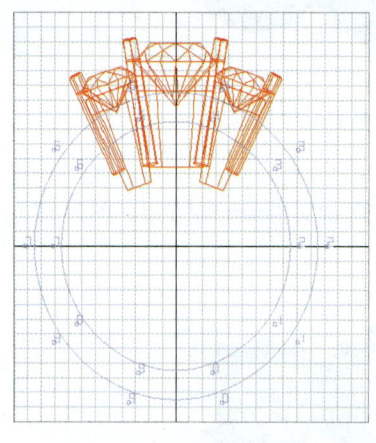 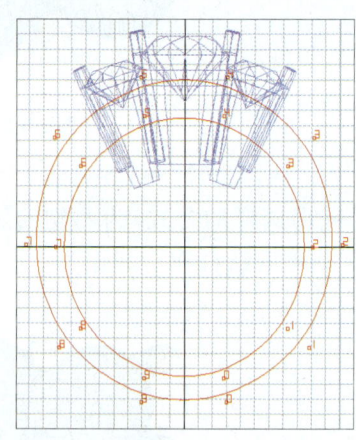

图7-59 移动镶口的位置　　　　　　图7-60 调整戒指外圈导轨

⑦选中两条导轨曲线,切换到右视图,将其向右移动1mm,再选中内圈导轨,将其左右对称复制1条,这两条导轨决定戒指圈的宽度,如图7-61所示。

⑧在右视图中绘制如图7-62所示的切面曲线,这个曲线的形状就是戒指的切面形态。

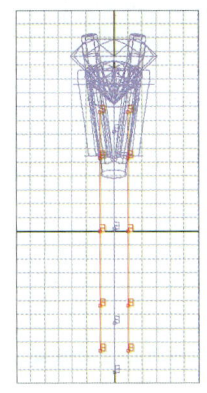 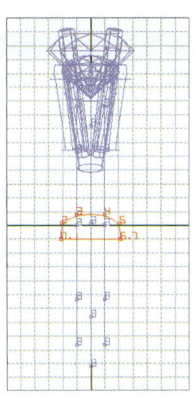

图7-61 复制导轨　　　　　图7-62 绘制戒指的切面曲线

⑨选择"导轨曲面"命令，按照图7-63所示设置好对话框中的参数，先选择决定戒指圈宽度的两条导轨，再选择外圈的导轨曲线，最后选择戒指圈的切面曲线，创建的戒指圈如图7-64所示。

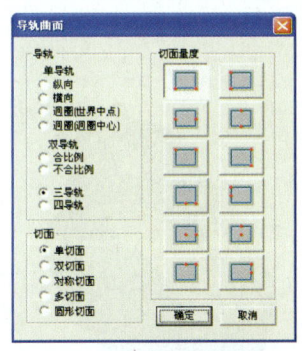 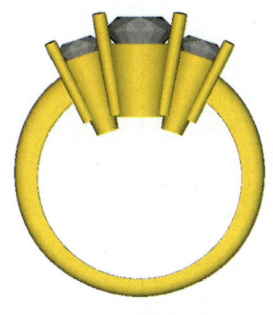

图7-63 "导轨曲面"参数设置对话框　　　图7-64 创建的戒指圈

（5）减去戒指圈与石碗相交的部分

①在正视图中绘制如图7-65所示的曲线，切换到上视图，利用"直线延伸曲面"命令，向下拖动鼠标，将曲线延伸成曲面（图7-66），并移动到与戒指圈完全相交的位置（图7-67），再用该实体曲面减去戒指圈。

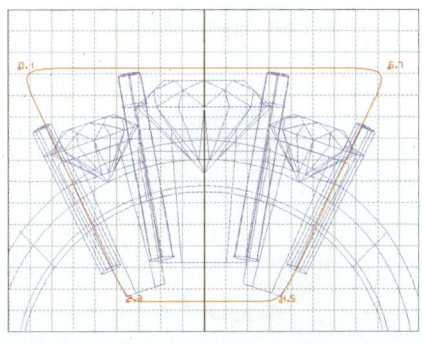

图7-65 绘制相减曲线

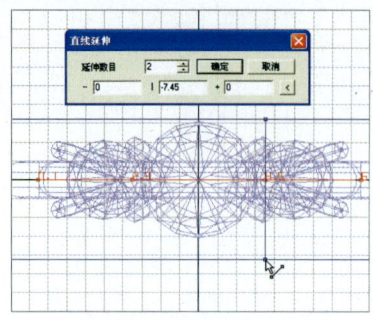 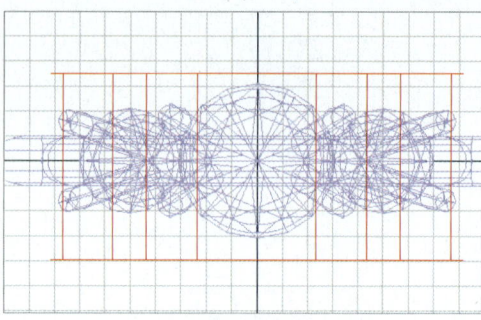

图7-66 将曲线延伸成曲面　　　　图7-67 移动曲面的位置

②在正视图中创建直径为17mm的圆（图7-68），在上视图中利用"直线延伸曲面"命令将其延伸成圆柱体（图7-69），再用圆柱体减去镶口，结果如图7-70所示。

（6）为镶口开夹层

开夹层的方式可以参考四爪镶的做法，开完夹层的效果如图7-71所示。

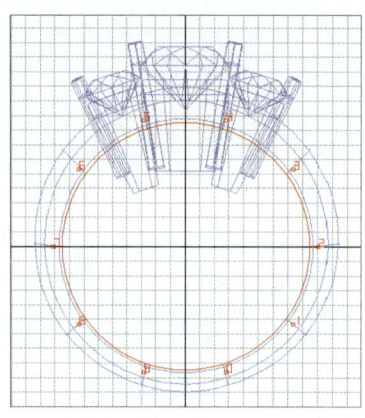 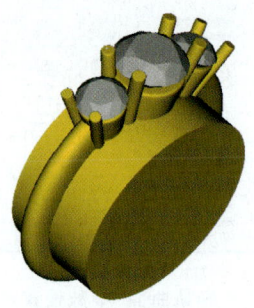

图7-68 绘制相减的圆　　　　图7-69 将圆延伸成圆柱曲面

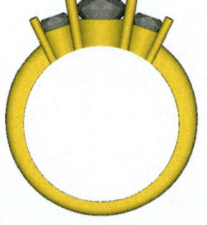 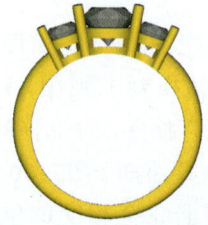

图7-70 利用圆柱曲面减去镶口　　　　图7-71 为镶口开夹层

7.3 插镶口

(1) 在正视图中创建直径为6.8mm的圆形宝石，再绘制如图7-72所示的轮廓曲线，切换到上视图，选择"直线延伸曲面"命令，按照图7-73所示设置好对话框中的参数，单击"确定"创建如图7-74所示的爪。

(2) 选中创建的爪，选择"多重变形"命令，按照图7-75所示，设置好对话框中的参数，单击"确定"，将爪移动到横轴上（也可利用移动工具直接移动），如图7-76所示。

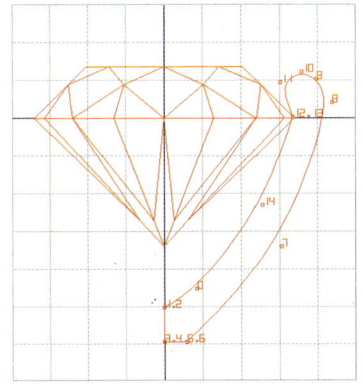

图7-72　绘制爪的轮廓线

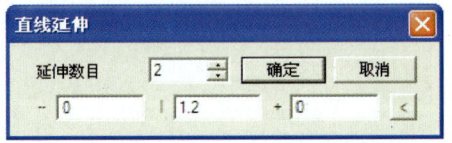

图7-73　"直线延伸曲面"参数设置对话框

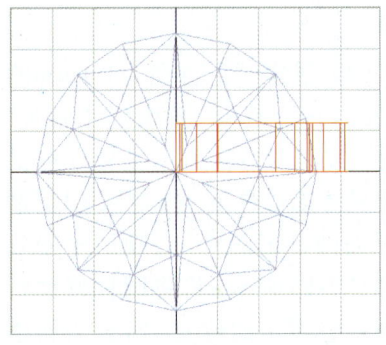

图7-74　延伸出来的爪

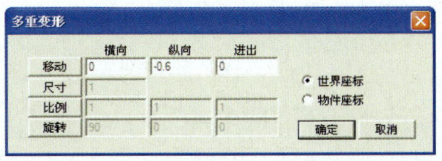

图7-75　"多重变形"参数设置对话框

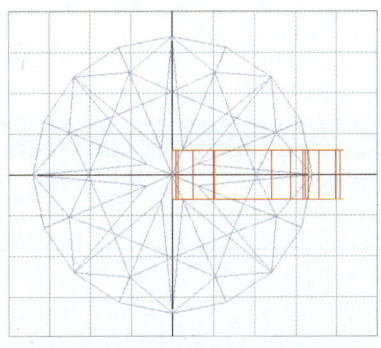

图7-76　将爪移到横轴上

(3)将利用"旋转工具"将创建的爪移动到45°的位置(图7-77),再将爪上下左右对称复制,如图7-78所示。

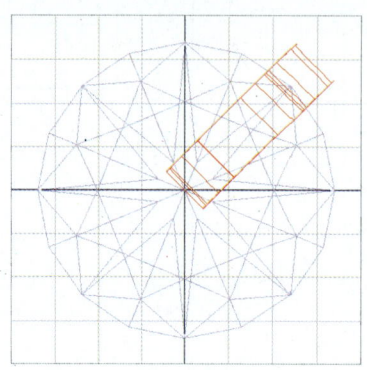

图7-77 将爪旋转45°

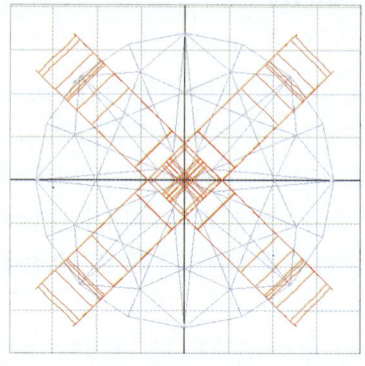

图7-78 将爪上下左右对称复制

(4)创建一个直径为1.1mm的圆(图7-79),选择"直线延伸曲面"命令,按照图7-80所示设置好对话框中的参数,单击"确定",创建镶口下面圆柱形的针,正视图中的效果如图7-81所示。再将圆柱移动到如图7-82所示的位置,将石头和镶口结合在一起,最后镶口的效果如图7-83所示。

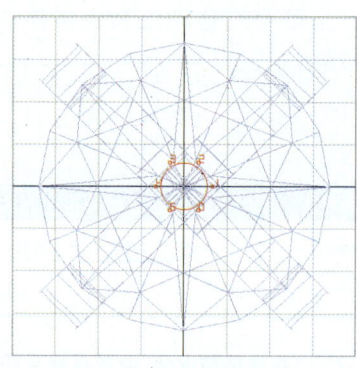

图7-79 创建一个直径为1.1mm的圆

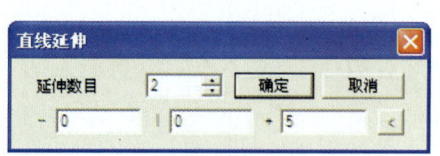

图7-80 "直线延伸曲面"参数设置对话框

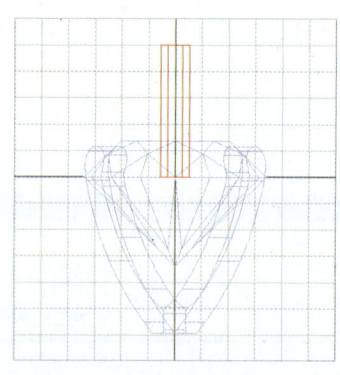

图7-81 延伸出来的圆柱

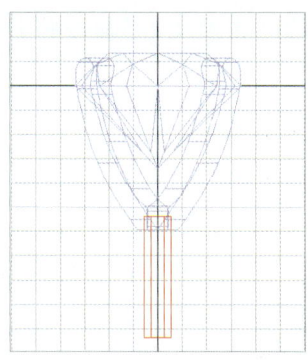

图7-82 将圆柱移到指定位置

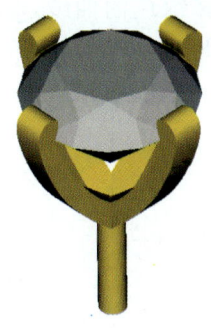

图7-83 镶口效果图

（5）切换到正视图，创建直径分别为17mm、19mm，CV点为10的两个圆，如图7-84所示，再将镶口移动到如图7-85所示的位置。

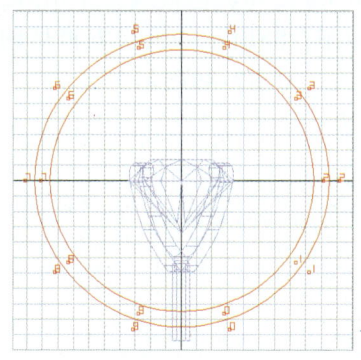

图7-84 创建戒指的内圈导轨曲线

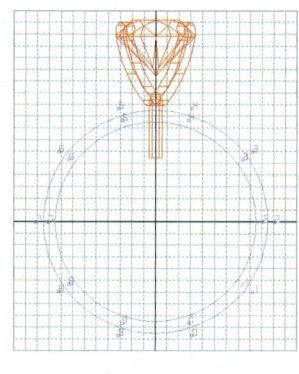

图7-85 移动镶口

（6）绘制如图7-86所示的两条曲线，这里用红色和绿色标记，两条曲线的CV点数目和排列方向相同。红色的曲线代表戒指的外轮廓线，最小的那个圆代表戒指的内圈轮廓线，这时候要观察整个戒指的造型是否美观，根据需要对曲线的形态进行适当的调整。

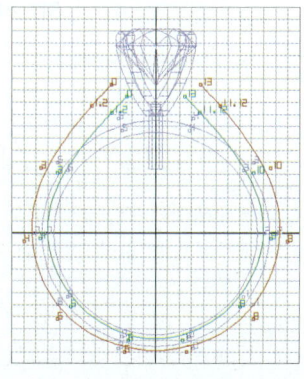

图7-86 创建戒指的外圈导轨曲线

（7）选择绿色的曲线，切换到上视图，利用"多重变形"命令将其向上移动1.5mm，如图7-87所示。

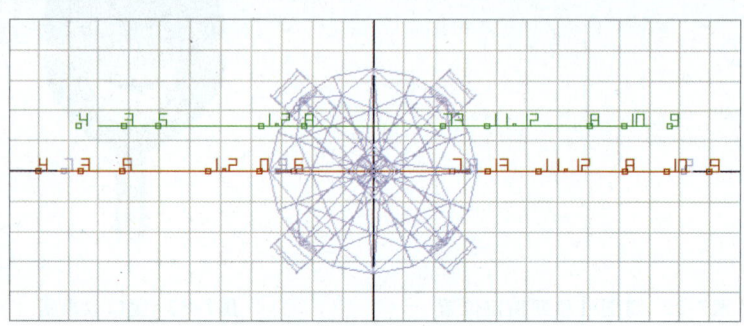

图7-87　将绿色曲线向上移动1.5mm

（8）选择"左右对称曲线"命令，按住shift键在绿色的曲线上单击，进入曲线编辑状态，将CV0点向下移动到横轴上，如图7-88所示。再将编辑后的曲线上下对称复制1条，复制后的曲线也用绿色标记，如图7-89所示。

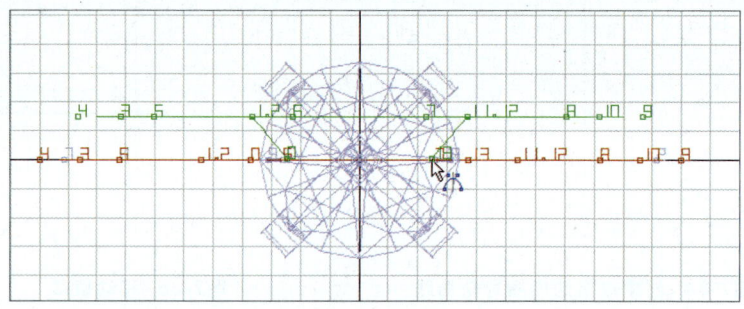

图7-88　调整绿色曲线的形态

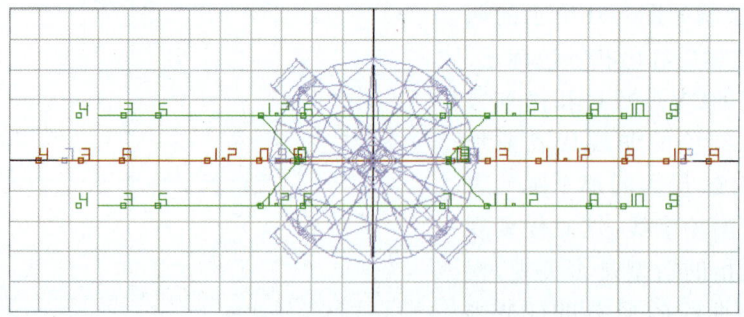

图7-89　对称复制绿色曲线

(9)切换到正视图,绘制如图7-90所示的四边形曲线作为切面,选择"导轨曲面"命令,按照图7-91所示设置好对话框中的参数,先选择两条绿色的曲线,再选择红色的曲线,最后选择四边形,生成如图7-92所示的戒指圈。

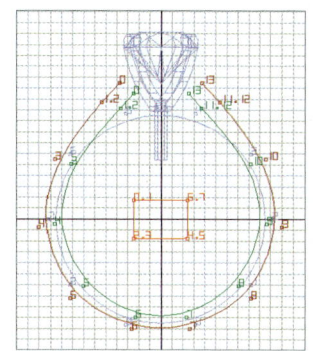 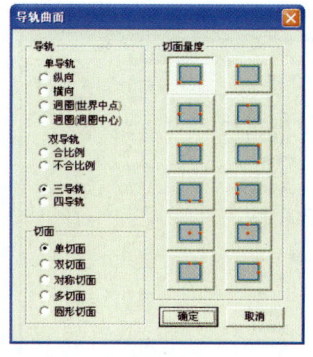 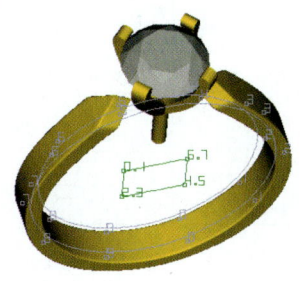

图7-90 绘制四边形切面曲线　　图7-91 "导轨曲面"参数设置　　图7-92 创建的外部戒指圈
　　　　　　　　　　　　　　　　　　　　对话框

(10)选择直径最小的那个圆(为了表述方便,将其标记为粉红色,用户不需更改其颜色(图7-93),切换到上视图,利用"多重变形"命令将其向上移动1.5mm,如图7-94所示,再将其上下对称复制,如图7-95所示。

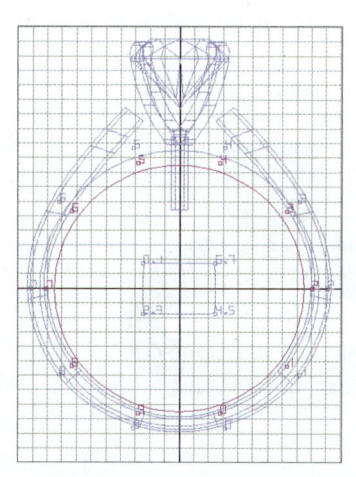

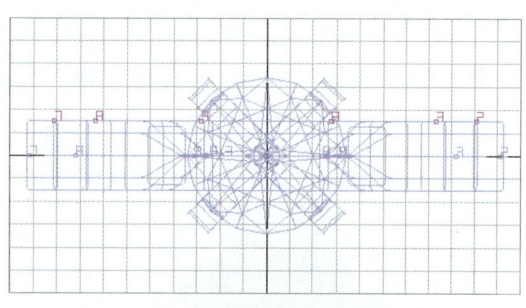

图7-94 将选择的导轨曲线向上移动1.5mm

图7-93 选择1条导轨曲线

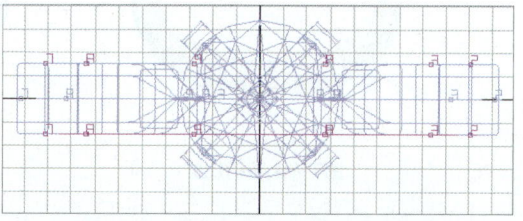

图7-95 将移动后的导轨曲线对称复制

（11）在正视图（图7-96）中，选择"导轨曲面"命令，按照图7-97所示设置好对话框中的参数，单击"确定"，先选择两条粉红色的导轨曲线，再选择蓝色的导轨曲线，最后选择四边形切面，生成戒指的内圈，如图7-98所示。

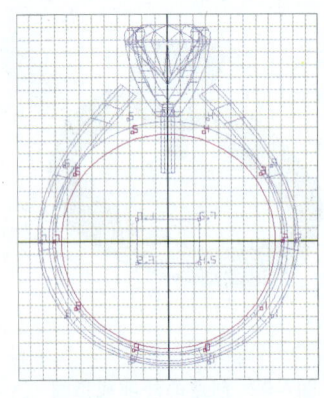 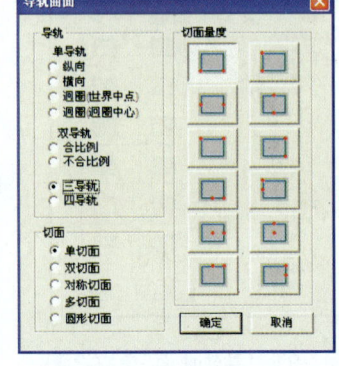 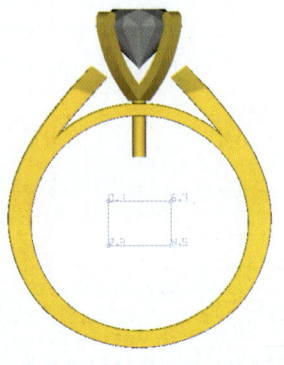

图7-96 正视图　　　　图7-97 "导轨曲面"参数设置对话框　　　　图7-98 戒指圈效果

（12）最后在戒指圈与镶口相连的地方打孔，方便圆柱形的针能够插到戒指圈上。先利用"还原布林体"命令将之前结合在一起的镶口解散，单独选择圆柱形的针，将其隐藏复制一个，再用视图中圆柱形的针减去戒指内圈，如图7-99所示。显示隐藏复制的对象，再将整个镶口结合在一起，将镶口移开后的效果如图7-100所示。

图7-99 开孔位　　　　图7-100 戒指最终效果

第8章 包　镶

包镶又称包边镶,是指利用金属将宝石周边包住的镶嵌方法,即用金属边把钻石的腰部以下封在金属托(架)之内,利用贵金属的坚固性防止钻石脱落。这是一种比较牢固和传统的镶嵌方式,它充分展现了钻石的亮光,光彩的内敛,平和端庄的气质。根据宝石腰部被包裹的多少,可分为全包镶(图8-1)和半包镶(图8-2),根据包镶的宝石琢形,又可分为刻面宝石包镶(图8-3)和弧面宝石包镶。

图8-1　全包镶　　　　　　图8-2　半包镶　　　　　图8-3　刻面宝石包镶

包镶结构示意图如图8-4所示,包边的厚度根据宝石的大小而不同,宝石越大包边越厚。包边的厚度至少要0.5mm以上,爪吃石位0.15~0.2mm,包边略低于石头台面,如果包边需要开夹层,夹层上端至少留1.5mm,下端至少留0.8mm。

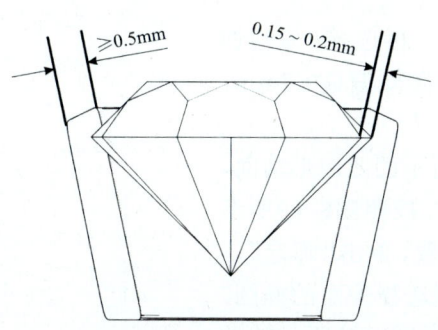

图8-4　包镶结构示意图

8.1 创建镶口

（1）在上视图中创建一个直径为1mm的圆形宝石，再选择"多重变形"命令，按照如图8-5所示的对话框设置好对话框中的参数，将圆形宝石变成长、宽、高分别为6mm、4mm、3.5mm的椭圆形宝石（图8-6）。

注：椭圆形宝石的长、宽、高有如下关系，如果是一般的彩色宝石，高=（长+宽）÷2×0.7；如果是钻石则：高=（长+宽）÷2×0.6。本例中椭圆的长为6mm，宽为4mm，故高度应为3.5mm，由于我们创建的宝石直径为1mm，其高度为0.7mm，故需要在高度方向上将其增大5倍。

（2）创建直径为1mm的圆，按照上一步的方法将其变为长5.9mm，宽4.9mm

图8-5 "多重变形"参数设置对话框

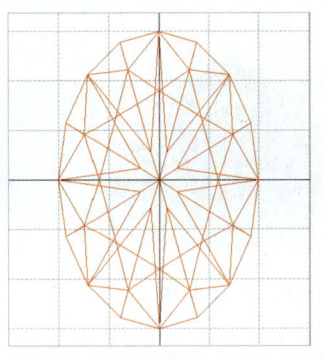

图8-6 创建椭圆形宝石

的椭圆，如图8-7所示。再选择"偏移曲线"命令，将椭圆曲线向外偏移0.7mm，如图8-8所示。

（3）绘制如图8-9所示的四边形切面，选择"导轨曲面"命令，按照图8-10所示设置好对话框中的参数，单击"确定"。先选择里面的椭圆，再选择外面的椭圆，最后选择切面，创建如图8-11所示的曲面作为包边，再隐藏切面曲线。

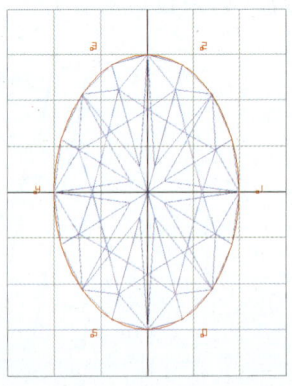

图8-7 创建等大的椭圆曲线

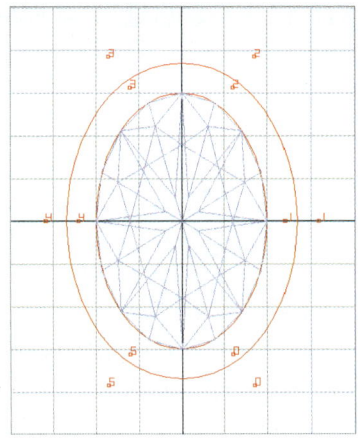
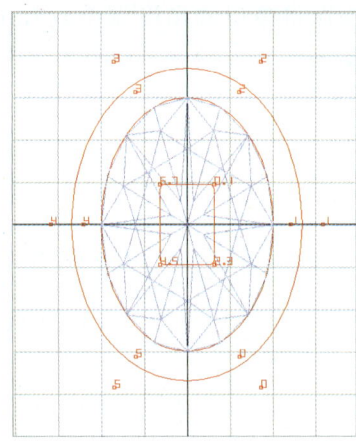

图8-8 偏移曲线　　　　　　　图8-9 绘制四边形切面

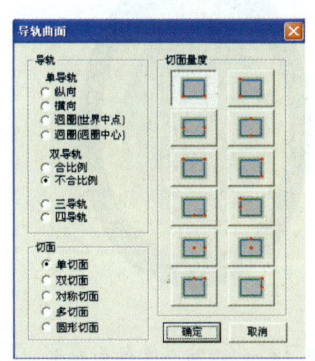
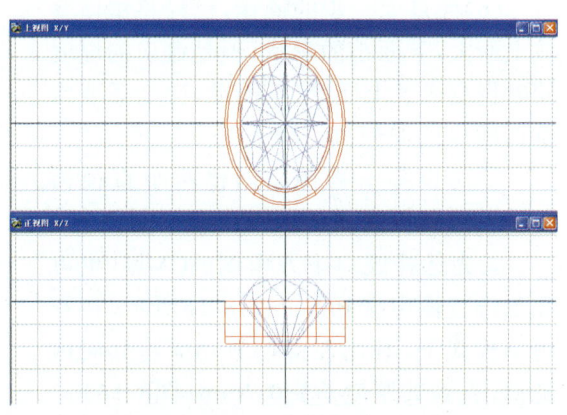

图8-10 "导轨曲面"参数设置对话框　　　图8-11 创建曲面作包边

(4) 在正视图中,将镶口向上移动到略低于宝石台面的位置,如图8-12所示。

(5) 将包边底端收斜。展示包边的CV点,选择包边底端一排的所有CV点,利用左键缩放功能将其缩小,使底端变斜,并上下拖

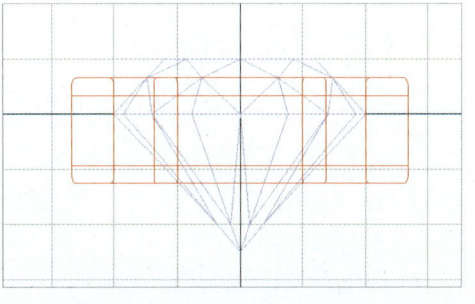

图8-12 移动包边

动CV点将镶口的高度调整到4mm左右,保证宝石的底尖不露出镶口,如图8-13所示。

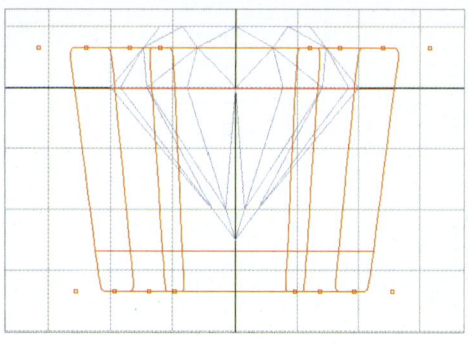

图8-13 将包边底端收斜

(6)经过上一步的操作,已经将镶口变成上面大,下面小的形状,但是镶口的厚度同时也变成了上面厚,下面薄,因而需要将镶口的厚度调整到一致。

①切换到下视图,创建两个直径为0.7mm的圆放置在如图8-14所示的位置。

②先选择镶口下方内侧的CV点(也可在三维视图中选择),如图8-15所示,在彩色图模式下,利用左键缩放功能将其向内拖动,直到其厚度达到0.7mm(图8-16)。

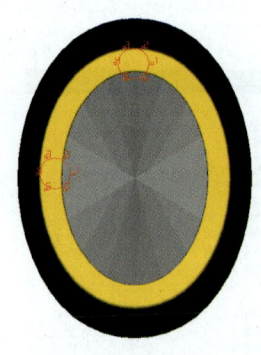

图8-14 创建两个圆作为参考

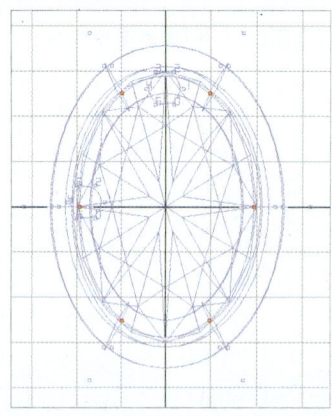

图8-15 选择镶口下方内侧的CV点

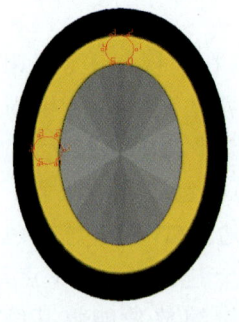

图8-16 将CV点缩放

③切换到正视图，可以发现镶口下方内侧的CV点都被移动到上面去了，因而需要将这些CV点全部选中（图8-17），向下移动到与镶口底部平齐的位置（图8-18）。

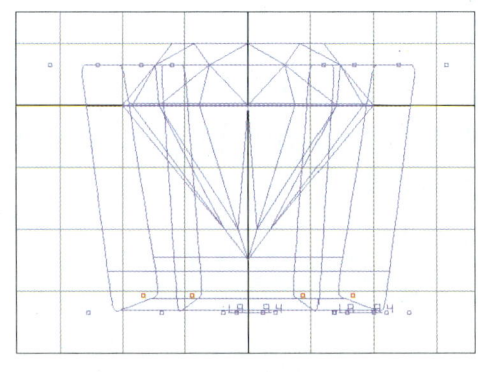
图8-17 选择镶口下方内侧的CV点

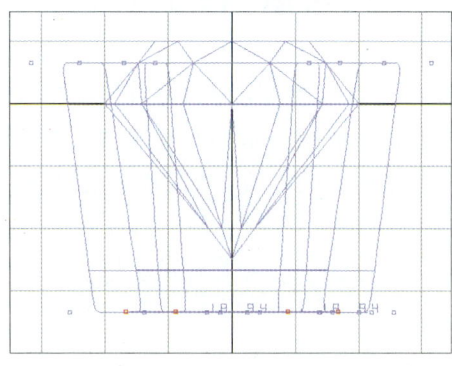
图8-18 将CV点移动到与镶口底部平齐

（7）将镶口的上端做成斜面的效果。先取消所有CV点的选择并隐藏所有曲线。在上视图中，选择镶口上方最外侧的CV点（图8-19），切换到正视图、彩色图模式，将CV点向下拉动将镶口上端变成斜面，如图8-20所示，做好镶口后，隐藏其CV点。

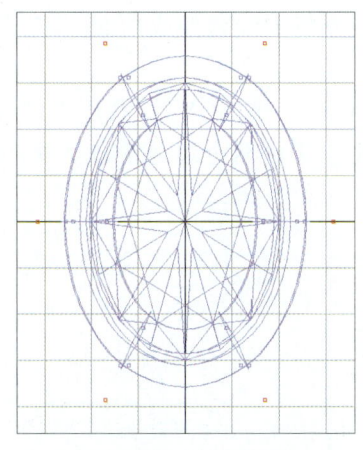
图8-19 选择镶口上方最外侧的CV点

图8-20 将CV点向下拉动

以上讲解是包镶镶口创建的方法，本例采用的是通过拖动CV点来改变镶口外形的方法，这是最快捷，也是最直观的方法。还可以通过三导轨来创建镶口，但三导轨需要精确计算好镶口的斜度、导轨的位置等关系，操作起来也不如拖动CV点方便。

8.2 开夹层、做通花

（1）在右视图中，创建直径分别为1.6mm、0.8mm的两个圆，放置在如图8-21所示的位置作为辅助尺寸参考。再绘制如图8-22所示的四边形曲线，这个高度就是开夹层的高度，然后删除作为参考的两个圆。

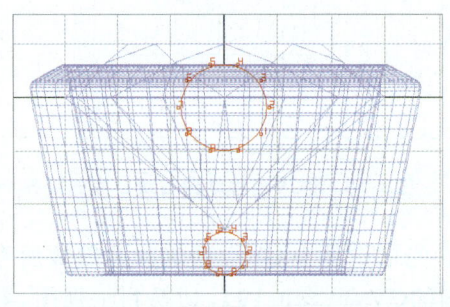 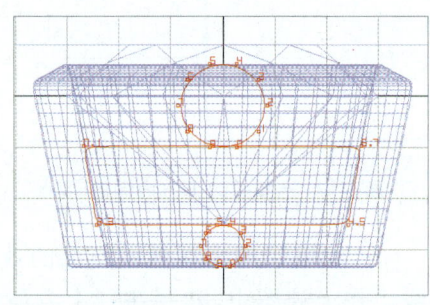

图8-21　创建两个圆作为参考　　　　　图8-22　绘制开夹层曲线

（2）在上视图中，利用"直线延伸曲面"命令将曲线延伸成曲面，作为开夹层物体，如图8-23所示。

（3）显示其CV点，分别选择左边一排和右边一排的CV点，利用右键缩放将其调整到如图8-24所示的梯形状态，保证梯形上下的两个边与镶口呈垂直状态。

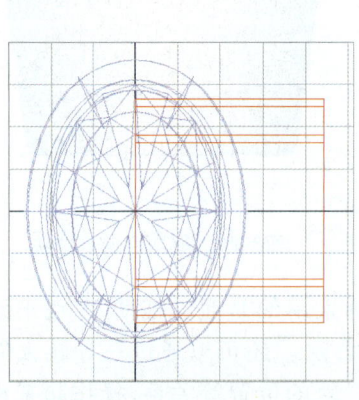 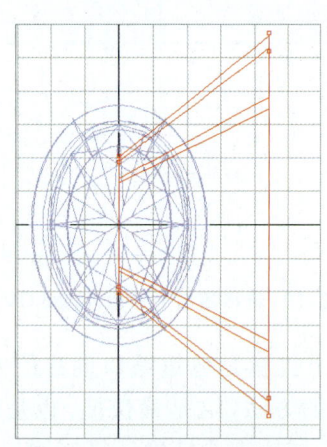

图8-23　将曲线延伸成曲面　　　　　图8-24　将曲面调整成梯形

（4）在右视图中，绘制如图8-25所示的曲线，在上视图中，将其延伸成曲面，作为通花物体，如图8-26所示。

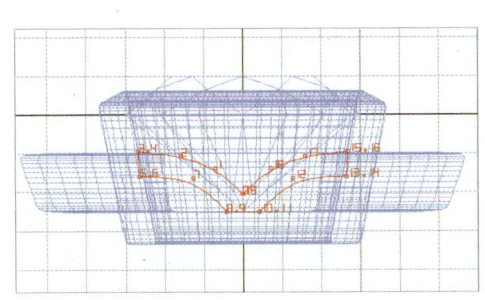
图8-25 绘制通花曲线

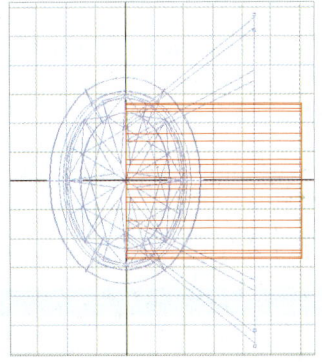
图8-26 将曲线延伸成曲面

（5）利用右键缩放功能，将其宽度加大，如图8-27所示，其宽度要略超过开夹层物体与镶口相交的范围。

（6）在上视图中，先用通花物体减去开夹层物体，然后将开夹层物体左右对称复制，再利用两个开夹层物体减去镶口，效果如图8-28所示。

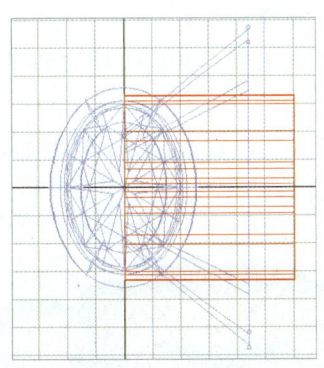
图8-27 将通花宽度加大

图8-28 通花效果

8.3 创建副石、及其镶口

（1）隐藏视图中的所有对象，在上视图中，创建直径为1.5mm的圆形宝石，参考8.1的做法，为其创建包镶镶口，包边厚0.6mm，如图8-29所示。

（2）显示椭圆宝石及其镶口，在上视图中，将上一步创建的宝石及其镶口移动到如图8-30所示的位置。

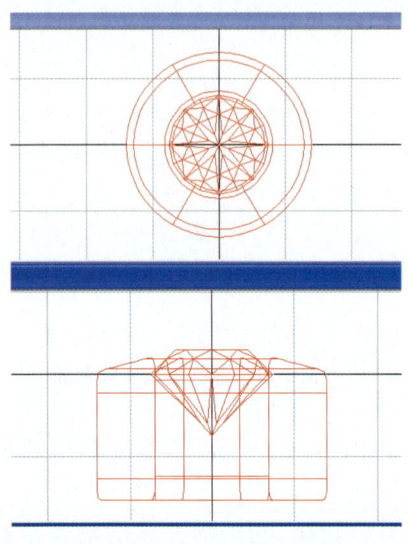

图8-29 副石及其镶口

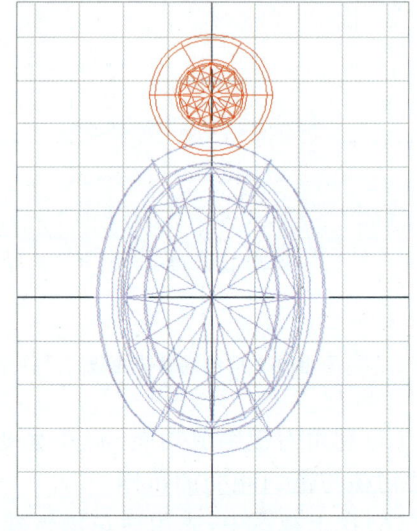

图8-30 移动副石及其镶口

（3）在右视图中，通过拖动镶口底端CV点的方式，将其调整为如图8-31所示的形状。

（4）为小镶口开夹层（图8-32），开完夹层后，上面留1.2mm，下面留0.8mm。中间的空位至少要0.8mm以上。

图8-31 调整副石镶口的底端

图8-32 小镶口开夹层

（5）在上视图中，创建直径为2mm的圆，CV点为6，如图8-33所示，再利用"管状曲面"命令下的"圆形切面"命令创建直径为0.6mm的圆环，如图8-34所示。

（6）将圆环移动到夹层中间的位置，如图8-35所示。

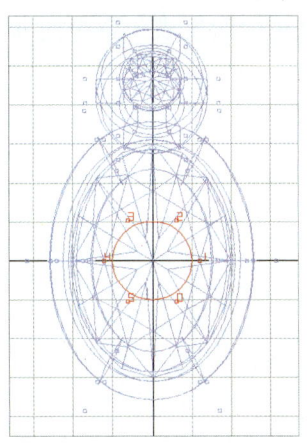

图8-33 创建直径为2mm的圆　　图8-34 创建圆环　　图8-35 移动圆环的位置

8.4 创建瓜子扣

（1）在右视图中绘制如图8-36所示的导轨曲线。

（2）在上视图中，绘制如图8-37所示的斜线作为投影曲线，再将上一步绘制的导轨曲线投影上去，并将投影后的导轨左右对称复制，如图8-38所示。

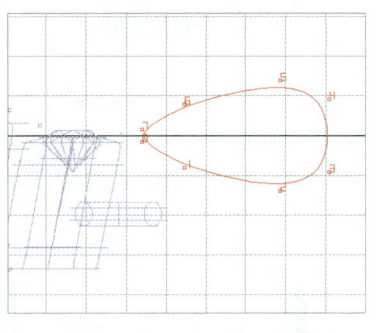

图8-36 绘制瓜子扣导轨曲线

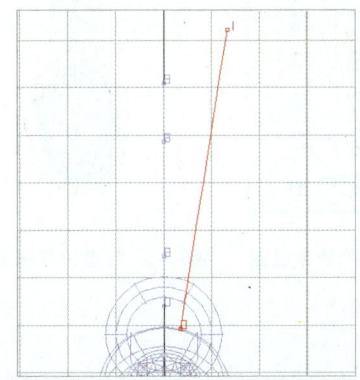

图8-37 绘制投影曲线

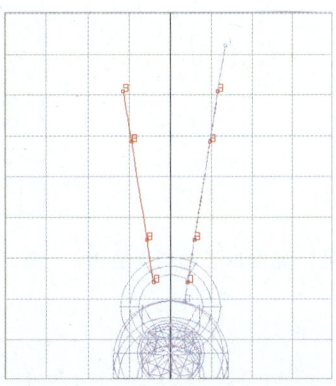

图8-38 投影、复制导轨曲线

(3)隐藏投影线,选择中间曲线命令,利用两条导轨在中间生成一条中间曲线,并将其封口,如图8-39所示。

(4)在右视图中,将中间的那条导轨曲线调整到如图8-40所示的形状。

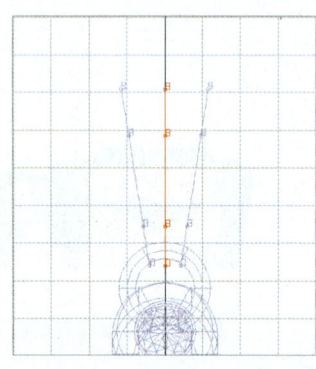

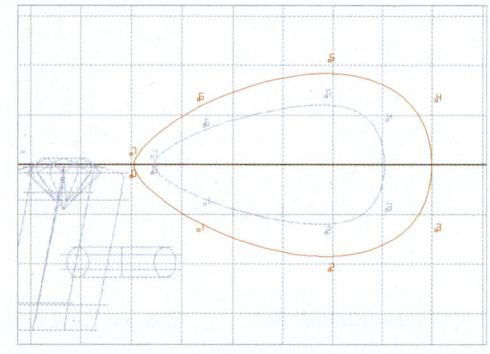

图8-39 利用"中间曲线"命令创建导轨

图8-40 调整中间导轨曲线的形态

(5)在上视图中,绘制如图8-41所示的切面曲线,选择"导轨曲面"命令,按照图8-42所示的对话框设置好参数,先选择左右两边的导轨,再选择中间的导轨,最后选择切面,创建如图8-43所示的瓜子扣,并将其移动到与圆环相交的位置。

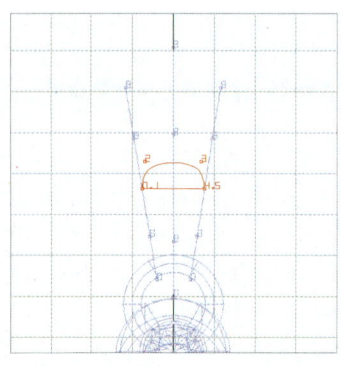

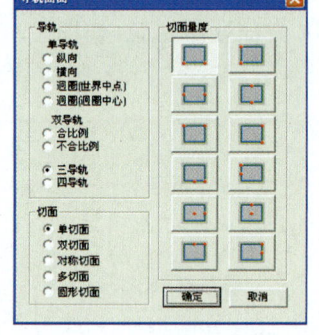

图8-41 绘制瓜子扣切面曲线

图8-42 "导轨曲面"参数设置对话框

图8-43 创建的瓜子扣效果

第9章 光圈镶

光圈镶又称抹镶、闷镶，工艺上类似于包镶，宝石深陷入环形金属石碗内，边部由金属包裹嵌紧，宝石的外围有一圈下陷的金属环边，光照下犹如一个光环，故名光圈镶（图9-1）。光圈镶一般用于3mm以下的宝石，与包镶的区别在于光圈镶没有突出可见的金属边缘，宝石完全嵌入金属面。

图9-1　光圈镶

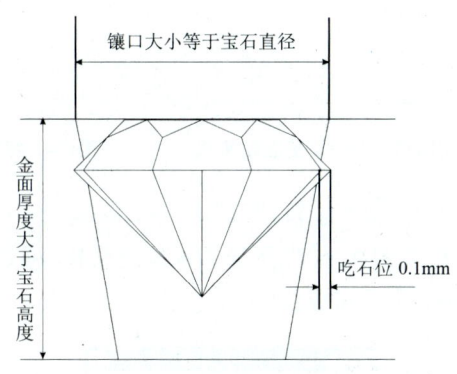

图9-2　光圈镶结构图

光圈镶结构如图9-2所示，镶口的形状应该上面大、下面小，上面的大小和宝石的直径相等，爪吃石位0.1mm，为了保证宝石底尖不露底，金属面的厚度至少要等于宝石的高度。

9.1　光圈镶女戒

9.1.1　创建基本戒指圈

（1）在正视图中，分别创建直径为15mm、19mm，CV点数为8的两个圆，如

图9-3所示。

(2) 切换到右视图,将直径为15mm的圆向右移动2.5mm,然后将其左右对称复制,3个圆分别作为导轨A、B、C(图9-4)。

(3) 在右视图中,绘制如图9-5所示的切面曲线。

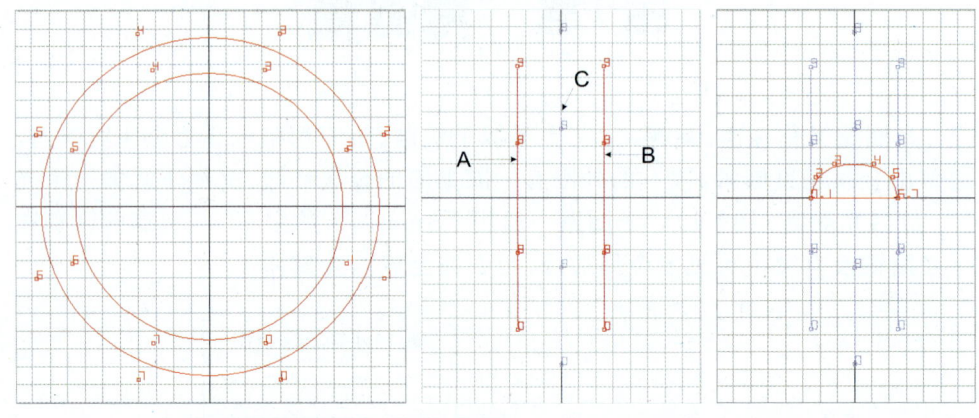

图9-3 创建戒指圈轮廓线　　图9-4 将内导轨右移复制　　图9-5 绘制切面曲线

(4) 选择"导轨曲面"命令,按照图9-6所示的对话框设置好参数,单击"确定",在视图中先选择导轨A和导轨B,再选择导轨C,最后选择切面曲线,创建如图9-7所示的戒指圈。

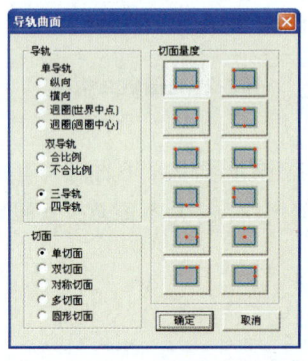
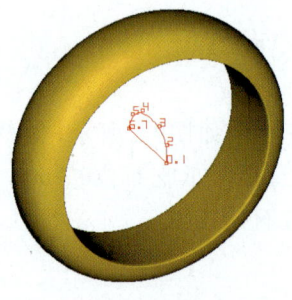

图9-6 "导轨曲面"参数设置对话框　　图9-7 创建戒指圈

9.1.2 排宝石、打孔

(1) 隐藏切面曲线,在正视图中,创建直径为2mm的圆(图9-8),再创建一个直径为0.1mm的圆并隐藏其CV点,将其移动到如图9-9所示的位置,该圆用来代表吃石位的距离。

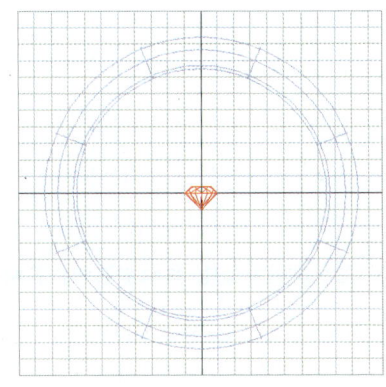

图9-8 创建宝石

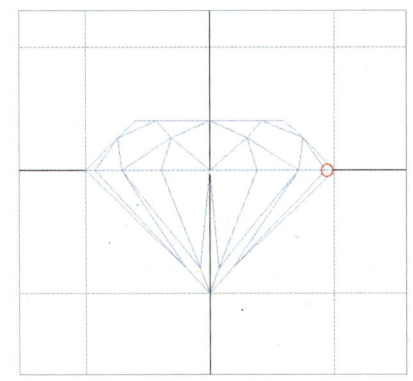

图9-9 创建参考圆

(2)绘制如图9-10所示的轮廓曲线,利用"纵向环形对称曲面"命令,将其创建成打孔物体,如图9-11所示。在光圈镶中,打孔的物体一定要是上面大、下面小的形状,在镶嵌的时候宝石才能被牢牢地托住。

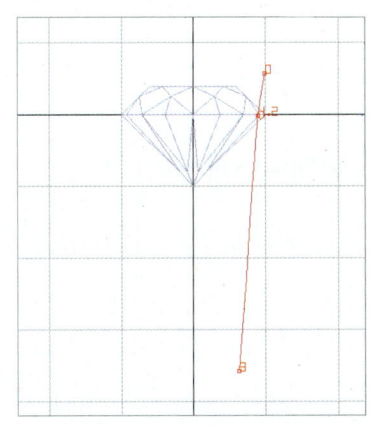

图9-10 绘制开孔轮廓曲线

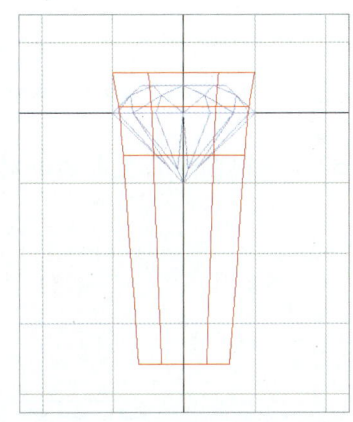

图9-11 将轮廓线旋转成曲面

(3)将宝石和打孔物体结合在一起,移动到如图9-12所示的位置,在右视图中将其旋转、移动到如图9-13所示的位置,注意打孔物体要垂直于戒指金面,宝石台面与金面等高或略低。

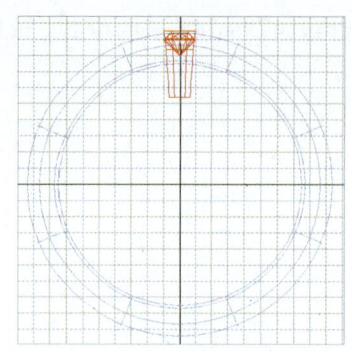 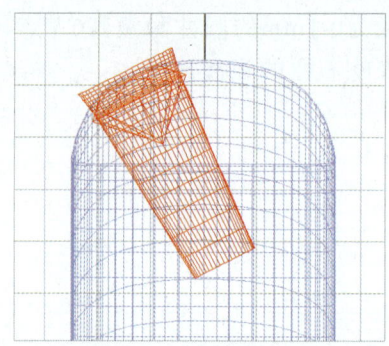

图9-12 将宝石和打孔物体结合并移动　　图9-13 在右视图中旋转、移动宝石和打孔物体

（4）在上视图中，将宝石和打孔物体上下对称复制，如图9-14所示。

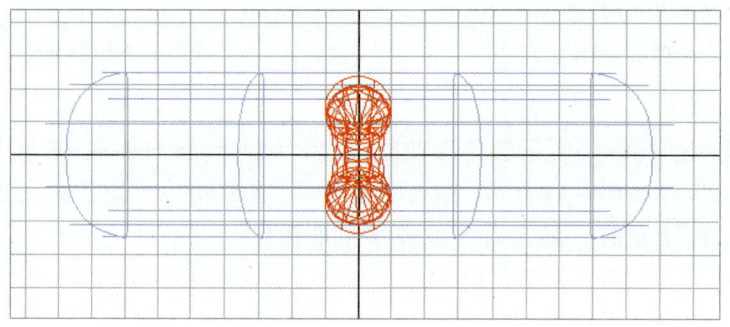

图9-14 将宝石和打孔物体上下对称复制

（5）在正视图中将复制出的对象旋转45°，如图9-15所示。

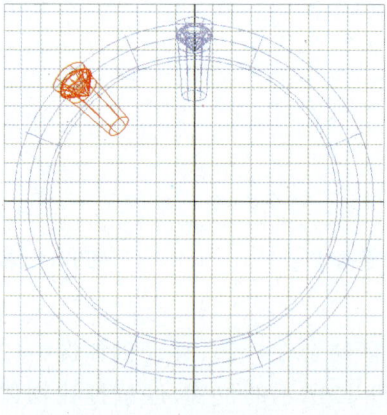

图9-15 将宝石和打孔物体旋转45°

（6）在正视图中将两个宝石和两个打孔物体一起选中，然后利用"环形复制"命令以90°角分别复制4个，结果如图9-16所示。

（7）将打孔物体和宝石解散，利用打孔物体减去戒指圈，效果如图9-17所示。

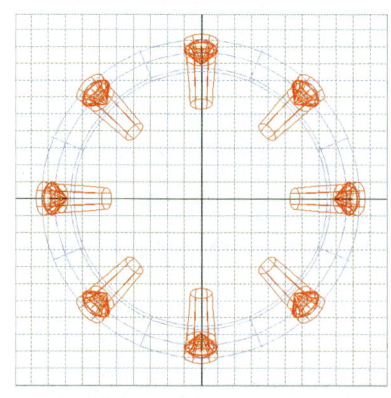

图9-16 将两个宝石和打孔物体旋转复制

图9-17 最终效果图

9.2 光圈镶封片男戒

9.2.1 创建基本戒指圈

（1）创建直径分别为18mm、24.4mm，CV点为10的两个圆，如图9-18所示。

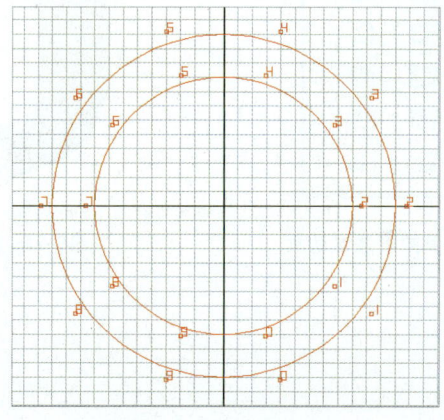

图9-18 创建两个圆

(2)切换到右视图,将直径为18mm的圆向左移动2.5mm,然后将其左右对称复制,3个圆作为3条导轨,分别用A、B、C表示(图9-19)。

(3)在右视图中,绘制如图9-20所示的四边形,然后选择"导轨曲线"命令,按照图9-21所示设置好对话框中的参数,单击"确定",先选择A、B两条导轨,再选择C导轨,最后选择四边形切面,创建如图9-22所示的戒指圈。

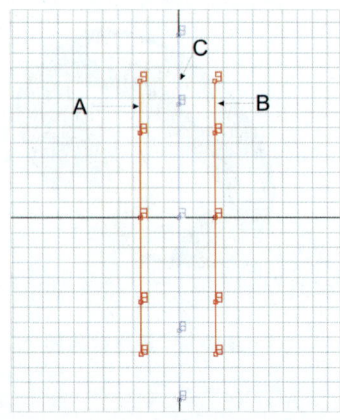
图9-19 创建导轨A、B、C

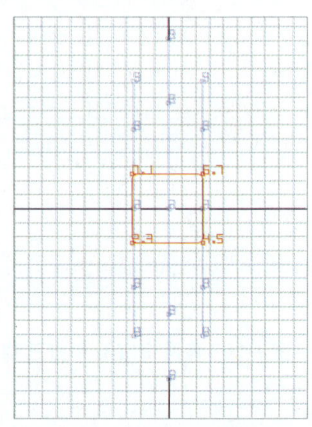
图9-20 绘制四边形切面

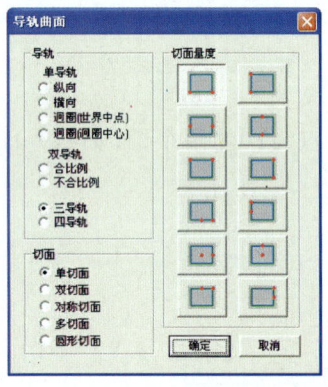
图9-21 "导轨曲线"参数设置对话框

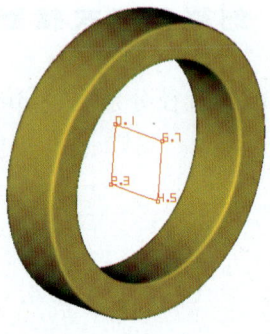
图9-22 创建戒指圈

9.2.2 掏底

(1)创建直径分别为17mm、22mm的两个圆,如图9-23所示。

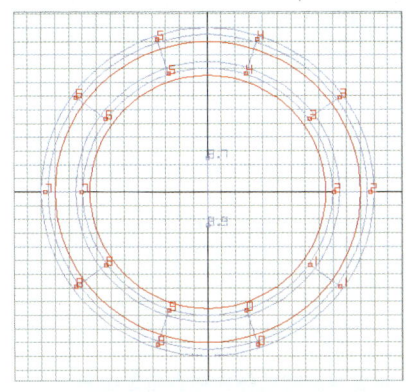
图9-23 创建两个圆

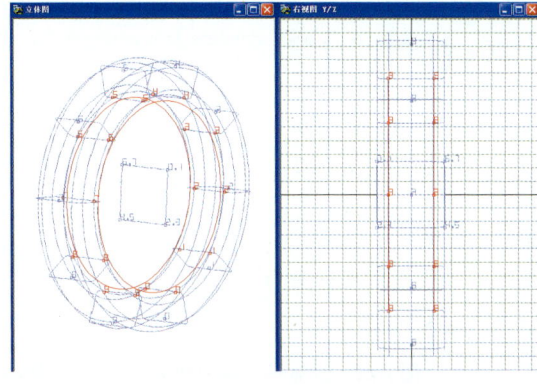
图9-24 将直径为1.7mm的圆移动复制

（2）切换到右视图，将直径为17mm的圆向右移动1.8mm，然后将其左右对称复制（图9-24），采用与9.2.1第（3）步相同的方式，利用图中的3条导轨和四边形切面，创建掏底物体（图9-25），再利用该物体减去戒指圈，效果如图9-26所示。

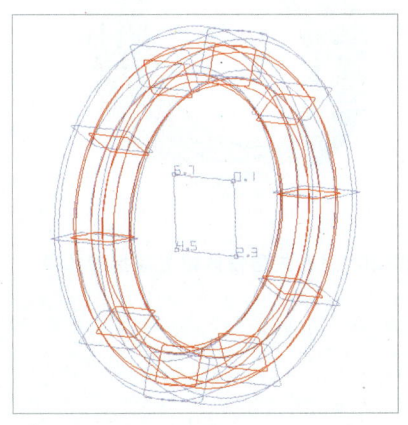
图9-25 创建掏底物体

图9-26 掏底效果图

9.2.3 开夹层

（1）在正视图中，绘制如图9-27所示的曲线，该曲线上面距离金面至少1.6mm，距离下方金面0.8mm，在上视图中，利用"直线延伸曲面"命令将其延伸成曲面，并移动到如图9-28所示的位置。

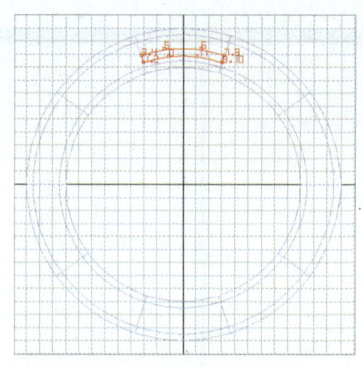

图9-27 绘制开夹层曲线

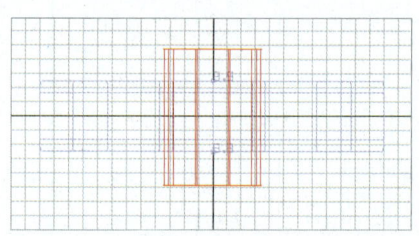

图9-28 将曲线旋转成体并移到指定位置

（2）在正视图中，将该曲面旋转复制8个作为开夹层物体，如图9-29所示，然后用开夹层物体减去戒指圈，效果如图9-30所示。

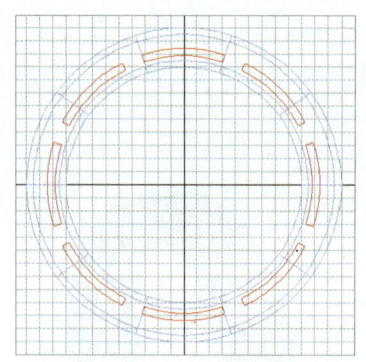

图9-29 将开夹层曲面旋转复制

图9-30 用开夹层物体减去戒指圈效果

9.2.4 排宝石、打孔

（1）隐藏视图中的切面曲线，在正视图中创建直径为3mm的圆形宝石，再创建一个直径为0.1mm的圆，移动到如图9-31所示的位置。

（2）绘制开孔物体的轮廓曲线（图9-32），再利用"纵向环形对称曲面"命令将其旋转成体，作为打孔物体，如图9-33所示。

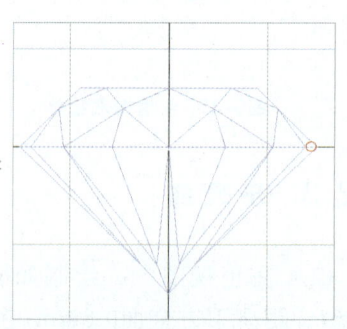

图9-31 创建宝石和圆

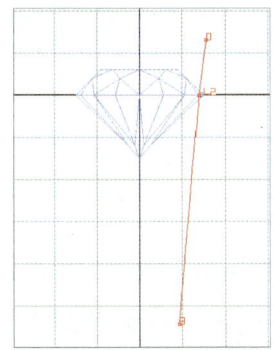
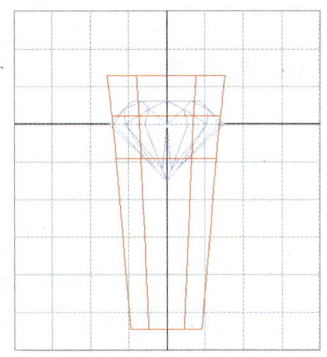

图9-32 绘制轮廓曲线　　　　图9-33 将曲线旋转成体

（3）将宝石和打孔物体结合在一起，移动到如图9-34所示的位置，使宝石的台面和金面平齐，然后将其环形复制10个，如图9-35所示。

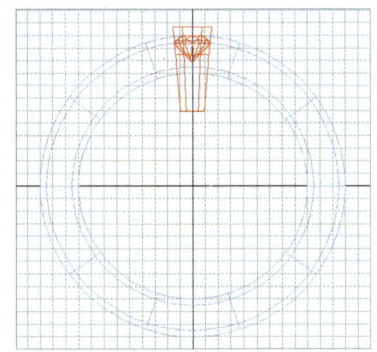
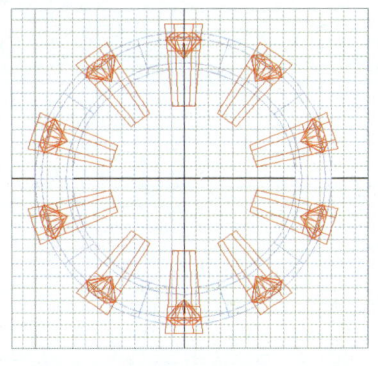

图9-34 将宝石和打孔物体结合并移动　　　图9-35 将宝石和打孔物体环形复制

（4）将宝石和打孔物体解散，利用打孔物体减去戒指圈，效果如图9-36所示。

图9-36 打孔物体减去戒指圈效果

9.2.5 创建封片

封片需要单独做,和戒指圈分开,在生产成品的时候,再将封片和戒指圈焊接在一起。否则,如果直接将封片和戒指圈做在一起,在执模的时候,内侧的很多位置打磨不到。

(1)创建直径为18mm、19.6mm的两个圆,如图9-37所示。

(2)在右视图中,将直径为18mm的圆向右移动1.8mm,然后将其左右对称复制,如图9-38所示。

(3)绘制如图9-39所示的四边形切面曲线,选择"导轨曲面"命令,按照图9-40所示的对话框设置好参数,单击"确定",先选择两条直径为18mm的导轨,再选择直径为19.6mm的导轨,最后选择切面,创建如图9-41所示的封片。

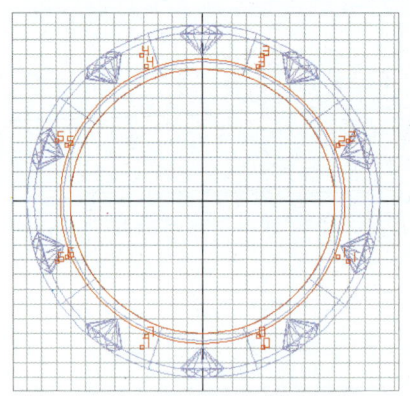

图9-37 创建两个圆

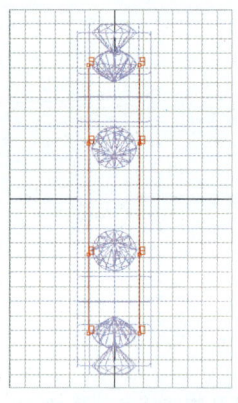

图9-38 将圆向右移动并左右对称复制

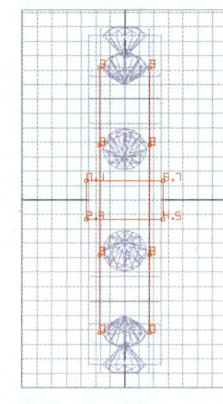

图9-39 绘制四边形切面曲线

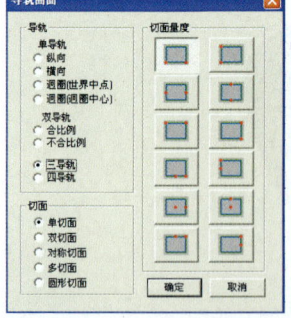

图9-40 参数设置对话框

图9-41 创建封片

(4)隐藏视图中所有的对象,切换到上视图。利用圆的周长公式可算出直径为18mm的圆的周长为56.5mm。创建一个长56.5mm,宽3.4m的长方形,如图9-42所示,该长方形用来界定封片的大小。

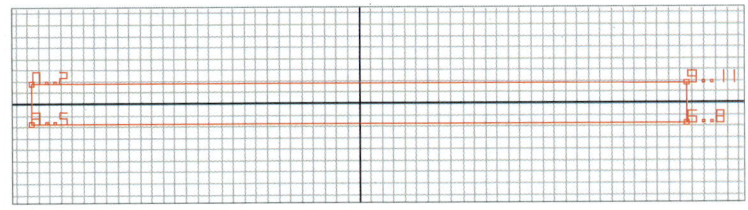

图9-42 创建长方形

(5)绘制如图9-43所示的心形曲线,然后将其环形复制4个,如图9-44示。

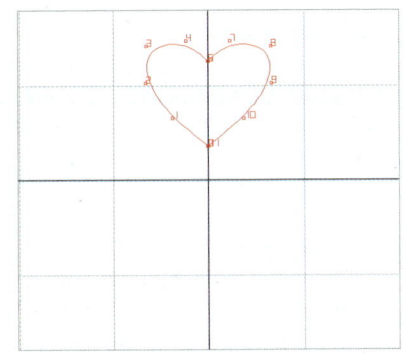
图9-43 绘制心形曲线

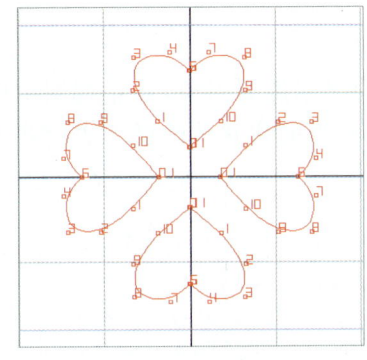
图9-44 环形复制

(6)选中4条心形曲线,再选择"块状体"命令,按照如图9-45所示的对话框设置好参数,创建厚度为4mm的心形块状体,并将其结合在一起,如图9-46所示。

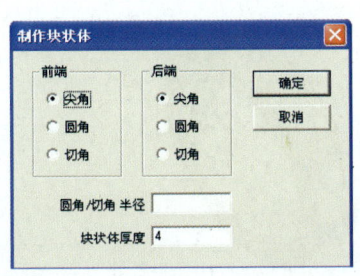
图9-45 "块状体"参数设置对话框

图9-46 创建心形块状体

(7)先测量如图9-46所示的两个心形之间距离,然后以这个距离作为参考,将4个心形块状体进行直线复制若干个,并结合在一起,如图9-47所示。

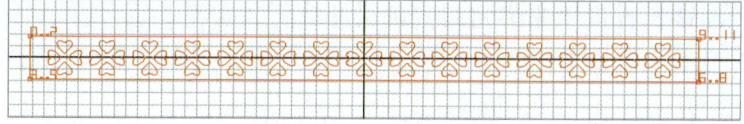

图9-47　将心形块状体直线复制

(8)切换到正视图,将心形块状体向下移动到坐标轴的中间,如图9-48所示。

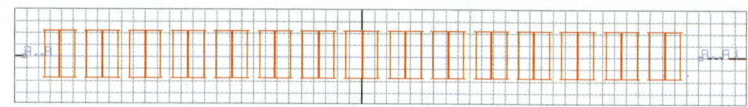

图9-48　将心形块状体向下移动到坐标轴中间

(9)显示所有对象,在正视图中创建一个直径为18mm的圆(图9-49),然后将所有心形的块状体映射上去(图9-50)。

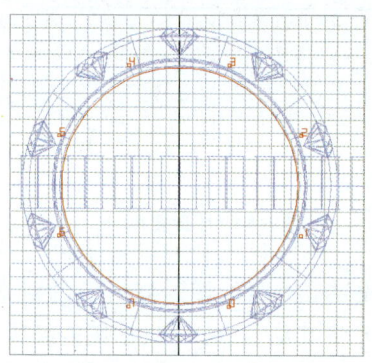

图9-49　在正视图中创建圆　　　　图9-50　将心形块状体映射到圆上

(10)利用映射后的块状体减去封片,效果如图9-51所示。

图9-51　映射后的块状体减去封片的效果

第10章 槽 镶

槽镶是指在金属内侧车出两条轨道,利用金属两侧的应力将多个宝石规则有序地夹在一起的镶嵌方式,槽镶又称轨道镶,此法是常用的豪华镶法之一。根据槽镶宝石的形态,可进一步将槽镶工艺划分为圆形宝石的槽镶(图10-1),方形(T方)宝石的槽镶(图10-2)。

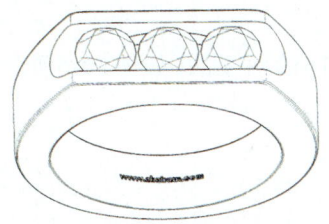

图10-1 圆形宝石槽镶

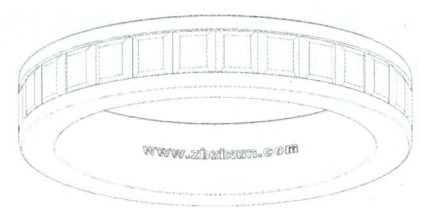

图10-2 方形宝石槽镶

以方形宝石的槽镶为例,其上视图结构如图10-3所示,侧视图结构如图10-4所示。

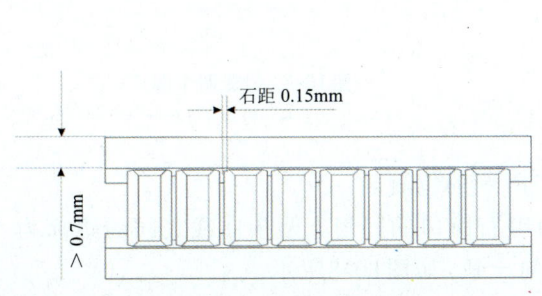

图10-3 方形宝石槽镶上视图

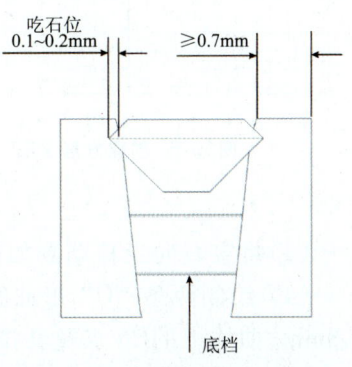

图10-4 方形宝石槽镶侧视图

槽两侧的厚度至少需0.7mm，吃石位0.15~0.2mm，石头相互之间的距离在0.15mm左右。底档的作用是用来连接槽的两侧，使槽有足够的应力夹住宝石。底档截面的大小一般为0.8mm×0.8mm，或者0.6mm×0.6mm，如果是圆石，底档可做成圆形的；如果是方石，底档可做成方形的，一般相隔两颗宝石放一个底档，底档位于宝石亭尖以下。

10.1 槽镶戒指

10.1.1 绘制草图

（1）选择"宝石"命令，创建一颗方形宝石，再利用"多重变形"命令，将宝石的长、宽、高均变成8.2mm，如图10-5所示。

（2）创建直径分别为17mm、20mm，CV点为10的两个圆，如图10-6所示。

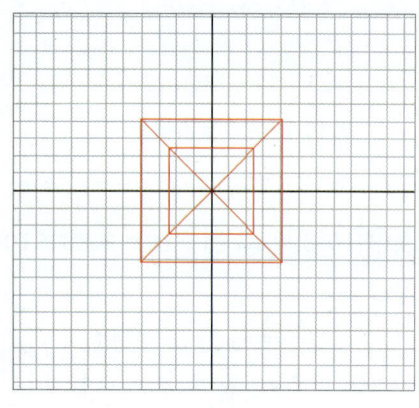

图10-5　创建方形宝石

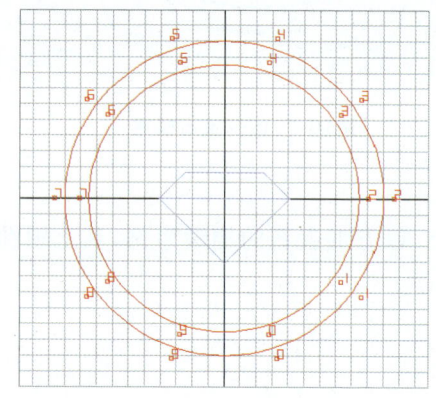

图10-6　创建两个圆

（3）将宝石向上移动到如图10-7所示的位置。

（4）绘制两条"U"形曲线作为宝石镶口的外形，两条曲线之间的距离为0.8mm，曲线上的CV点及其排列方向一致，如图10-8所示。

（5）将宝石和两条"U"形曲线向下移动，使外面的"U"形曲线贴上内圈的圆，如图10-9所示。

(6)将外圈的导轨调整到如图10-10所示的形状。

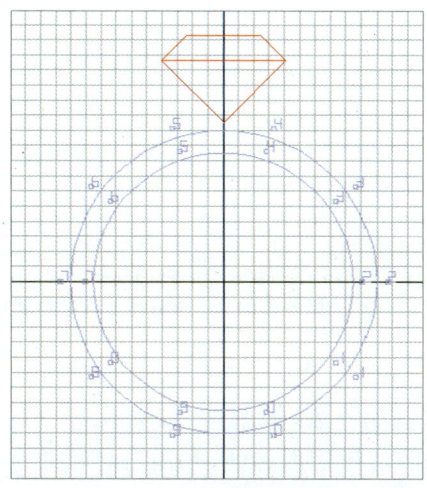

图10-7 将宝石向上移动

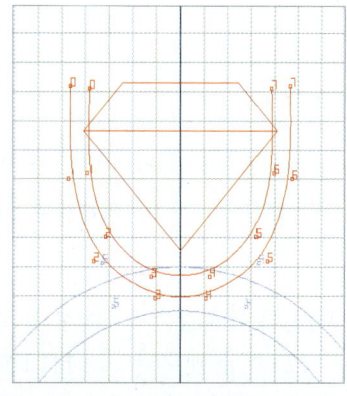

图10-8 绘制镶口外形曲线

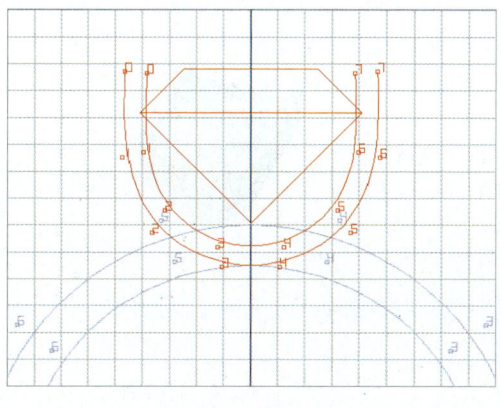

图10-9 移动宝石和镶曲线

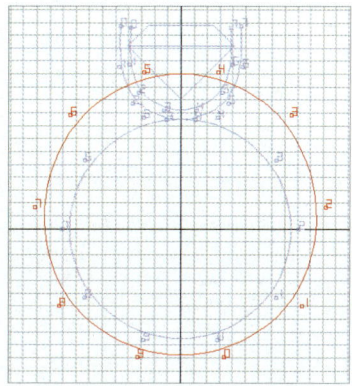

图10-10 调整外圈导轨

10.1.2 创建镶口

(1)在上视图中,选择两条"U"形曲线,将其向上移动4.5mm(图10-11),再

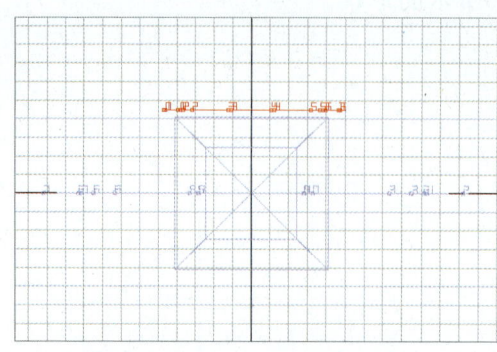
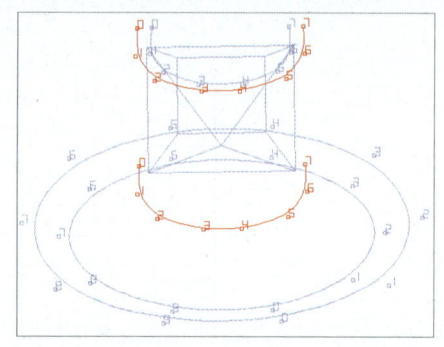

图10-11 将"U"形曲线向上移动　　　图10-12 选择外面的"U"形曲线上下对称复制

单独选择外面的"U"形曲线,将其上下对称复制一条,如图10-12所示。

(2)在正视图中,绘制如图10-13所示的四边形切面曲线,利用三导轨命令,将3条"U"形曲线作为导轨,四边形曲面作为切面,创建如图10-14所示的镶口,完成后隐藏切面曲线。

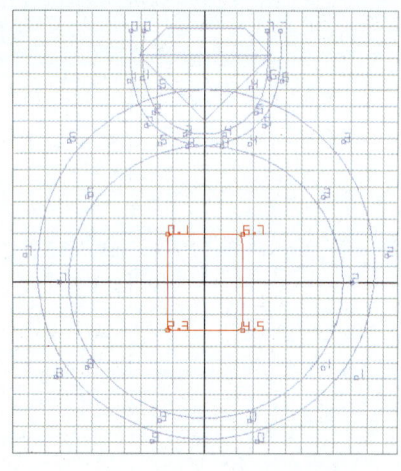
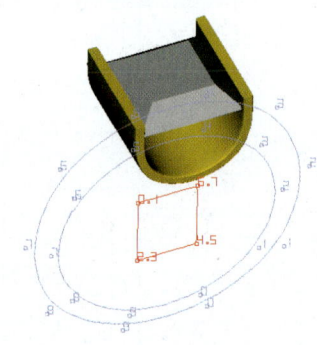

图10-13 绘制四边形切面曲线　　　图10-14 创建镶口

(3)在右视图中绘制如图10-15所示的曲线,左边距离纵轴1.5mm,右边距离镶口1mm。

(4)在上视图中,利用"直线延伸曲面"命令,拖动鼠标将绘制的曲线延伸成曲面,如图10-16所示。

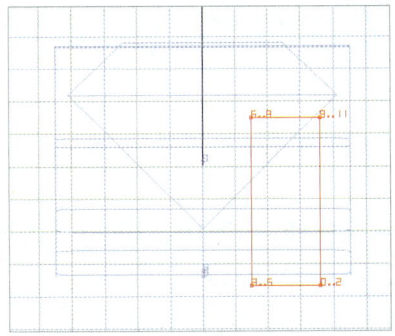

图10-15 绘制曲线

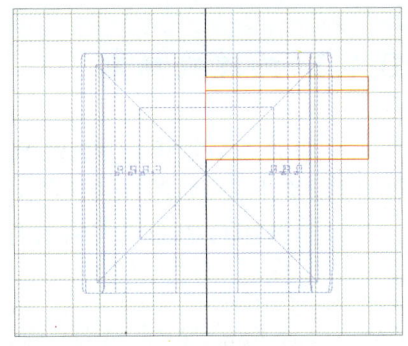

图10-16 将曲线延伸成曲面

（5）选择该曲面左边的CV点（图10-17），将其向右移动0.5mm（图10-18）。

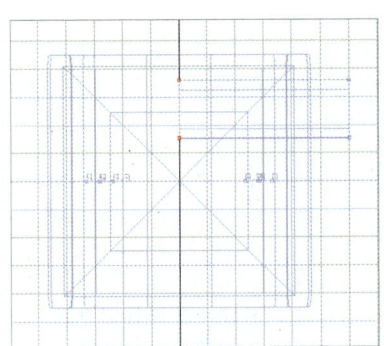

图10-17 选择曲面左边的CV点

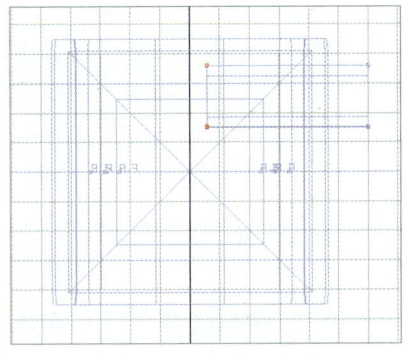

图10-18 将CV点向右移动

（6）将该曲面对称复制4个（图10-19），再用4个曲面减去镶口，效果如图10-20所示。

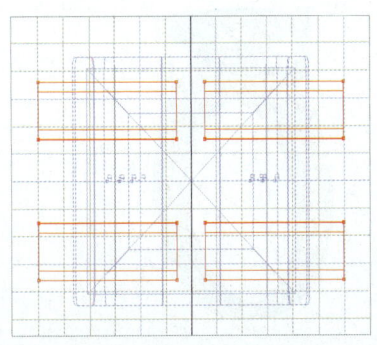

图10-19 将曲面对称复制4个

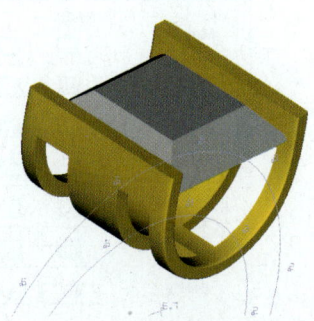

图10-20 曲面减去镶口效果

10.1.3 创建戒指圈

（1）切换到右视图，绘制如图10-21所示的倾斜曲线作为投影线，然后将内圈的圆投影上去，如图10-22所示。

（2）将投影后的曲线左右对称复制，并隐藏投影线，如图10-23所示。选择

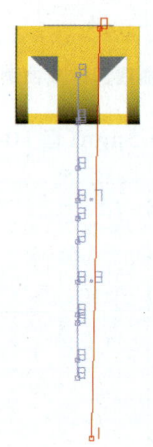

图10-21 绘制投影线

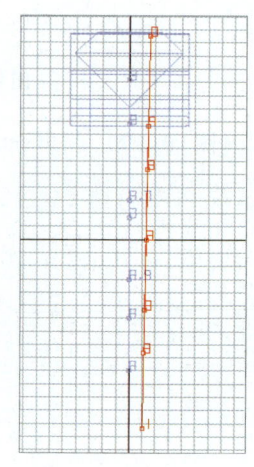

图10-22 将内圈导轨投影到曲线

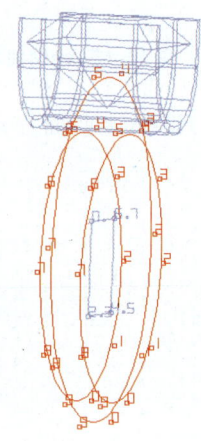

图10-23 将曲线左右对称复制并隐藏

"导轨曲面"命令，按照图10-24所示的对话框设置好参数，单击"确定"，先选择两条内圈导轨，再选择外圈导轨，创建如图10-25所示的戒指圈。

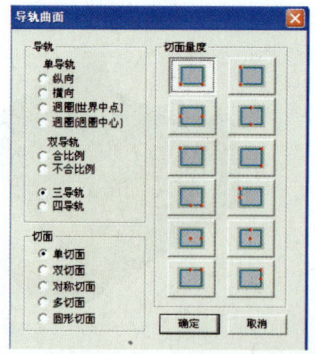

图10-24 "导轨曲面"参数设置对话框

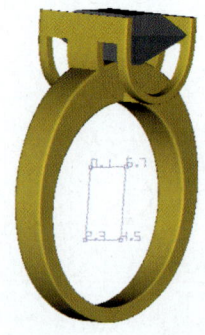

图10-25 创建戒指圈

(3）在正视图中，绘制如图10-26所示的曲线，在上视图中，选择"直线延伸曲面"命令，拖动鼠标将其延伸成曲面，如图10-27所示。

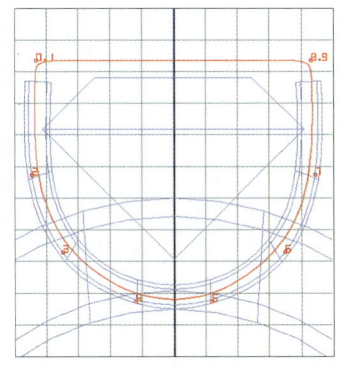

图10-26　绘制"U"形曲线

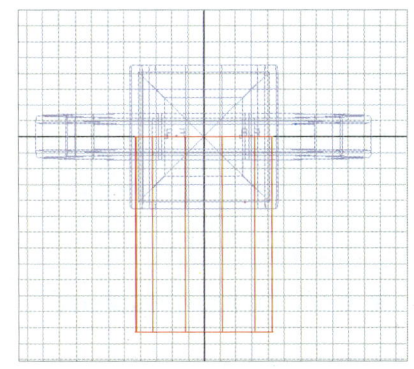

图10-27　将曲线延伸成曲面

(4）将延伸的曲面移动到镶口中间（图10-28），再用该曲面减去戒指圈，效果如图10-29所示。

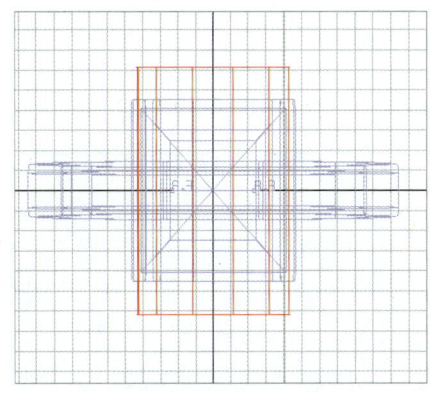

图10-28　将曲面移动到镶口中间

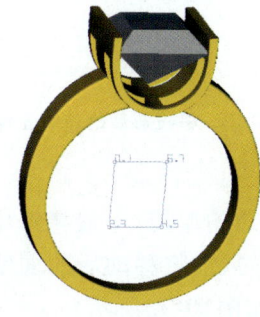

图10-29　曲面减去戒指圈效果

10.1.4　开槽位

(1）在正视图中，沿着戒指圈外侧绘制如图10-30所示的曲线，切换到右视图，将该曲线投影到10.1.3第（1）步绘制的投影线上，如图10-31所示。

(2）隐藏投影线，将投影上去的曲线向左移动0.7mm（图10-32），0.7mm就

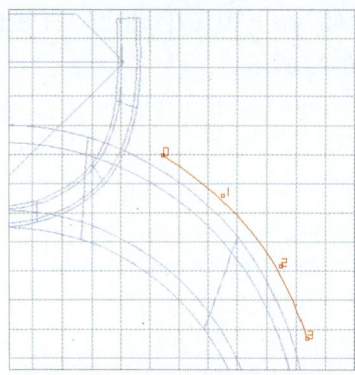

图10-30 沿戒指圈外侧绘制曲线

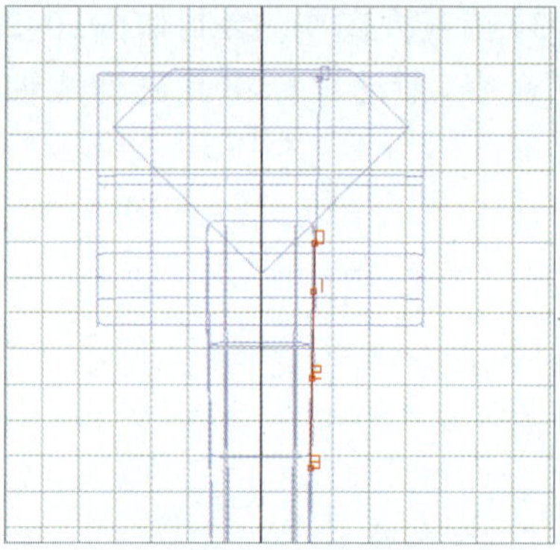

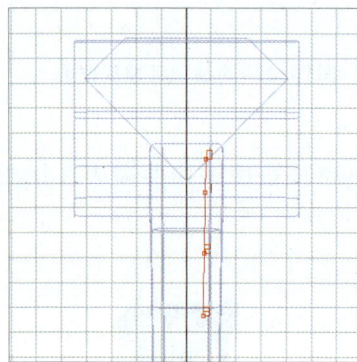

图10-32 将投影后的曲线左移

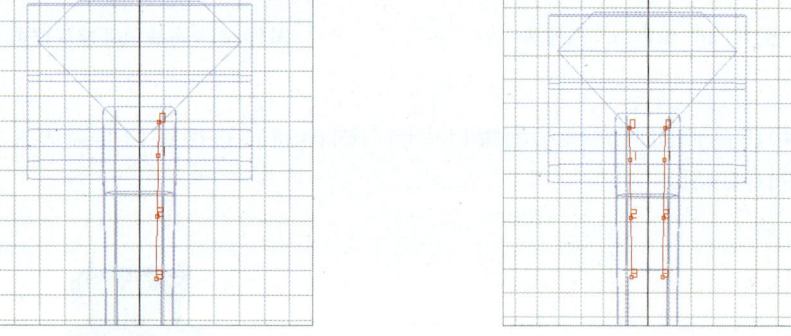

图10-31 投影曲线

图10-33 左右对称复制曲线

是槽镶留边的厚度，一般槽镶中至少要留0.7mm的边，将移动后的曲线左右对称复制，如图10-33所示。

（3）在正视图中，距离内圈一定距离绘制如图10-34所示的曲线。

（4）在右视图中，绘制如图10-35所示的梯形切面。

（5）选择"导轨曲面"命令，按照图10-36所示的对话框设置好参数，单击"确定"，先选择戒指圈外的两条导轨，再选择戒指圈内的两条导轨，最后选择

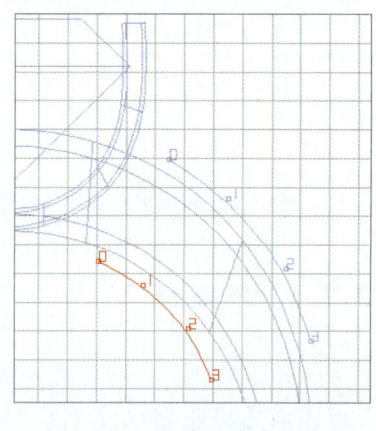

图10-34 绘制第三条曲线

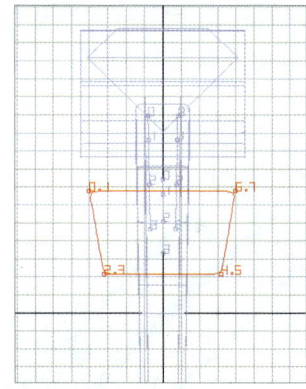

图10-35 绘制梯形切面

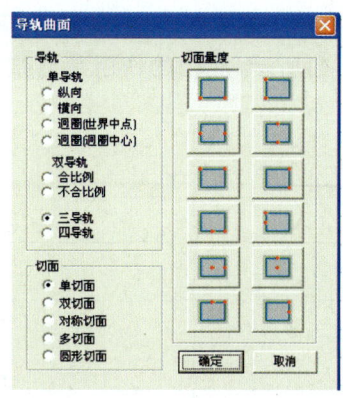

图10-36 "导轨曲面"参数设置对话框

梯形切面,创建如图10-37所示的开槽物体。

(6)将该开槽物体复制到戒指圈两侧,再用两个开槽物体减去戒指圈,效果如图10-38所示。

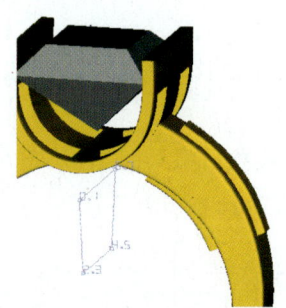

图10-37 创建开槽曲面

图10-38 开槽效果

10.1.5 排底档

(1)在正视图中,绘制一个边长为0.8mm的正方形曲线,如图10-39所示。在上视图中,将其延伸成曲面,如图10-40所示,这个曲面的长度要比槽的宽度大一些。

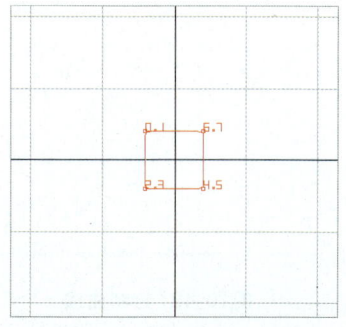

图10-39 绘制正方形曲线

(2)在正视图中,利用复制、旋转等功能,将该底档一个个排列到槽位上去,如图10-41所示。底档的作用是连接槽两侧的金面,使之有足够的应力夹住宝石。

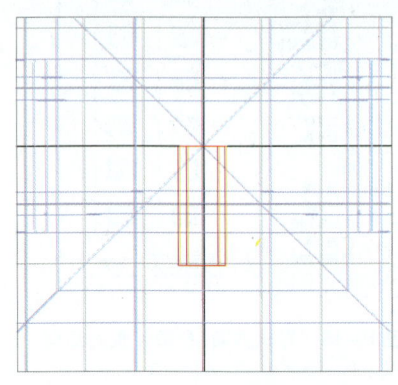

图10-40 将正方形延伸成曲面

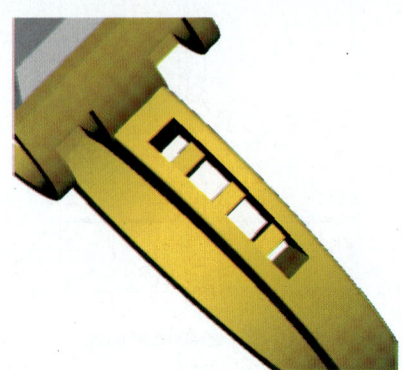

图10-41 将底档排到槽位上

10.1.6 映射宝石

(1)在正视图中,沿着戒指外圈在槽位上绘制如图10-42所示的曲线,曲线的长度应与槽的长度大致相等。

(2)在右视图中,将其投影到投影线上(图10-43),然后将其向左移动0.55mm,

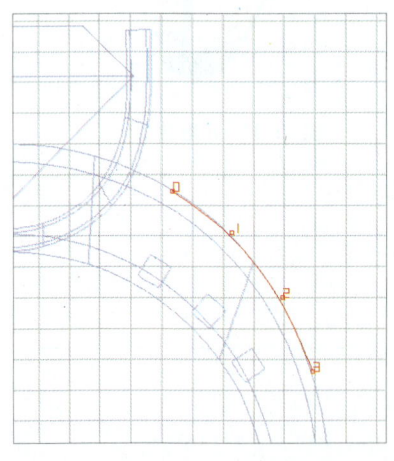

图10-42 绘制曲线

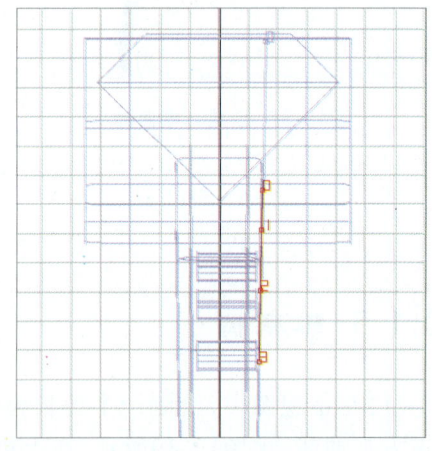

图10-43 将曲线投影

并隐藏投影线(图10-44),将该曲线对称复制(图10-45)。

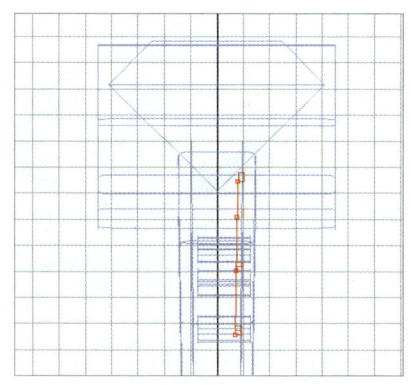

图10-44 将投影线向左移动并隐藏

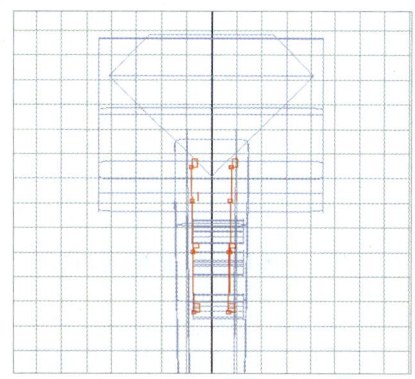

图10-45 左右对称复制曲线

(3)测量其中一条曲线的长度,再将两条曲线连成一个面,如图10-46所示。

(4)在上视图中,创建长2mm、宽1mm的T方宝石,如图10-47所示。利用测量的曲线的长度除以宝石的宽度和宝石之间的间距之和,就可以算出宝石的数

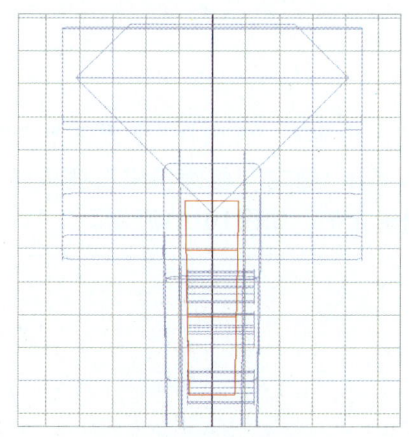

图10-46 将曲线连接成曲面

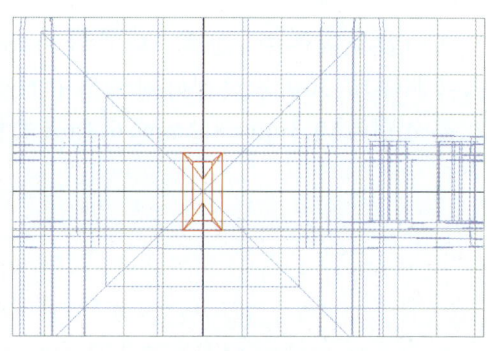

图10-47 创建T方宝石

量。如果是T方宝石,宝石之间的间距一般不超过0.1mm,有时甚至无距离;如果是圆石,相邻的宝石之间一般留有0.15mm的距离。算出宝石的数量后再对其进行直线复制,如图10-48所示。

(5)将宝石映射到第(4)步连接的曲面上,然后删除该曲线,再将宝石复制

到戒指圈的另一侧，如图10-49所示。

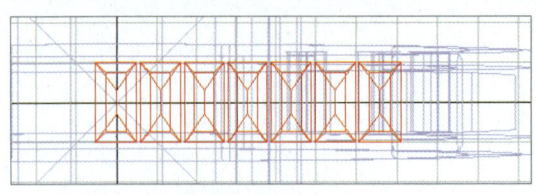

图10-48 复制、排列宝石

图10-49 映射、复制宝石

注意：除非是做效果图，否则槽镶的宝石不需要排列得很完美、很规整。因为槽镶的宝石是在镶嵌的时候配石，特别是T方宝石，其数量和大小更不可能先确定。因而，如果是做版，也可以不用映射，直接手工排几个宝石上去即可，这样更快。

10.2 槽镶水波边吊坠

10.2.1 创建宝石的镶口

（1）在上视图中，创建一颗直径为1mm的圆形宝石，再选择"多重变形"命令，按照图10-50所示设置好对话框中的参数，单击"确定"，将圆形宝石变成长、宽、高分别为10.3mm、8.2mm、6.3mm的椭圆形宝石，如图10-51所示。

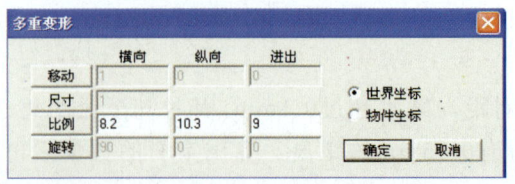

图10-50 "多重变形"参数设置对话框

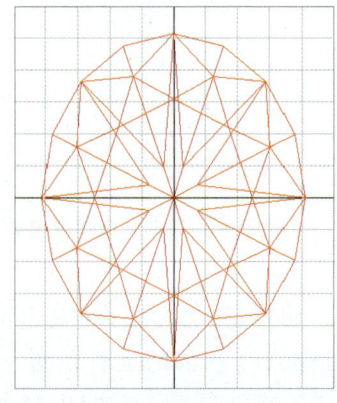

图10-51 创建椭圆形宝石

(2)创建直径为1mm,CV点为6的圆(图10-52),采用与上一步相同的多重变形方式,将圆变成一个与椭圆宝石等大的椭圆(图10-53),选择椭圆曲线,再选择"偏移曲线"命令,将椭圆曲线向内偏移0.6mm,如图10-54所示。

(3)绘制如图10-55所示的四边形曲线作为切面,选择"导轨曲面"命令,按

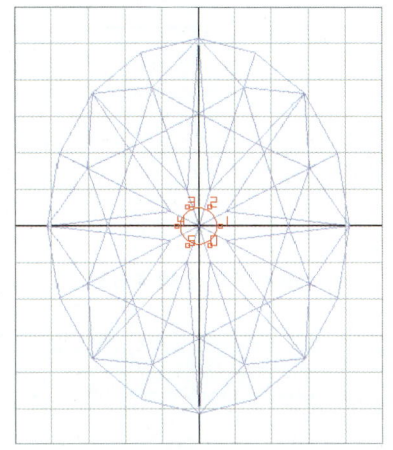

图10-52 创建直径为1mm的圆

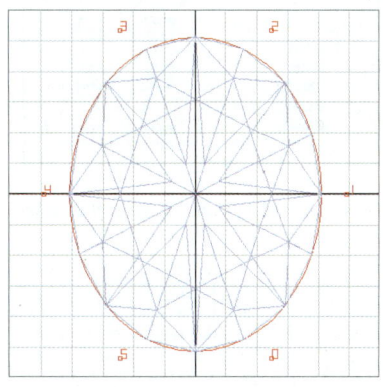

图10-53 将圆变换成椭圆

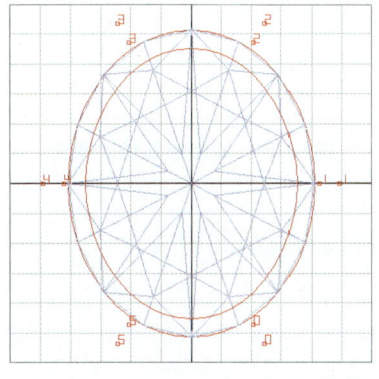

图10-54 将椭圆曲线向内偏移

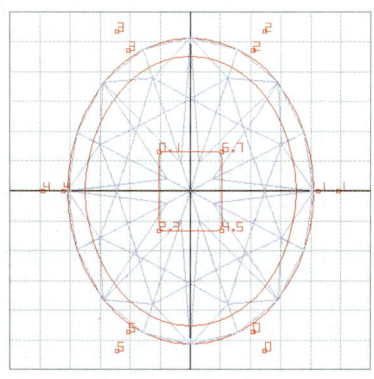

图10-55 绘制四边形切面

照图10-56所示设置好对话框中的参数,利用图中的两条导轨曲线作为双导轨,创建如图10-57所示的实体曲面。

(4)切换到正视图(图10-58),利用移动工具和尺寸工具,将曲面调整到如图10-59所示的位置及厚度。展示该曲面的CV点,选择下面一排的CV点,利用

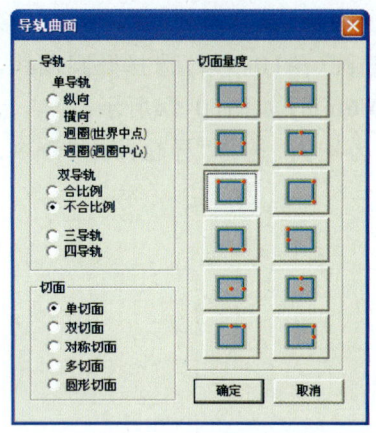

图10-56 "导轨曲面"参数设置对话框

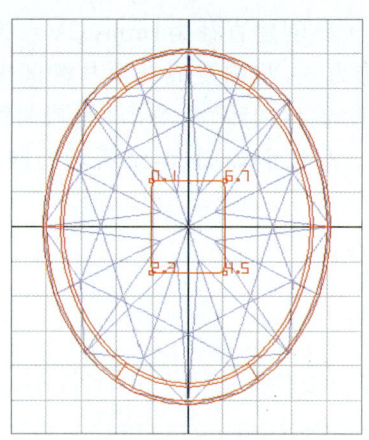

图10-57 创建宝石托

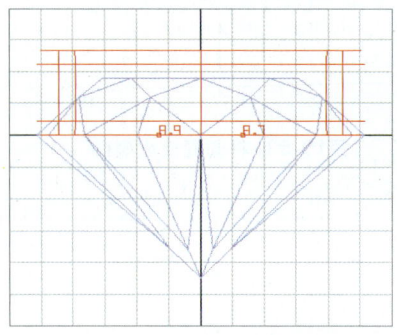

图10-58 宝石托正视图

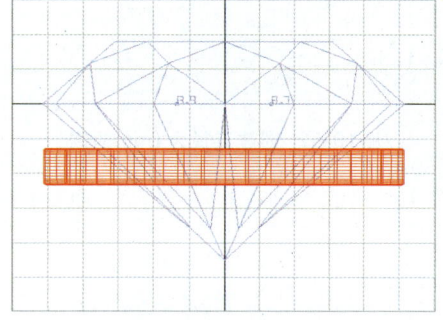

图10-59 调整宝石托的厚度

缩放工具将选择的CV点向内缩放,将下面收斜,如图10-60所示。

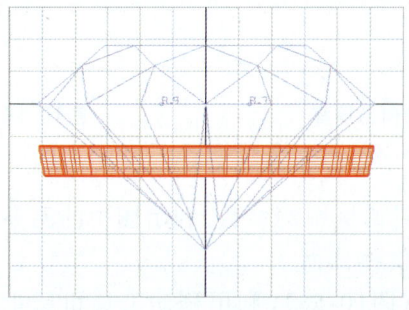

图10-60 将宝石托底端收斜

10.2.2 创建镶口的爪

（1）在正视图中，创建直径为1mm的圆作为辅助参考，再绘制爪的截面轮廓线（图10-61），利用"纵向环形对称曲面"命令将轮廓线旋转成曲面（图10-62）。

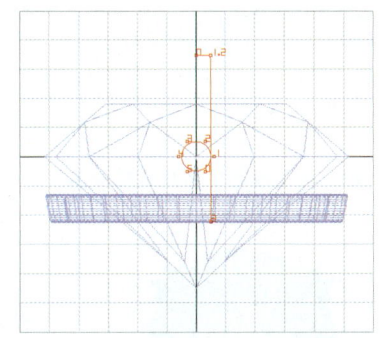
图10-61 创建圆并绘制爪的截面轮廓线

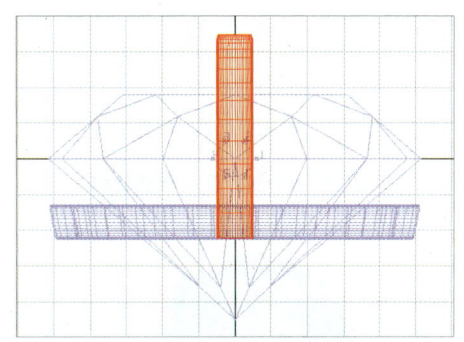
图10-62 将轮廓线旋转成曲面

（2）切换到右视图，将爪旋转倾斜，并移动到如图10-63所示的位置，再左右对称复制一个，如图10-64所示。

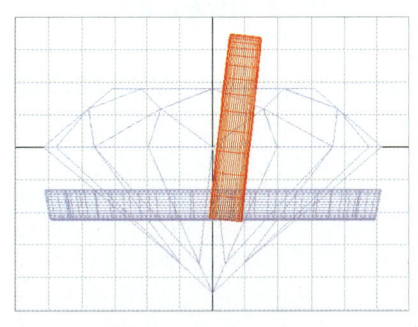
图10-63 将爪旋转、移动

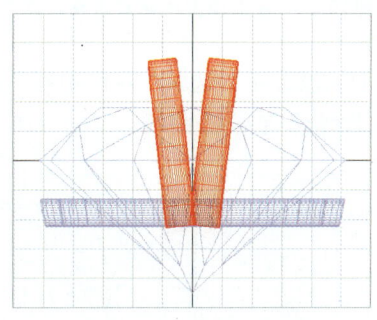
图10-64 将爪左右对称复制

（3）切换到上视图，将双爪移动、旋转到如图10-65所示的位置，再切换到正视图，将爪旋转倾斜，移动到如图10-66所示的位置。

（4）切换到上视图，将双爪旋转、移动到如图10-67所示的位置，再将爪复制4个，如图10-68所示。

（5）采用10.2.1第（2）步的方式，创建一个与椭圆宝石等大的椭圆曲线，如

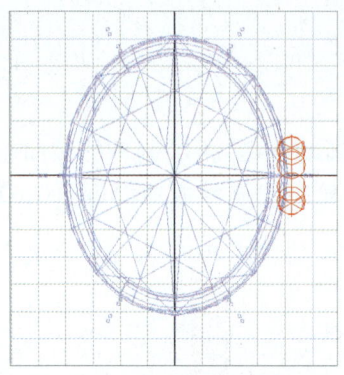
图10-65 在上视图中将双爪移动旋转

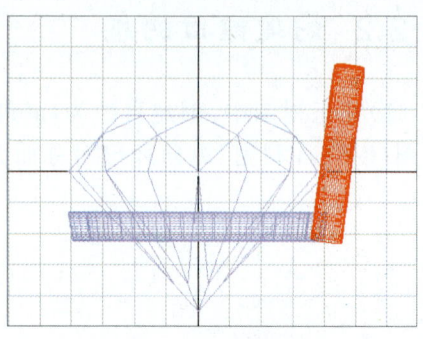
图10-66 在正视图中将爪旋转倾斜

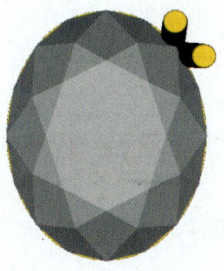
图10-67 在上视图中将双爪移动旋转

图10-68 对称复制双爪

图10-69所示。选择"偏移曲线"命令,将该曲线向外偏移1mm(图10-70),这两条曲线作为导轨曲线。

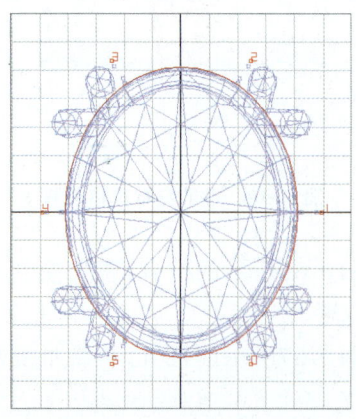
图10-69 创建与椭圆等大的曲线

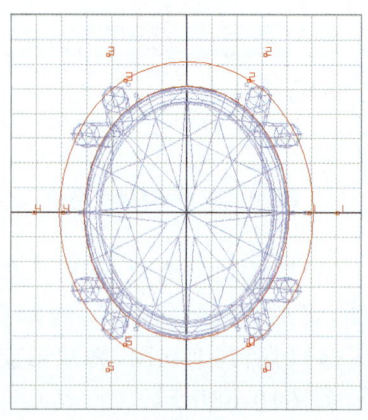
图10-70 将椭圆曲线向外偏移1mm

（6）绘制如图10-71所示的四边形曲线作为切面，选择"导轨曲面"命令，按照图10-72所示设置好对话框中的参数，利用图中的两条导轨和切面创建如图10-73所示的实体曲面，再删除或者隐藏切面曲线。

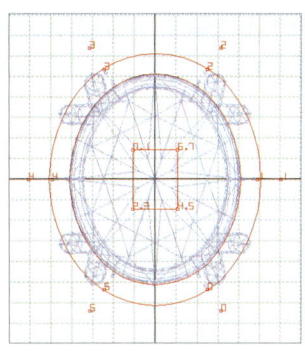

图10-71　绘制四边形切面曲线

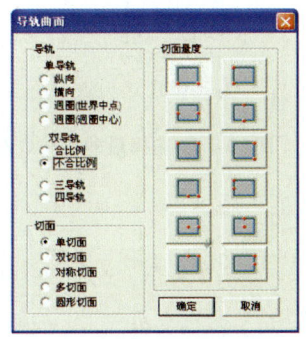

图10-72　"导轨曲面"参数设置对话框

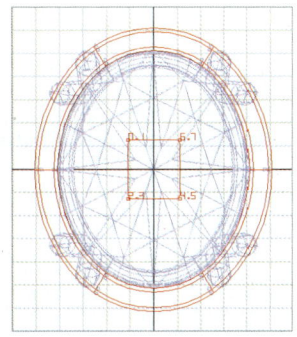

图10-73　创建实体曲面

（7）在正视图中，将刚才创建的实体曲面的厚度调整到2mm左右，并将其移动到如图10-74所示的位置，彩色图如图10-75所示。

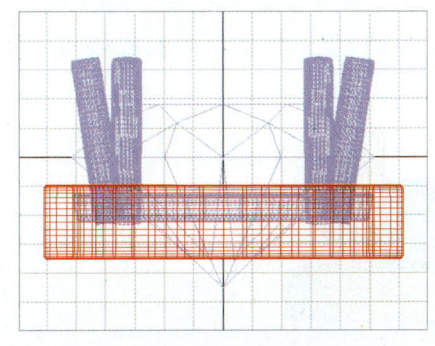

图10-74　调整实体曲面厚度并移动到指定位置

图10-75　曲面效果图

（8）在上视图中，展示该曲面的CV点（图10-76），并选择最外面的一圈CV点，如图10-77所示。切换到正视图（图10-78），这时会发现该曲面上下两排的CV点都被选中了，接着取消下面一排CV点的选择，只选择上面一排的CV点（图10-79）。

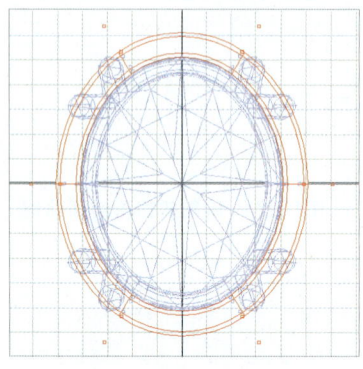

图10-76　展示曲面的CV点

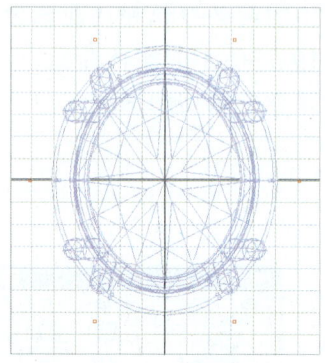

图10-77　选择最外圈的CV点

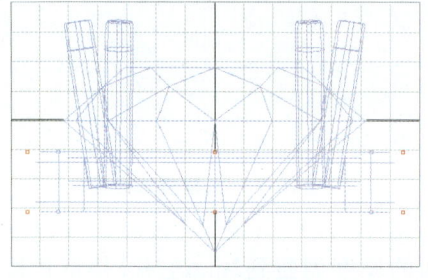

图10-78　选择的CV点

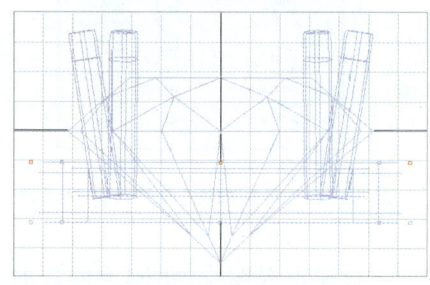

图10-79　取消下排CV点的选择

（9）在快彩图显示模式中，将CV点向上拉动，将该曲面上端做成如图10-80所示的斜面效果，做好后隐藏其CV点。

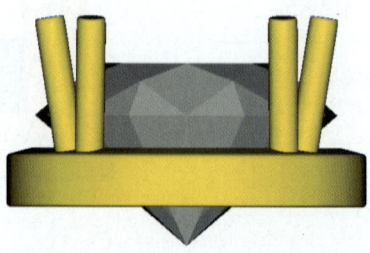

图10-80　上端的斜面效果

10.2.3 创建槽镶一侧的金属壁

（1）在上视图中，绘制如图10-81所示的曲线，再将其向外1mm处偏移一条（图10-82），图中的两条曲线作为导轨曲线，再绘制如图10-83所示的四边形曲线作为切面曲线，采用与10.2.1第（3）步相同的方法，创建实体曲面，如图10-84所示。

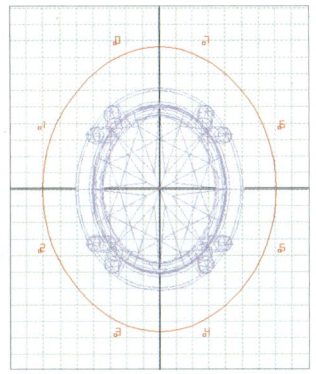

图10-81 绘制外形曲线

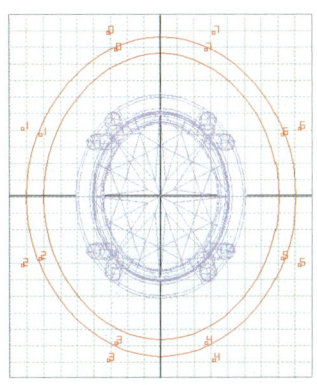

图10-82 将曲线向外偏移

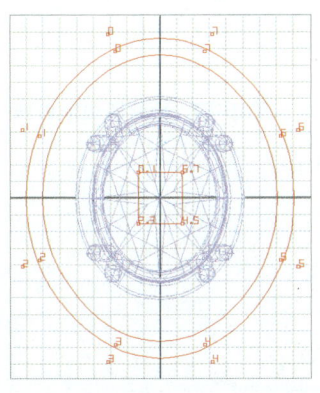

图10-83 绘制四边形切面曲线

图10-84 创建的曲面

（2）删除切面曲线，切换到正视图，如图10-85所示，将其高度适当调整，采用与10.2.1第（4）步相同的方法将其底端收斜，采用与10.2.2第（8）、第（9）步相同的方式将其上端做成斜面，最后的效果如图10-86所示，该曲面要比宝石下面的石碗稍低一点。

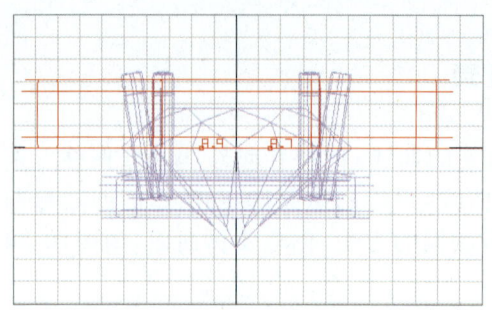

图10-85 夹壁正视图

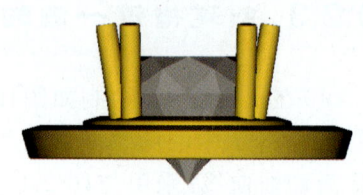

图10-86 夹壁最终效果图

10.2.4 创建槽镶的底档

底档的作用是连接槽两边的金属壁,使之有足够的应力夹住宝石。

(1)在正视图中绘制如图10-87所示的四边形,大小约为0.8mm×0.8mm。在上视图中,选择"直线延伸曲面"命令,拖动鼠标(图10-88),将其延伸成柱状曲面,如图10-89所示。

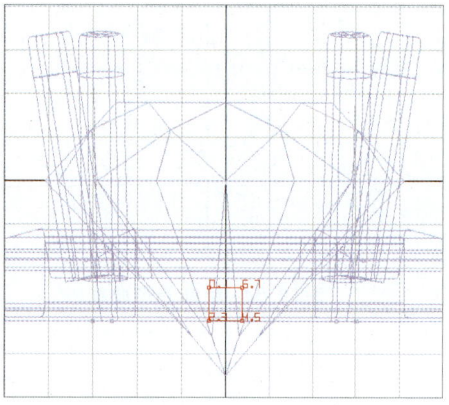

图10-87 绘制四边形曲线

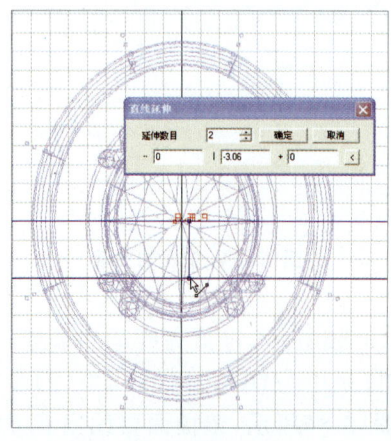

图10-88 "直线延伸曲面"命令

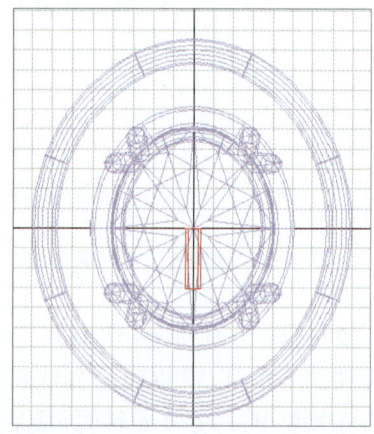

图10-89 将曲线延伸成柱状曲面

(2)将底档移动到如图10-90所示的位置,并将该底档进行复制、旋转、移动,排列成如图10-91所示的形状,必要时,可以对底档的长度进行变化。将底档进行对称复制,并将所有的底档结合在一起,如图10-92所示。

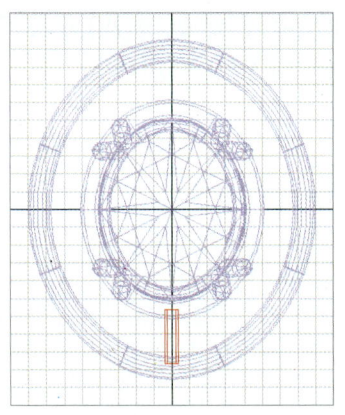

图10-90 移动底档

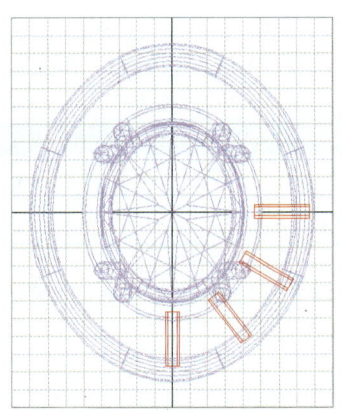

图10-91 复制、旋转、移动底档

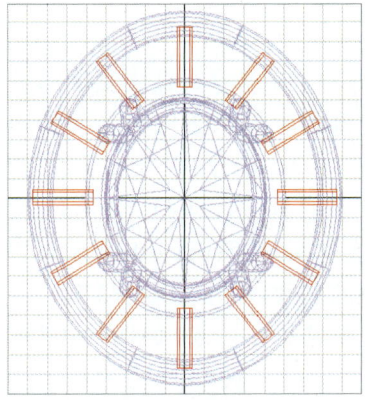

图10-92 将底档进行对称复制并结合

10.2.5 映射宝石

(1)在槽的中间绘制如图10-93所示的曲线,切换到正视图,将曲线移动到如图10-94所示的位置。利用"曲线长度"命令测量该曲线的长度,并记住该数值,在本例中曲线的长度为41.1mm。

(2)在上视图中,选择【杂项】菜

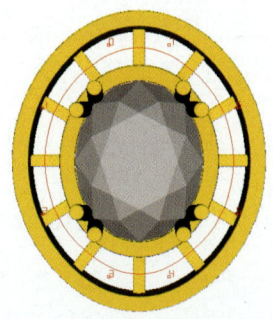

图10-93 在槽中间绘制映射曲线

单下的"宝石"命令,选择T方宝石,在默认状态下,系统创建的是长2mm、宽1mm的宝石,如图10-95所示。

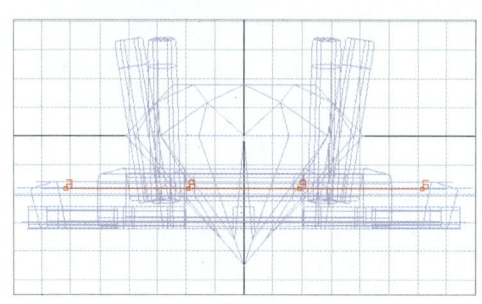

图10-94 投影曲线正视图

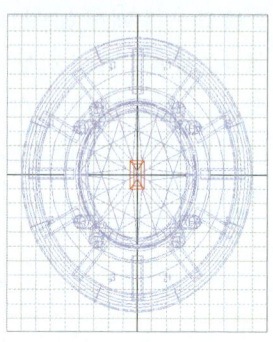

图10-95 创建方形宝石

(3)将T方宝石直线复制出若干个。做槽镶的时候,T方宝石之间的距离一般留0.1~0.2mm,用曲线的长度除以1.1即为宝石的数量,即41.1÷1.1=37。选择"直线复制"按照图10-96所示设置好对话框中的参数,将宝石复制37个,并将复制的宝石结合在一起,如图10-97所示。

图10-96 "直线延伸"参数设置对话框

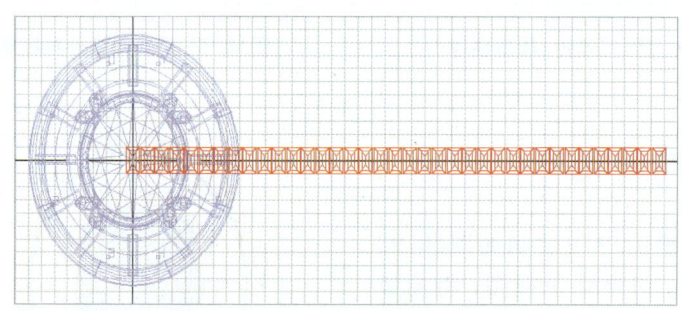

图10-97 复制宝石并将宝石结合

(4)将宝石映射到曲线上,如图10-98所示。宝石的台面应该和金面一样高,如果不是一样高,可以调整曲线的位置,或者宝石腰部离轴线的位置。

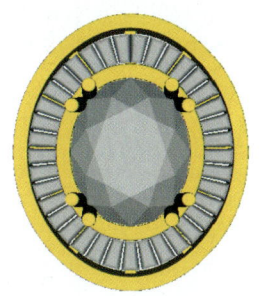

图10-98 映射后的宝石

10.2.6 创建水波边

（1）隐藏所有对象，创建直径为1.5mm的宝石，沿着宝石周围绘制如图10-99所示的曲线。选中该曲线，选择"直线延伸曲面"命令，按照图10-100所示设置好对话框中的参数，将其延伸成一个实体作为宝石的石碗，在正视图中，将该实体移动到如图10-101所示的位置。

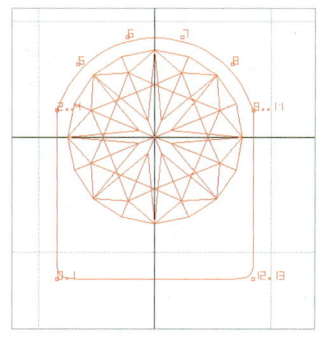

图10-99 创建宝石并在周围绘制曲线

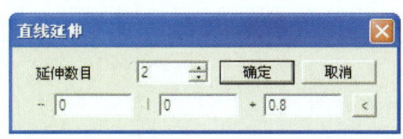

图10-100 "直线延伸曲面"参数设置对话框

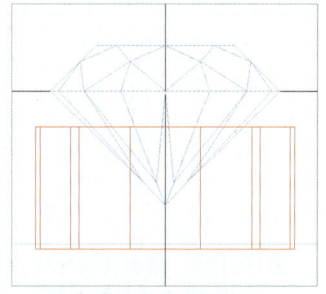

图10-101 移动实体位置

（2）创建打孔物体。绘制如图10-102所示的曲线，利用"纵向环形对称曲面"命令将其旋转成曲面，如图10-103所示。再用该打孔物体减去石碗，效果如图10-104所示。

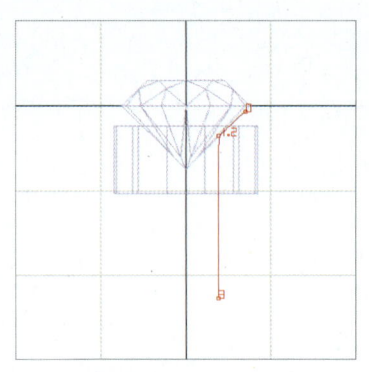

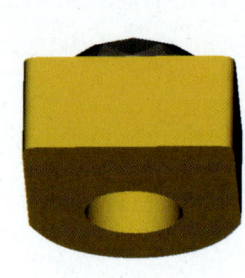

图10-102 绘制曲线　　　　图10-103 将曲线旋转成曲面　　　　图10-104 打孔物体减去石碗效果

（3）在上视图中绘制如图10-105所示的两条导轨曲线和四边形切面曲线，利用两条导轨和切面创建如图10-106所示的实体曲面。注意：创建的曲面要和上一步创建的石碗左右对齐。

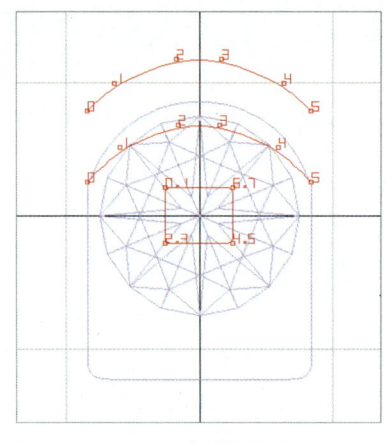
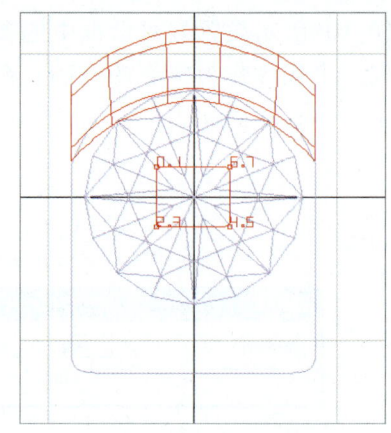

图10-105 绘制两条导轨曲线和四边形切面曲线　　　　图10-106 创建实体曲面

（4）切换到右视图，将该曲面移动到与石头台面平行的位置，如图10-107所示。展示该曲面的CV点，并选择最下面一排的CV点。拖动CV点将曲面变成如图10-108所示的形状，其高度约为3.5mm，隐藏其CV点，将视图中的对象结合在一起。

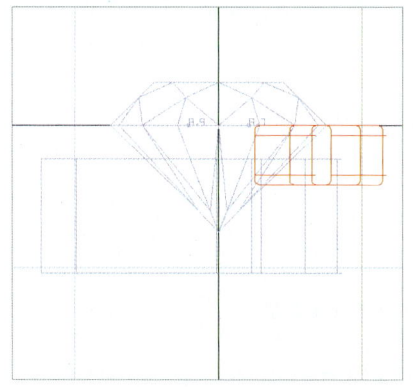
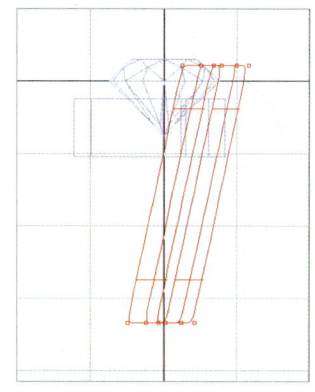

图10-107 将曲面移动到与石头
台面平行的位置

图10-108 拖动底端的CV点
使之变斜

（5）显示隐藏的对象，在上视图沿着外边缘绘制如图10-109所示的曲线，将该曲线向外偏移0.9mm（图10-110），再删除原来的曲线，偏移出来的曲线作为映射曲线。测量该曲线的长度并记下该数值，本例中曲线的长度为60.17mm。

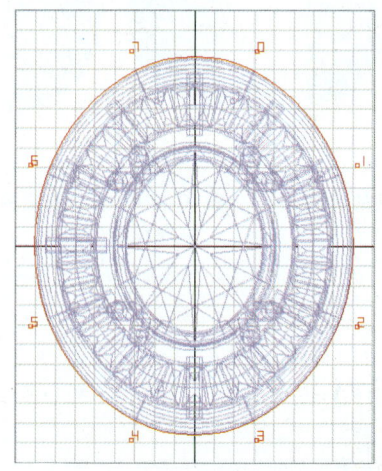
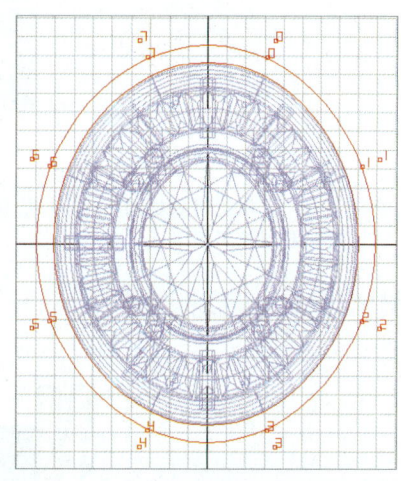

图10-109 沿曲面外缘绘制曲线

图10-110 将曲线向外偏移0.9mm

（6）选择图10-108中的3个对象作为映射物体，在上视图中测量其宽度，本例中其宽度为1.75mm，60.17÷1.75=34，此即为映射物体的个数。将映射物体以1.75mm的间距直线复制34个，如图10-111所示。

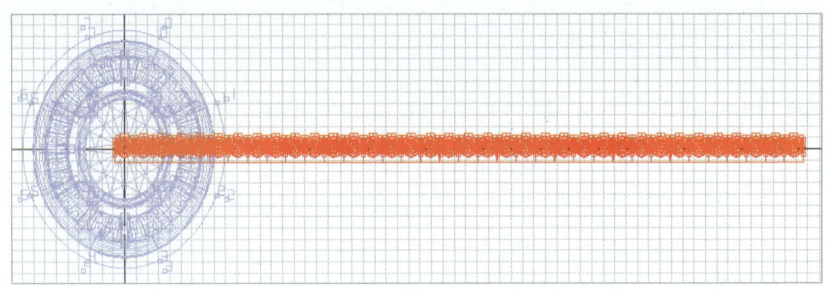

图10-111 将映射物体直线复制

（7）将复制的映射对象结合在一起并映射到映射曲线上，如图10-112所示。映射后，在首尾相接的地方会出现缝隙（图10-113），这时只需将缝隙的两侧的CV点适当拖动，使之闭合（图10-114）。在右视图中，将映射上去的对象向下移

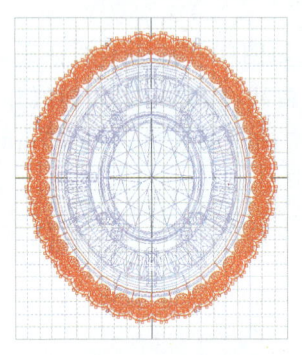

图10-112 将映射对象结合
并映射到映射线上

图10-113 首尾处的缝隙

图10-114 拖动首尾的
CV点使之闭合

动到图10-115所示的位置。

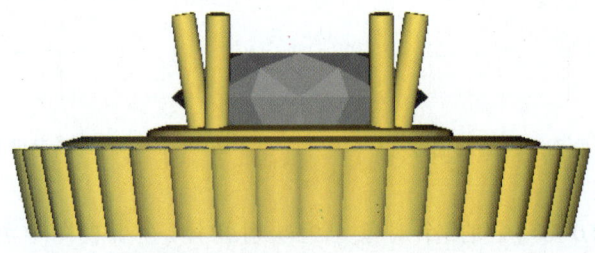

图10-115 水波边的侧面效果

(8)在正视图中,创建直径为0.6mm的钉,钉位于横轴上面的一段的高度要比宝石的冠部高0.2mm左右,如图10-116所示。

(9)在上视图中,利用"剪切"命令,在每两颗宝石之间放一颗钉(图10-117),先排1/4的钉,再利用"复制"功能将钉进行复制,最终的效果如图10-118所示。

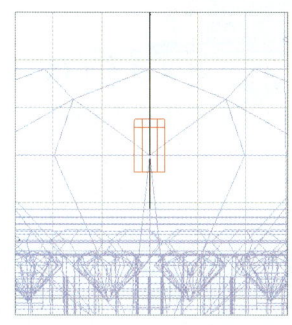  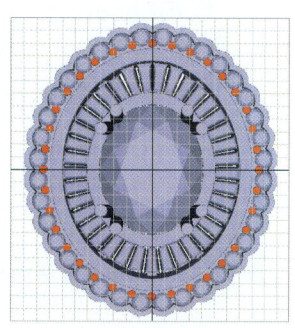

图10-116 创建直径为0.6mm的钉　　图10-117 每两颗宝石间放一颗钉　　图10-118 复制钉的效果

10.2.7 开夹层

(1)创建开夹层物体。切换到右视图,绘制如图10-119所示的曲线。在上

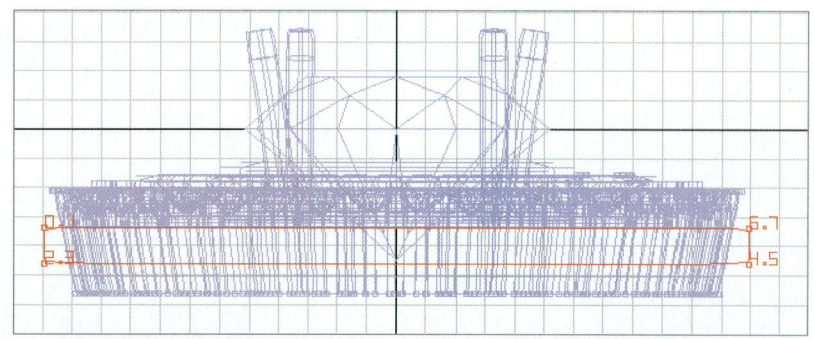

图10-119 右视图中绘制开夹层曲线

视图中利用"直线延伸曲面"命令，拖动鼠标将其延伸成曲面，如图10-120所示。这时如果用延伸出来的曲面减去水波边去开夹层，会出现如图10-121所示的状况，夹层被分成了单独的两部分，因而不能直接用该曲面去开夹层。

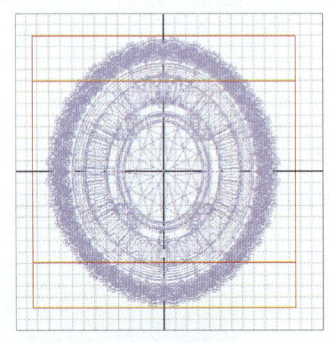

图10-120 将曲线延伸成曲面

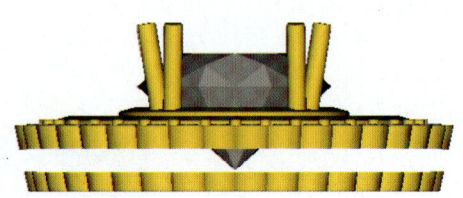

图10-121 分离的夹层

（2）在右视图中绘制如图10-122所示的四边形曲线，其高度应该比上一步所创建的曲面的高度高一点，在上视图中采用与上一步相同的方式将其延伸成曲面（图10-123），将延伸后的曲面移动到如图10-124所示的位置。

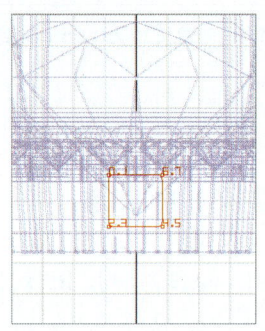

图10-122 绘制四边形曲线

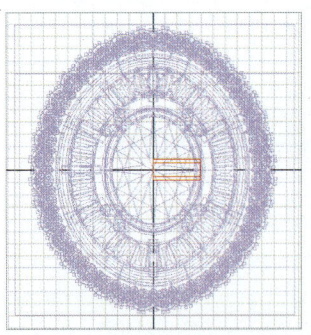

图10-123 将曲线延伸成曲面

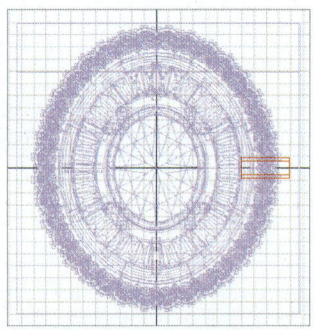

图10-124 移动延伸后的曲面

(3)在上视图中,将上一步创建的对象进行复制、移动、排列12个,并将其结合在一起,如图10-125所示。

(4)用上一步创建的12个对象减去10.2.7第(1)步创建的对象,再用10.2.7第(1)步创建的对象减去水波边开夹层,效果如图10-126所示。

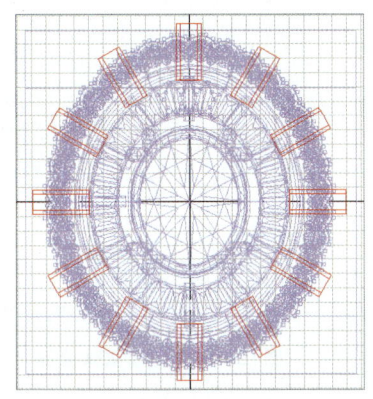

图10-125 将曲面复制、移动、排列结合

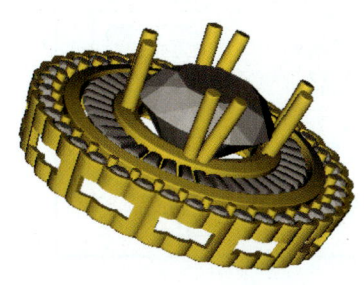

图10-126 开夹层效果

10.2.8 创建封片

(1)切换到底视图,绘制如图10-127所示的两条椭圆曲线,这两条曲线作为导轨曲线(图10-128),再绘制大小为1mm×1mm的四边形作为切面曲线,选择

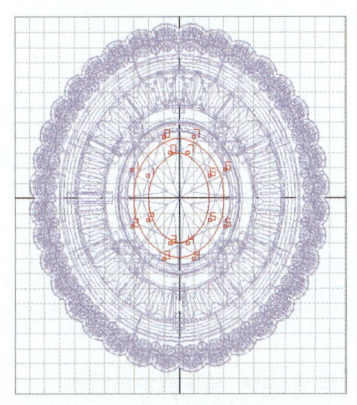

图10-127 绘制两条椭圆曲线

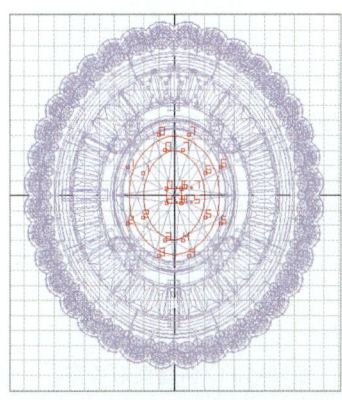

图10-128 绘制四边形切面曲线

"导轨曲面"命令，按照图10-129所示设置好对话框中的参数，利用两条导轨和切面曲线创建如图10-130所示的实体曲面。

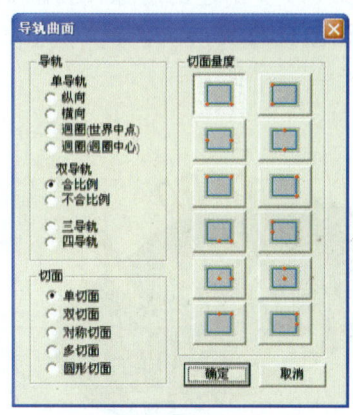

图10-129 "导轨曲面"参数设置对话框

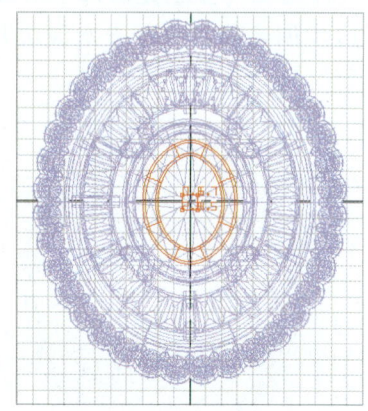

图10-130 创建实体曲面

（2）采用与上一步相同的方式创建如图10-131所示的梨形曲面。

（3）绘制如图10-132所示的四边形曲线，选择"直线延伸曲面"命令，按照图

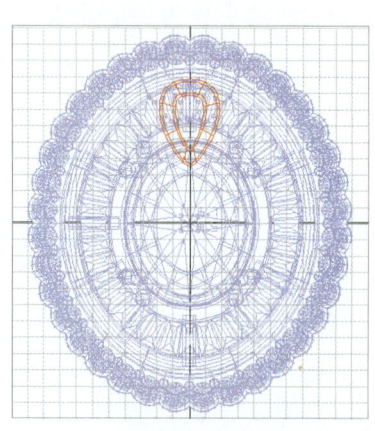

图10-131 创建梨形曲面

图10-132 绘制四边形曲线

10-133所示设置好对话框中的参数,将四边形曲面延伸成方块曲面(图10-134),并将其与梨形曲面结合在一起,再将其复制4个(图10-135)。将左右两侧对象的位置、长度适当调整,如图10-136所示。

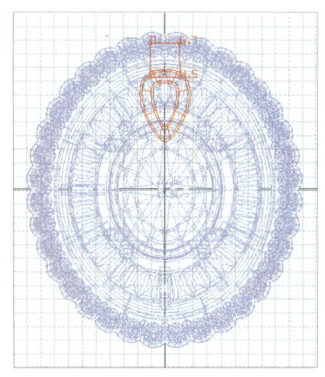

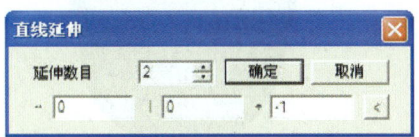

图10-133 "直线延伸曲面"参数设置对话框

图10-134 将四边形曲面延伸成方块曲面

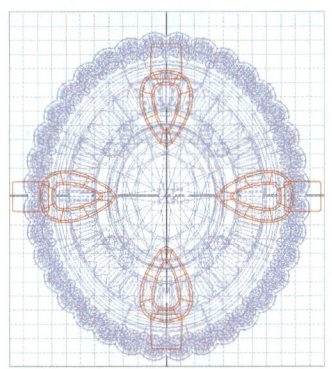

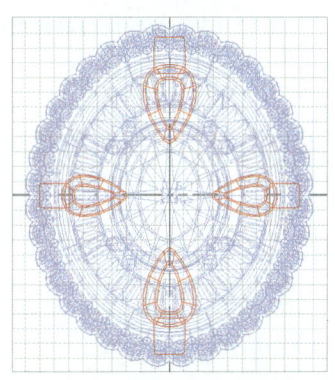

图10-135 将方块曲面与梨形曲面结合并复制

图10-136 调整位置、长度

(4)将上一步中的封片对象结合在一起,更改其材质,并移动到吊坠的底部,如图10-137所示。

10.2.9 创建副石镶口

(1)隐藏所有的对象,在正视图中

图10-137 封片效果图

创建直径为2mm的圆形宝石，再绘制如图10-138所示的四边形曲线，利用"纵向环形对称曲面"命令将其旋转成包镶的镶口，如图10-139所示。

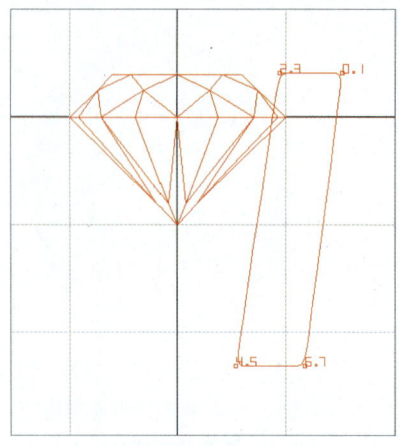

图10-138 绘制镶口的轮廓线　　　　　图10-139 将曲线旋转成包镶的镶口

（2）在右视图中绘制如图10-140所示的曲线，切换到上视图，如图10-141所示。

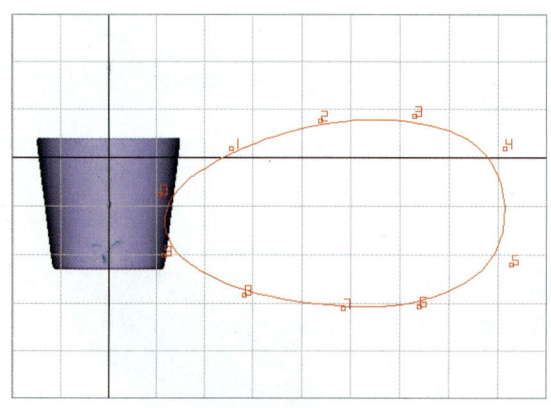
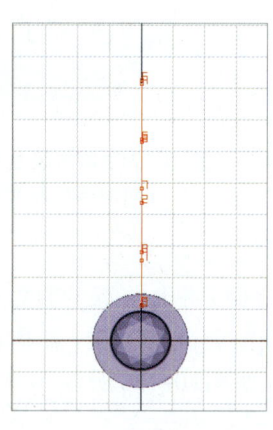

图10-140 绘制瓜子扣轮廓线　　　　　图10-141 切换到上视图

(3)绘制如图10-142所示的曲线作为投影曲线,选择"投影"命令,按照图10-143所示的对话框设置好投影参数,将上一步绘制的曲线投影到投影线上,如图10-144所示。删除投影线,将曲线左右对称复制,如图10-145所示,这两条曲线作为导轨。

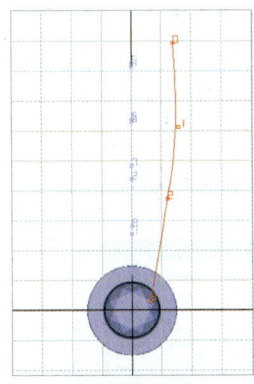

图10-142 绘制投影线

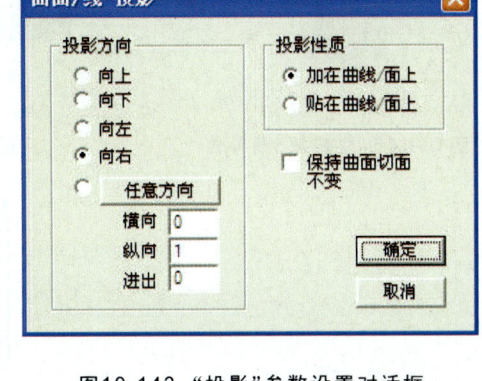

图10-143 "投影"参数设置对话框

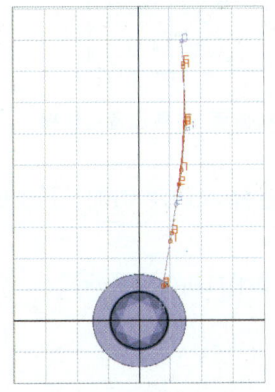

图10-144 投影曲线

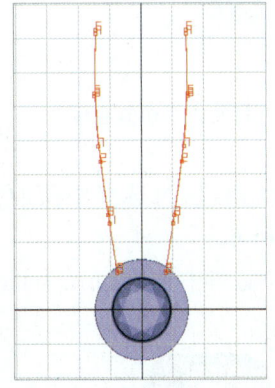

图10-145 删除投影线并将曲线左右对称复制

(4)选择"中间曲线"命令,在图10-145所示的两条曲线中间生成一条曲线,再选择"封口曲线"命令将曲线封闭,如图10-146所示,这条曲线作为第3条导轨。

(5)选择中间的导轨曲线,在右视图中将其调整到如图10-147所示的形态。

(6)在上视图中,绘制一四边形曲线作为切面曲线(图10-148),选择"导轨曲面"命令,按照图10-149所示设置好对话框中的参数,单击"确定",先选择左

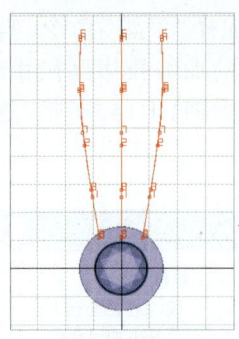
图10-146 生成第3条导轨

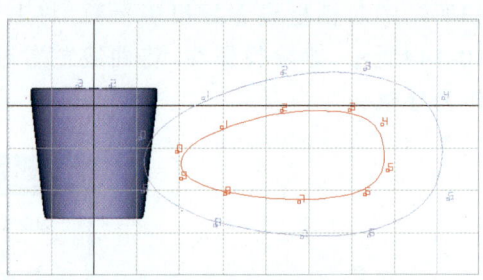
图10-147 调整中间曲线形态

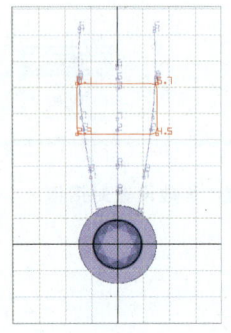
图10-148 绘制四边形切面曲线

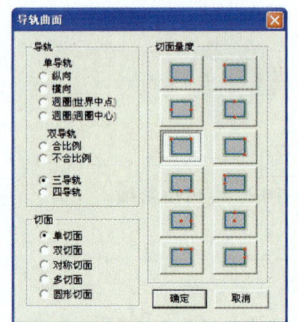
图10-149 "导轨曲面"参数设置对话框

右两侧的导轨曲线,再选择中间的导轨曲线,最后选择四边形切面,生成的曲面如图10-150所示。

(7)在正视图中创建直径为1mm的圆形宝石,如图10-151所示。

图10-150 创建的瓜子扣

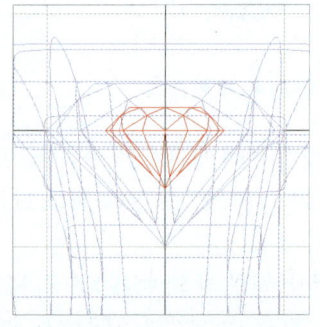
图10-151 在正视图中创建圆形宝石

(8)在正视图中创建一个圆柱体作为打孔物体,如图10-152所示。

(9)将宝石和打孔物体选中,选择"剪切"命令,将其排列到对象上(图10-153),绘制一条辅助线在中间可以帮助定位。排好一个宝石后,按下shift键的同时拖动鼠标左键可以对宝石的大小进行缩放。

(10)利用打孔物体减去瓜子扣,为宝石打孔,如图10-154所示。

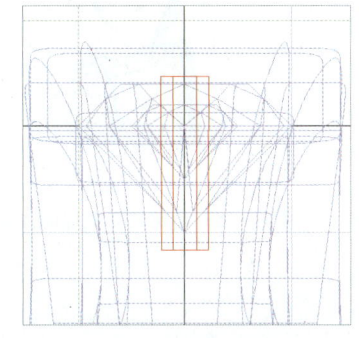  

图10-152 创建打孔物体　　图10-153 将宝石和打孔物体排列到对象上　　图10-154 为宝石打孔

(11)在右视图中绘制如图10-155所示的曲线,在上视图中利用"直线延伸曲面"命令将其延伸成曲面,如图10-156所示。显示其CV点,选择左边的CV点

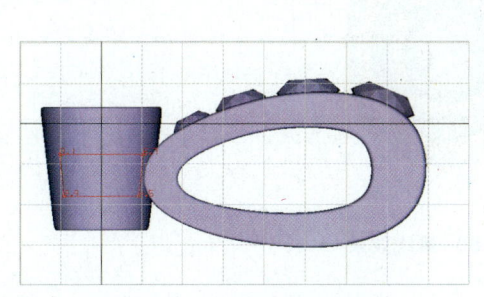 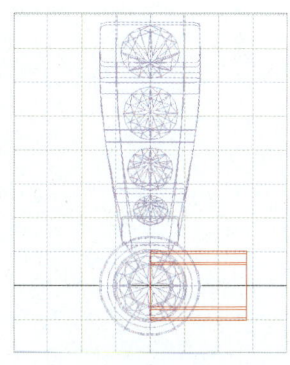

图10-155 绘制开夹层曲线　　图10-156 将夹层曲线延伸成曲面

进行右键缩放,将其调整为如图10-157所示的形态,再左右对称复制一个,如图10-158所示。用两个物体减去包镶的镶口,为镶口开夹层,效果如图10-159所示。

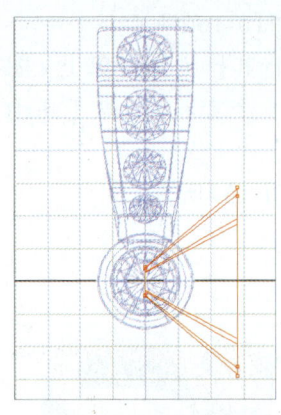 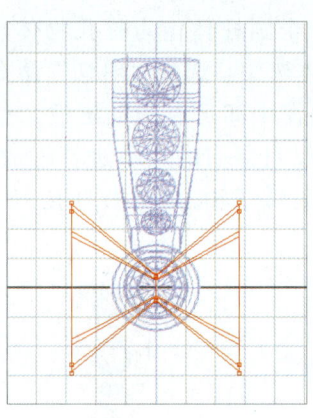 

图10-157　选择CV点将曲面调整成梯形　　　图10-158　左右对称复制　　　图10-159　为镶口开夹层的效果

（12）显示所有对象，最终效果如图10-160所示。实际起版的时候，坠子、主体部件、封片是要分开做的，最后在执模的过程中将分离的部件焊接组合起来。

图10-160　最终效果

第11章 浮爪镶

浮爪镶是一种新的镶法，在起版的时候，直接在金属上分出一些爪来。浮爪一般应用于小粒钻石的镶嵌，相对传统的群镶而言更为牢固，更突显宝石，最常见的浮爪款如图11-1所示。

图11-2是浮爪镶的上视图，宝石相互之间的距离为0.2mm，宝石底部要打孔，1.3mm以上的宝石打通孔；如果是做货，宝石距离金边0.1mm，如果是做版，因为要执版，所以距离要大一些，宝石距离金边0.2mm；爪的大小为0.55mm左右，根据宝石的大小可在0.45~0.6mm范围内变化。

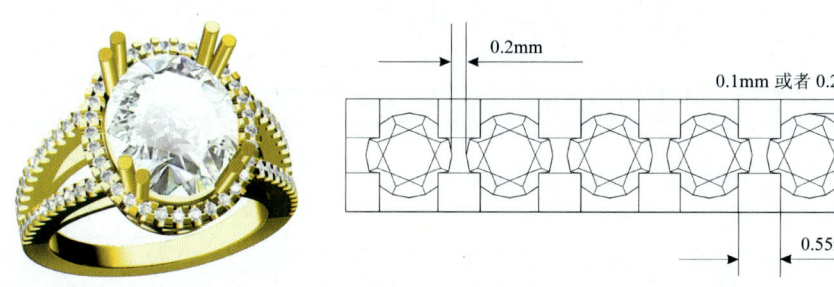

图11-1 常见的浮爪款　　　　图11-2 浮爪镶上视图

图11-3是浮爪镶的正视图，U位的深度一般在0.8~1mm之间。

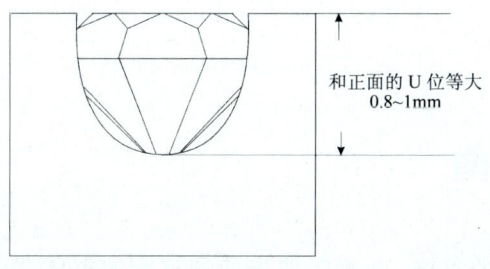

图11-3 浮爪镶正视图

图11-4是浮爪镶的侧视图，U位的深度和正视图中U位的深度相同。

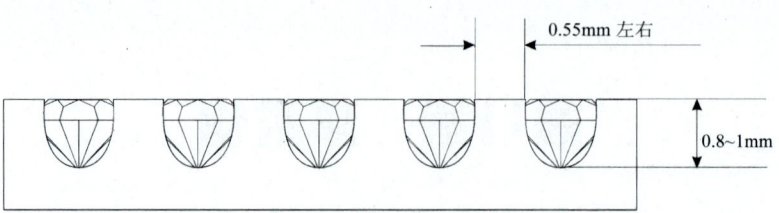

图11-4 浮爪镶侧视图

以上是最常见的浮爪镶的做法，除此之外，浮爪镶正面的U位还可以变成其他的形态，爪可以变成一爪管一石，侧面的U位也可变成方形，如图11-5所示为上视图，图11-6所示为正视图，图11-7所示为侧视图。

图11-5 一爪管一石上视图

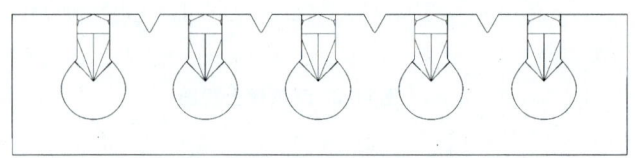 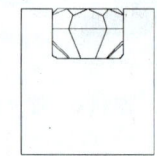

图11-6 一爪管一石正视图　　图11-7 一爪管一石侧视图

11.1 绘制草图

对于造型复杂的首饰，一般需要先绘制首饰的整体草图，确定首饰各个部分之间的大小比例，使整体协调，这样制出的三维图形才具备强烈的美感。

在着手绘图之前,首先要了解首饰的相关信息,例如戒指圈口的大小、主石的大小、副石的大小和数量,有的客户还会对金重提出要求,只有明确了这些信息,才能做到心中有数,在绘图时才能确定相关爪的大小、边的厚度等尺寸。

(1)在正视图中,创建直径为17mm、21mm的两个圆,如图11-8所示。

(2)在上视图中创建宽10.3mm、长12.4mm、高7.5mm的宝石,如图11-9所示。

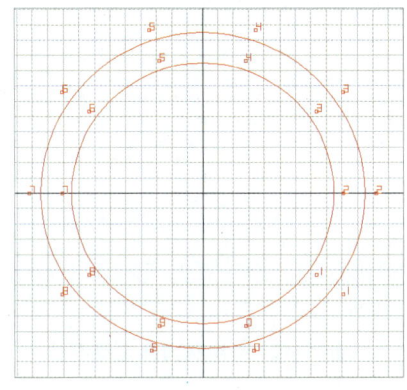

图11-8 创建两个圆

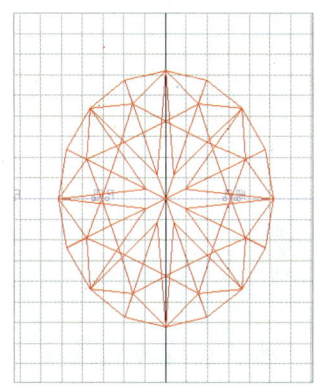

图11-9 创建椭圆宝石

(3)在正视图中,将宝石上移,如图11-10所示,底尖距离内圈的圆1~2mm。

(4)绘制宝石镶口的外形,如图11-11所示。

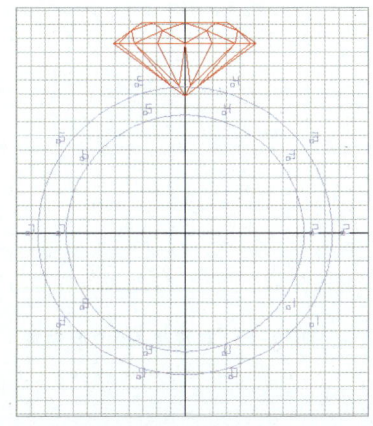

图11-10 将宝石上移

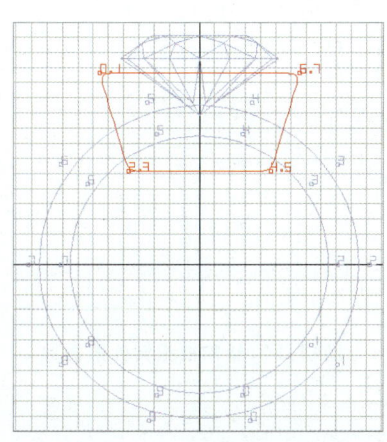

图11-11 绘制镶口外形

（5）将外圈的圆调整到如图11-12所示的形态，曲线上的CV点的个数可以暂时不用考虑，因为现在绘制草图，只要能够绘制出外形即可。

（6）切换到上视图，绘制如图11-13所示的椭圆，用来界定镶石的位置。

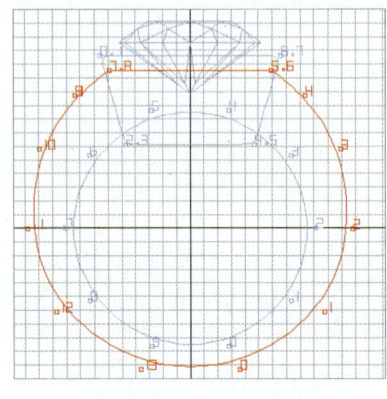

图11-12　调整外圈形态

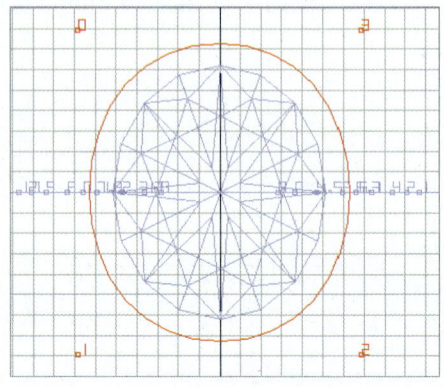

图11-13　绘制椭圆界定镶石位

（7）绘制如图11-14所示的曲线，用来界定戒指臂的位置，然后将其复制4个，如图11-15所示。

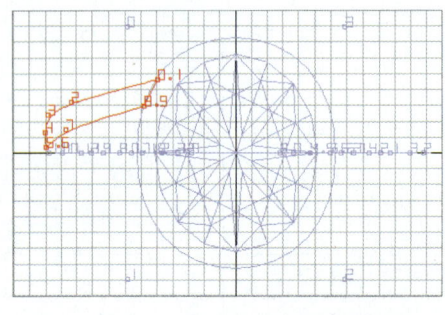

图11-14　绘制戒指臂外形曲线

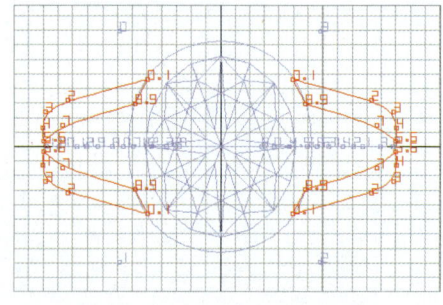

图11-15　对称复制4个戒指臂

（8）切换到右视图，采用类似的方式，绘制戒指臂和镶口侧面的形状，如图11-16所示。

(9)草图绘制完毕后,隐藏所有曲线的CV点,如图11-17所示。

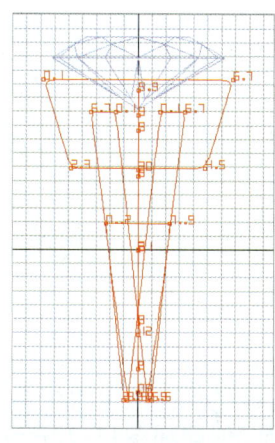

图11-16 绘制戒指臂和镶口侧面的形状

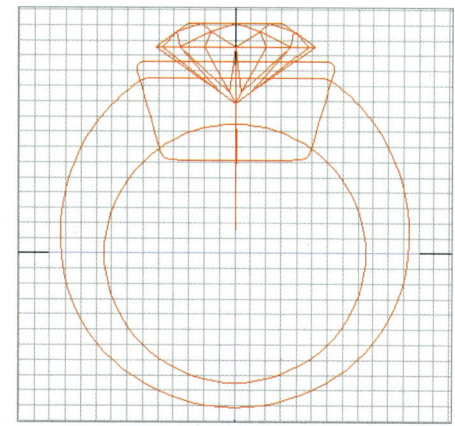

图11-17 草图效果

11.2 创建主石镶口

(1)删除视图中的宝石,在坐标中心创建一个等大的宝石,如图11-18所示。
(2)在上视图中创建一个与椭圆等大、CV点数为8的圆,再将其向内偏移1mm(图11-19),再绘制如图11-20所示的四边形作为切面曲线。

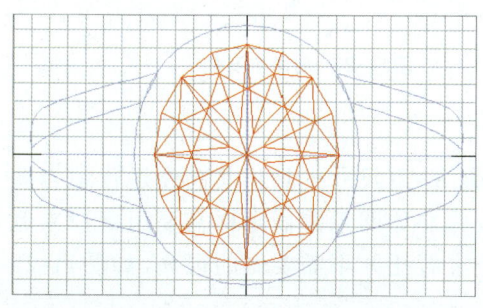

图11-18 在坐标中心创建宝石

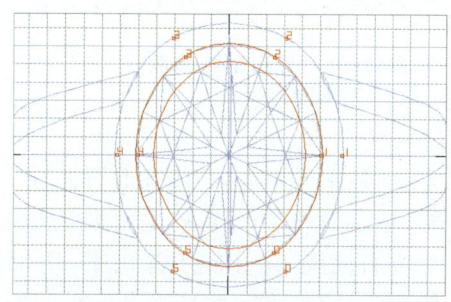

图11-19 为镶口创建两条导轨曲线

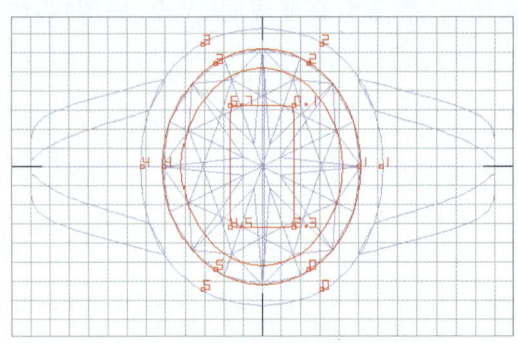

图11-20 绘制四边形切面曲线

（3）选择"导轨曲面"命令，按照图11-21所示设置好对话框中的参数，用图11-20中的两条椭圆曲线作为导轨、四边形作为切面，创建如图11-22所示的宝石托，该宝石托用来托住椭圆形宝石。

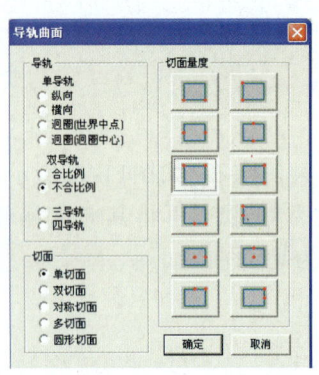

图11-21 "导轨曲面"参数设置对话框

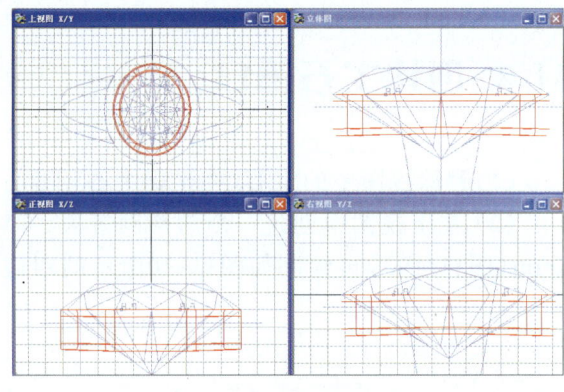

图11-22 创建宝石托

（4）利用移动工具将宝石托往下移动，并用尺寸工具将其高度进行适当调整，因为这个宝石托只是用来托住宝石，并非如四爪镶嵌那样需要用镶口来遮住宝石底尖，防止底尖露出来，所以这个宝石托并不需要做的很高，如图11-23所示。

（5）在正视图中，通过缩放CV点的方式，将宝石托的底端收斜，如图11-24所示。

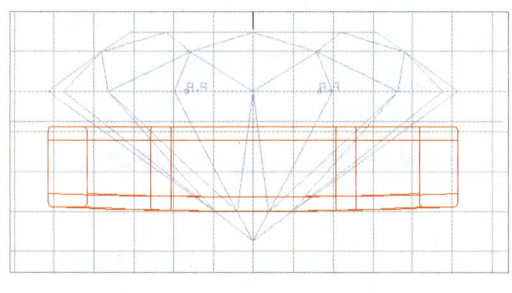

图11-23 调整宝石托的高度　　　　图11-24 将宝石托底端收斜

（6）切换到正视图,创建一个直径为1mm的爪,如图11-25所示。可参考前面章节的相关做法,这里不再赘述。

（7）将爪旋转、移动到如图11-26所示的位置,然后将其左右对称复制变成双爪(图11-27)。

（8）在上视图中,将双爪移动如图11-28所示的位置。

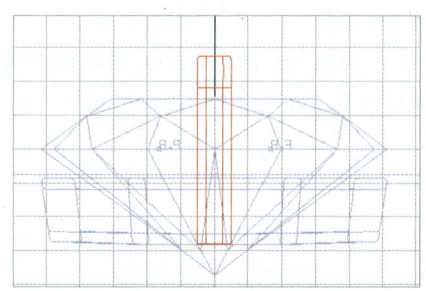
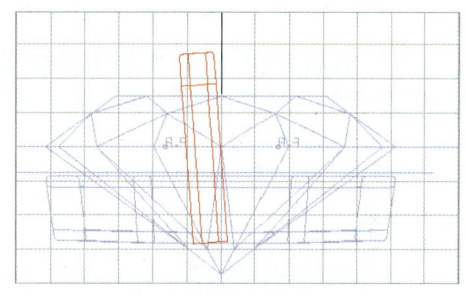

图11-25 创建爪　　　　　　　　　图11-26 将爪旋转移动

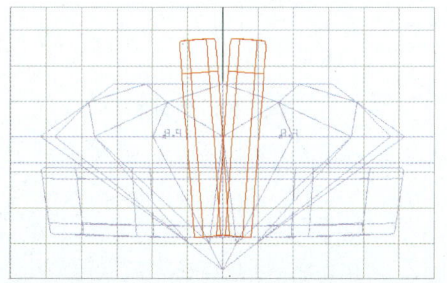
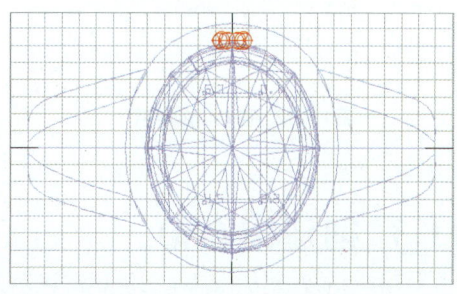

图11-27 将爪左右对称复制　　　　图11-28 在上视图中移动爪

（9）在右视图中，将爪旋转倾斜，并移动到如图11-29所示的位置。

（10）双爪经过旋转后，底端变得倾斜，因而需要将底端调整水平。先绘制一条如图11-30所示的水平直线，然后将宝石托底端和爪底端的CV点选中后投影到这条水平线上，如图11-31所示。

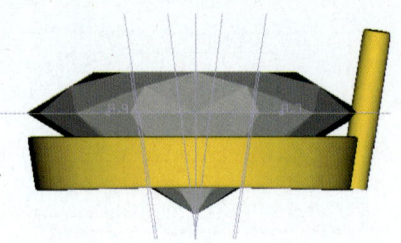

图11-29　在右视图中将爪旋转倾斜移动

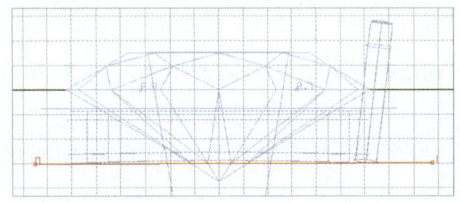

图11-30　绘制水平直线

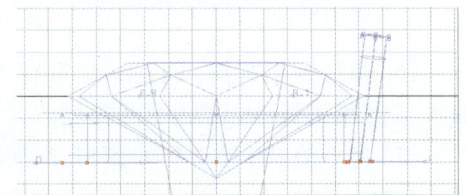

图11-31　将宝石托和爪底端CV点投影到水平线上

（11）隐藏所有CV点，删除水平投影线，在上视图中，将爪旋转、移动到如图11-32所示的位置，然后将其复制4个，如图11-33所示，将爪和宝石托结合在一起。

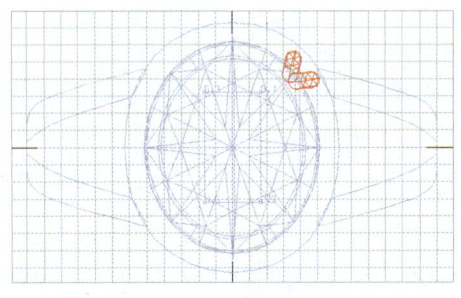

图11-32　移动、旋转爪

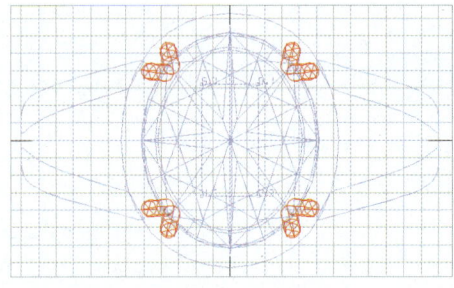

图11-33　复制爪

11.3　创建镶石位

（1）选择【曲线】菜单下的"还原已消除曲线"命令，恢复消失的曲线，保留与主石等大的椭圆曲线，将其向外偏移1.6mm，如图11-34所示。

注：本例中浮爪镶采用的宝石大小为1.2mm，宝石距离边缘0.2mm，故镶石位的宽度应为1.2+0.2×2=1.6mm。如果是做货，宝石离边缘只需留0.1mm即可。

（2）利用图中的两条椭圆导轨曲线和四边形切面曲线，创建如图11-35所示的曲面，该曲面用来作为副石的镶石位。

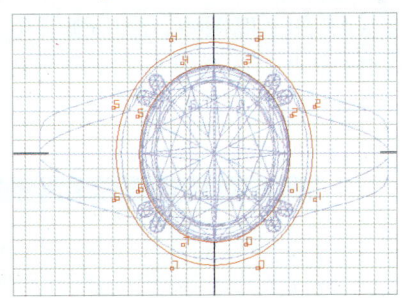

图11-34 恢复消失的椭圆曲线并向外偏移

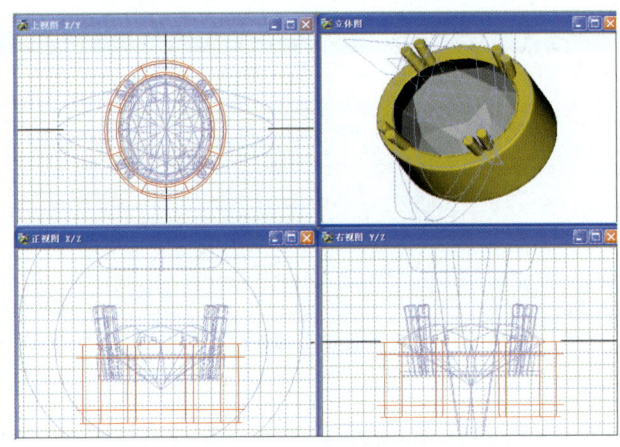

图11-35 创建镶石位

（3）调整镶石位和主石镶口的位置，将镶石位曲面移动到比主石的宝石托稍高的位置，如图11-36所示（红色表示里面主石的宝石托，蓝色表示外面副石的镶石位）。

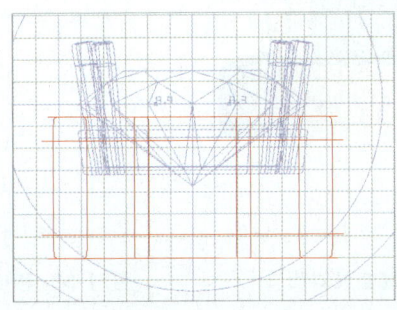

图11-36 将镶石位曲面移至比主石宝石托稍高的位置

（4）在三视图中，选中镶石位上端外侧的所有CV点（图11-37），在正视图中，将CV点向下拖动，将顶端变成斜面，如图11-38所示。

（5）将主石及其镶口、镶石位移到如图11-39所示的位置。

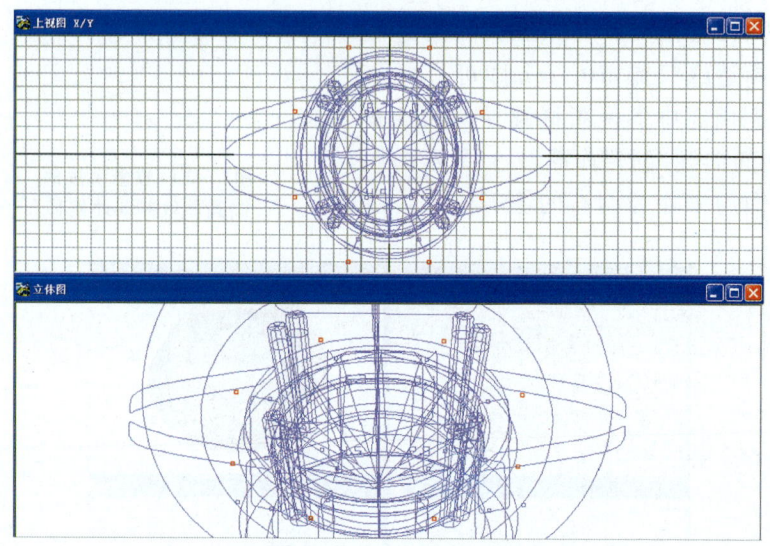

图11-37　选中镶石位上端外侧所有的CV点

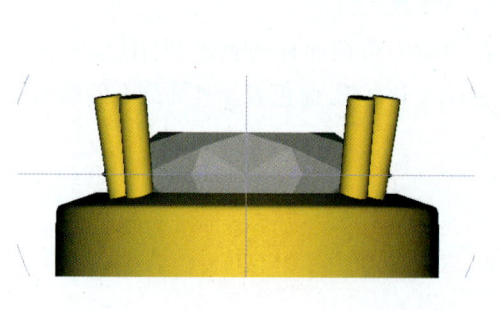

图11-38　将顶端变成斜面

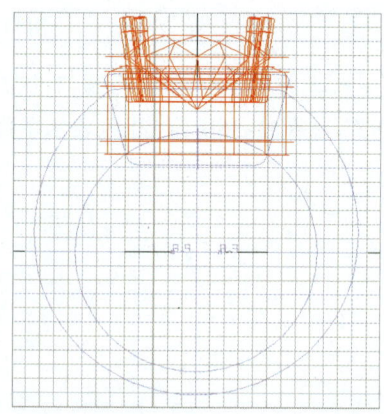

图11-39　移动主石及其镶口、镶石位

（6）采用前面章节所述的方法，将镶石位下端收斜，并保证整个镶石位的厚度不变，如图11-40所示。

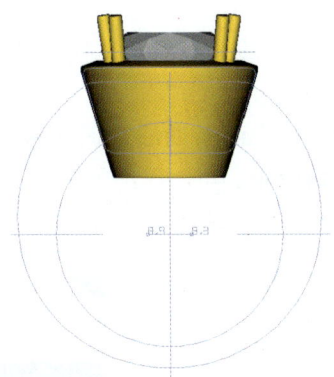

图11-40 将镶石位下端收斜

11.4 开槽

（1）选择"还原已消除曲线"命令，恢复消失的曲线，只保留和主石等大的椭圆曲线，如图11-41所示。

（2）将曲线向外分别偏移0.55mm、1.05mm之后，再删除该曲线，如图11-42所示。

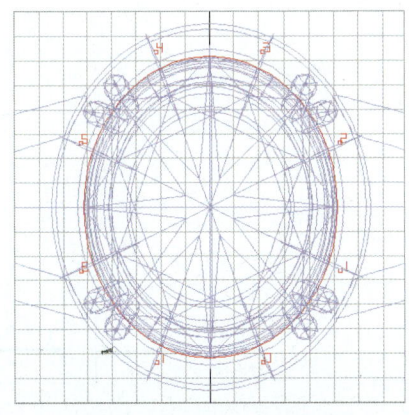

图11-41 恢复消失的和主石等大的椭圆曲线

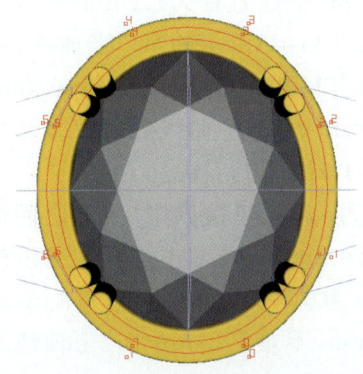

图11-42 偏移两条曲线

注：因为这里采用的宝石大小为1.2mm，1.2mm的宝石需要0.5~0.6mm的爪，因而开槽之后要求两边各留0.55mm，镶石位的宽度为1.6mm，故需要分别向外偏移0.55mm、1.05mm的距离。

（3）在正视图中，将两条曲线向上移动，使之比镶石位的斜面高出一点点（注意看右上角），如图11-43所示。

（4）利用"中间曲线"命令，在两条曲线之间生成一条中间曲线，并将该曲线向下移动0.8mm，如图11-44所示。

图11-43 分别将两条曲线向上移动

图11-44 生成中间曲线

（5）创建直径为1.2mm的圆，绘制如图11-45所示的"U"形曲线，曲线离宝石腰部的两侧有0.15~0.2mm的距离，"U"形曲线底端距离腰部0.8~1.2mm的距离。

注：在浮爪镶嵌中，宝石之间需留有0.2mm左右的距离，这里爪的大小为0.5~0.6mm，石头大小为1.2mm，不难算出，该"U"形曲线与石头腰部两侧之间需要多大的距离。

（6）选择"导轨曲面"命令，按照

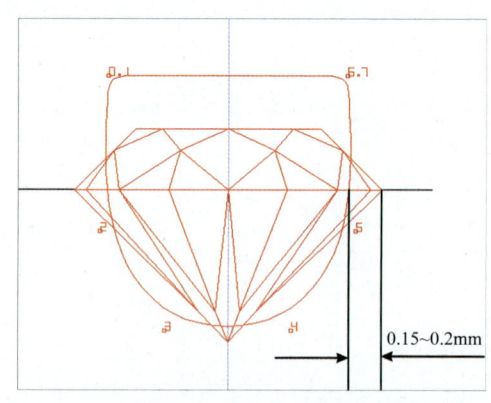

图11-45 绘制"U"形曲线

图11-46所示的对话框设置好参数,单击"确定",先选择图11-47中的导轨A、B,再选择导轨C,最后选择"U"形曲面,创建如图11-48所示的开槽物体(为表示方便,更改了其材质),再用该开槽物体减去镶石位,效果如图11-49所示。

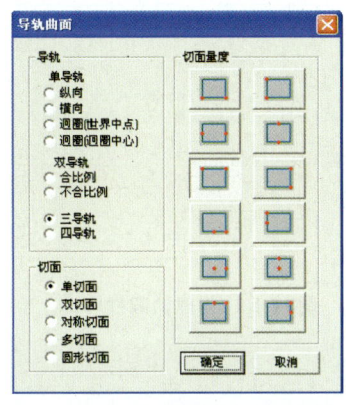

图11-46 "导轨曲面"参数设置对话框

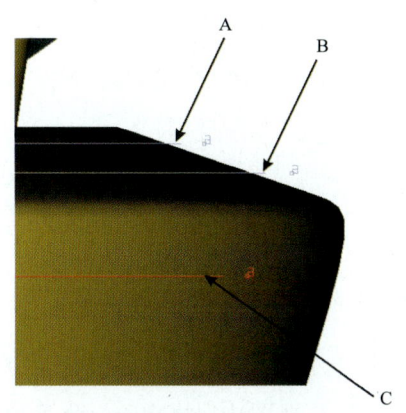

图11-47 导轨A、B、C

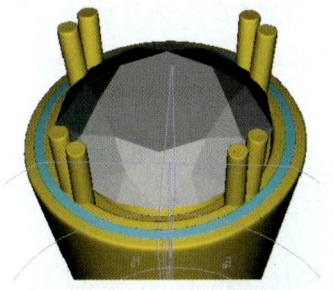

图11-48 创建的开槽物体

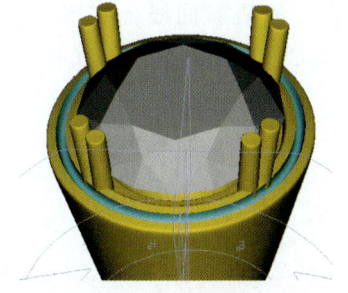

图11-49 开槽物体减去镶石位效果

11.5 分爪位

(1)选择"U"形曲线,在上视图中,选择"直线延伸曲面"命令,拖动鼠标将其延伸成曲面(图11-50),其长度要大于镶石位的宽度,即大于1.6mm。

(2)切换到正视图,创建一个直径为0.5~0.8mm的圆柱用作打孔物体,如图11-51所示,将分爪位物体和打孔物体结合在一起。

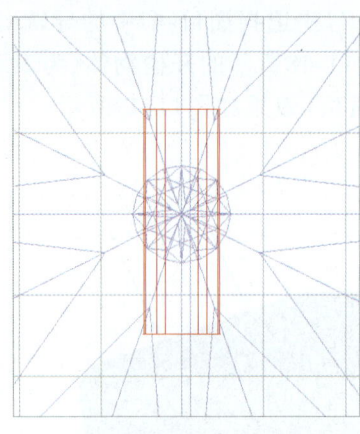

图11-50 "U"形曲线延伸的曲面

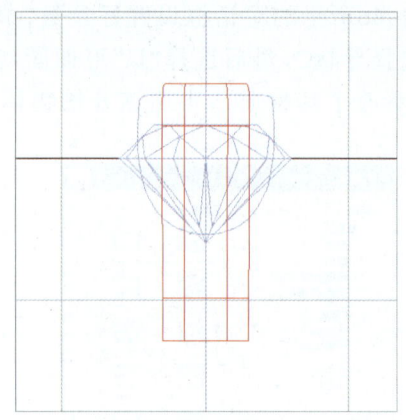

图11-51 创建的圆柱体

（3）在右视图中，将宝石、分爪位物体和打孔物体旋转到与镶石位一样倾斜，如图11-52所示。

（4）本例要采用映射的方式将宝石、分爪位物体和打孔物体映射上去，所以先要创建一条映射曲线。利用"还原已消失的曲线"命令恢复曲线，只保留图11-47中的C导轨曲线，并将其移动到比金面略低的位置，如图11-53所示。

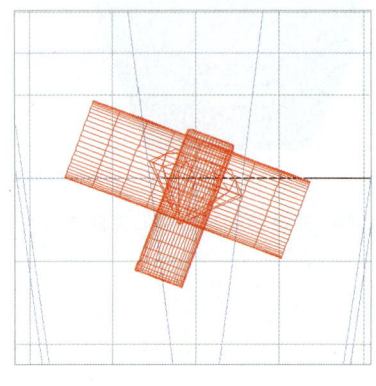

图11-52 将宝石、分爪位物体和打孔物体旋转倾斜

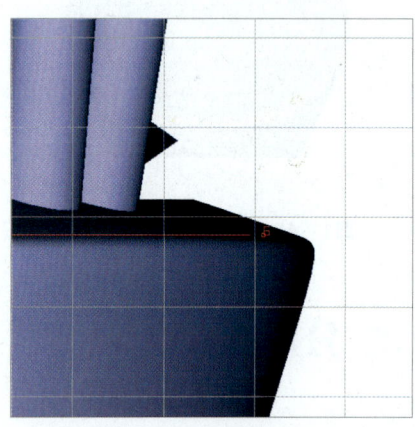

图11-53 恢复C导轨曲线并移动至比金面略低的位置

（5）在上视图中，利用"开口曲线"命令将C曲线开口，如图11-54所示。接着将曲线调整回原来的椭圆形状，保证首尾两个CV点之间有0.5~0.6mm的距离，如图11-55所示。

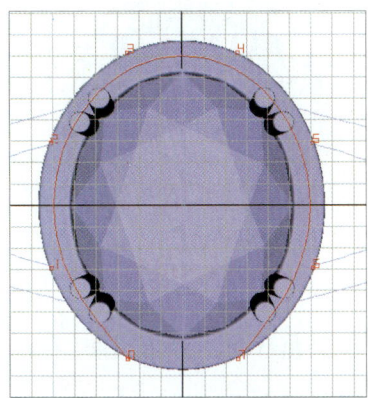

图11-54　将C导轨曲线开口

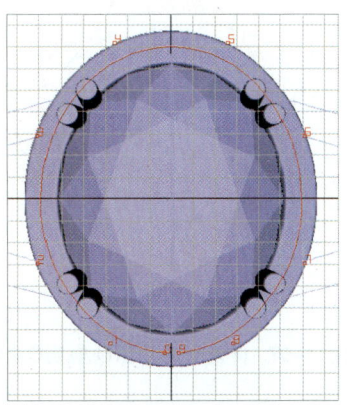

图11-54　调整C导轨曲线的形态

（6）测量C曲线的长度，利用其长度除以1.4，从而算出需要镶嵌宝石的数量。在正视图中，以这个数作为参考（实际需要复制的数目大致和算出来的数相等），将宝石、分爪位物体和打孔物体复制若干个，如图11-56所示。

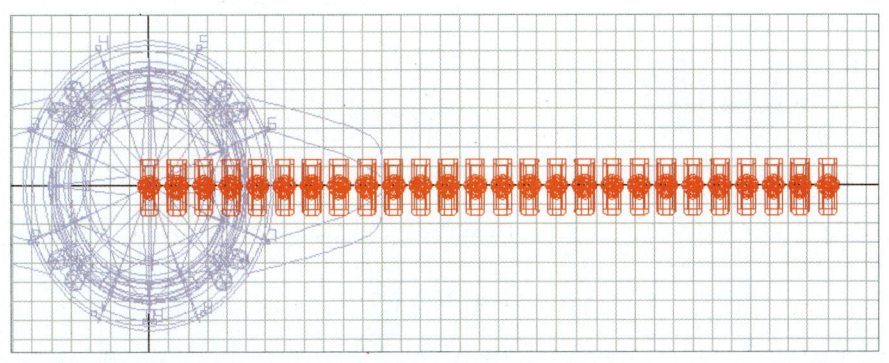

图11-56　复制宝石、分爪位物体和打孔物体

（7）将复制的物体映射到C曲线上（图11-57），然后将结合在一起的物体解散，利用分爪位物体和打孔物体减去镶石位，效果如图11-58所示。

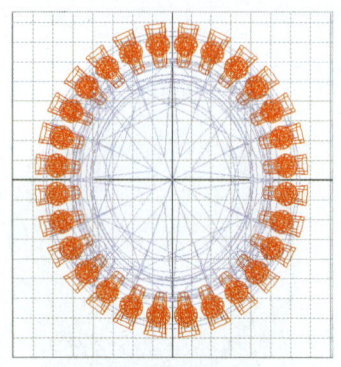

图11-57 将复制的物体映射到C曲线上

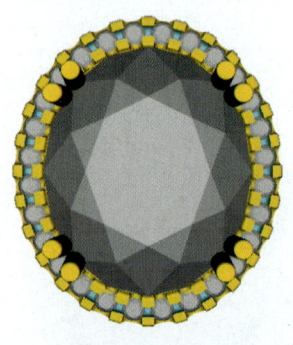

图11-58 分爪位效果

11.6 创建戒指圈

（1）在正视图中，沿着草图曲线绘制两条如图11-59所示的戒指圈的内外轮廓曲线，分别用字母D、E来表示。

（2）在右视图中，绘制如图11-60所示的斜线作为投影曲线，将曲线E向右投影到斜线上，如图11-61所示，然后再将曲线E左右对称复制，将复制出来的曲线

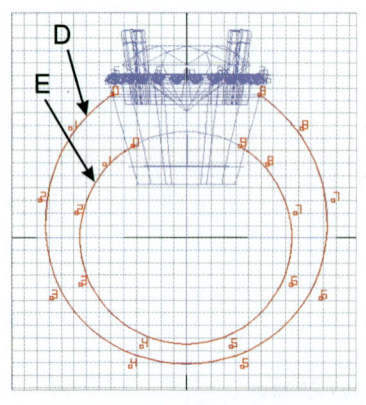

图11-59 绘制戒指圈轮廓曲线

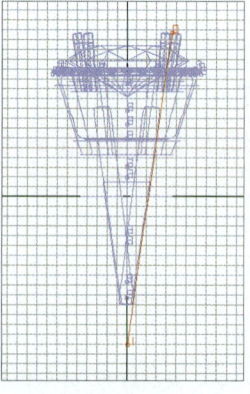

图11-60 绘制斜线作投影曲线

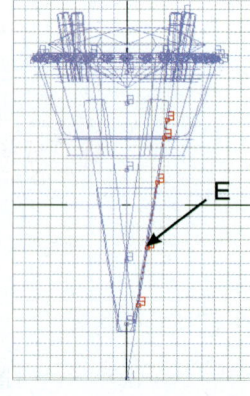

图11-61 将曲线E向右投影到斜线上

用F表示，如图11-62所示。

（3）绘制如图11-63所示的四边形曲线作为切面，选择"导轨曲面"命令，按照如图11-64所示的对话框设置好参数，单击"确定"，先选择E、F两条导轨，再选择D导轨，最后选择切面，创建如图11-65所示的戒指圈。

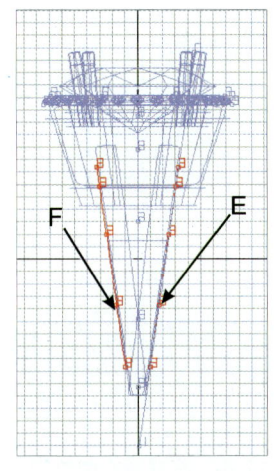

图11-62　用曲线E复制出曲线F

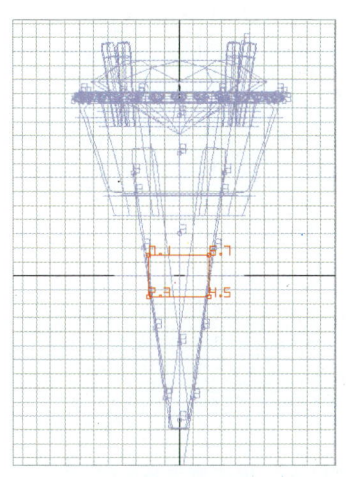

图11-63　绘制四边形曲线切面

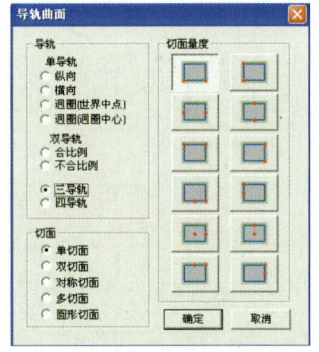

图11-64　"导轨曲面"参数设置对话框

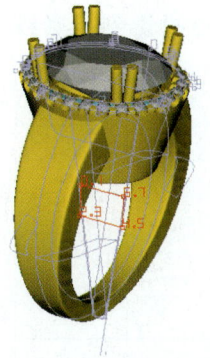

图11-65　创建戒指圈

（4）删除所有的草图曲线，在视图中只保留戒指圈和投影线，将其他的对象全部隐藏。选择戒指圈，再选择【复制】菜单下的"隐藏复制"命令，复制一个戒指臂隐藏起来。再选择【编辑】菜单下的"展示CV"命令展示其CV点，如图11-66所示。

（5）在右视图下，选中戒指圈右边的CV点，将其投影到右边的投影线上（图11-67），然后取消CV点的选择。

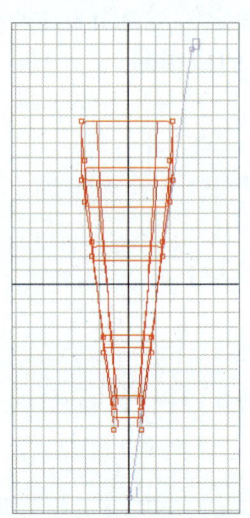
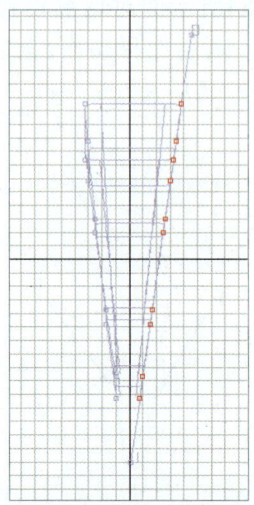

图11-66　展示戒指圈的CV点　　　　图11-67　将戒圈右侧的CV点投影到曲线上

（6）选择投影线，向左1.6mm处复制一条投影线，如图11-68所示，再将戒指圈左边的CV点投影到投影线上，如图11-69所示。

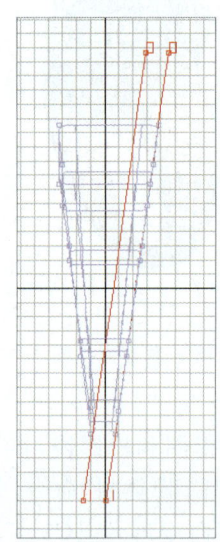
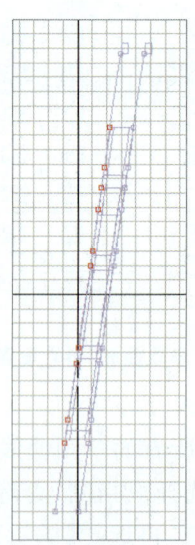

图11-68　复制投影线　　　　图11-69　投影戒圈左侧的CV点

（7）将上一步投影后的曲面左右对称复制，效果如图11-70所示。

（8）选择【编辑】菜单下的"交替隐藏"命令，再隐藏不需要的曲线，如图11-71所示。

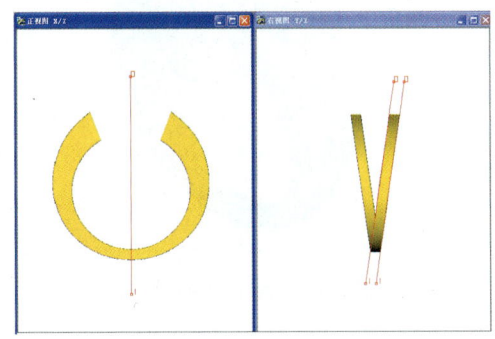
图11-70 对称复制戒圈

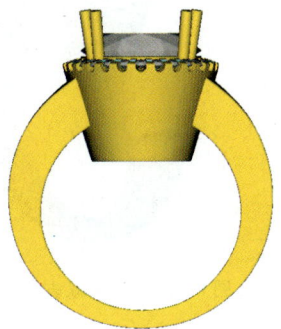
图11-71 正视图效果

（9）在正视图中创建如图11-72所示的曲线，切换到上视图，利用"直线延伸曲面"命令将曲线延伸成曲面（图11-73）。

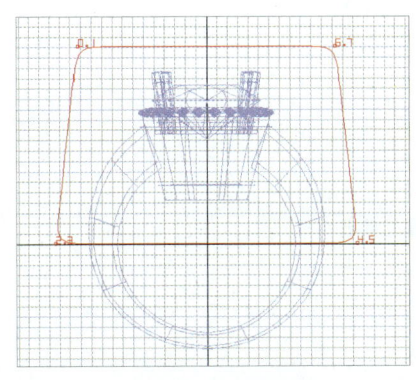
图11-72 创建曲线

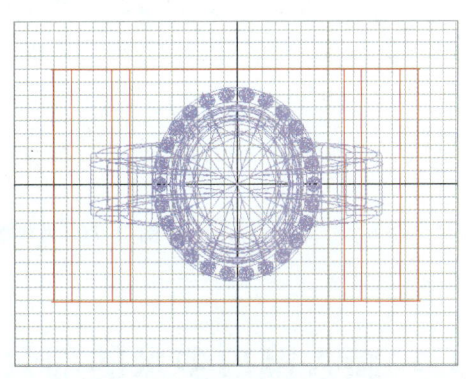
图11-73 将曲线延伸成曲面

（10）利用上一步创建的曲面减去戒指臂，效果如图11-74所示，再选择编辑菜单下的"不隐藏"命令，结果如图11-75所示。

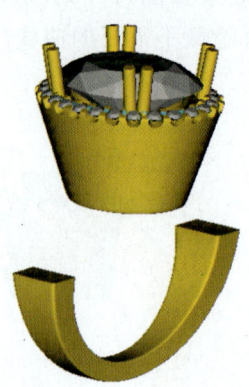
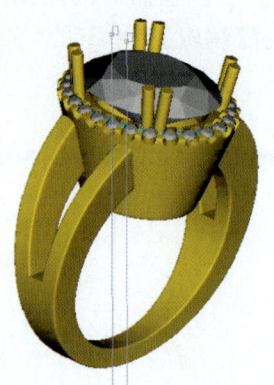

图11-74 曲面减去戒指臂效果　　　图11-75 展示隐藏的戒圈

（11）采用前面浮爪的做法，为戒指圈镶上宝石，如图11-76所示。

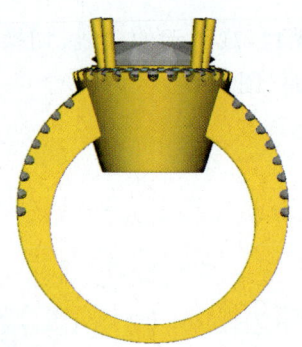

图11-76 为戒指圈镶上宝石

11.7 减去镶口多余的部分

（1）创建直径为17mm的圆（图11-77），在上视图中将其延伸成一个圆柱体（图11-78），然后利用该圆柱体减去镶口，效果如图11-79所示。

（2）除了要减去镶口多余的部分，还要减少镶口的厚度，从而减轻金的重量。在彩色图模式中，沿着U位底端创建一条如图11-80所示的辅助线。

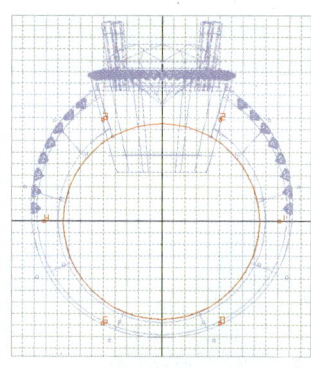 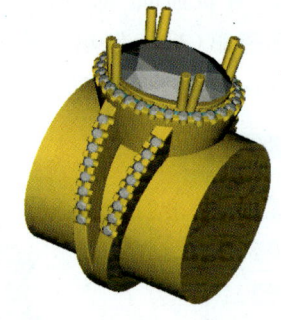 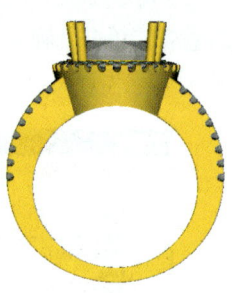

图11-77 创建圆　　　图11-78 将圆延伸成圆柱　　　图11-79 用圆柱体减去镶口效果

（3）创建3个直径为0.8mm的圆，放置到如图11-81所示的位置作为尺寸参考，再绘制如图11-82所示的曲线作为导轨。

（4）在上视图中，创建一个与镶石位等大的椭圆（也可由以前的曲线恢复而来），如图11-83所示。

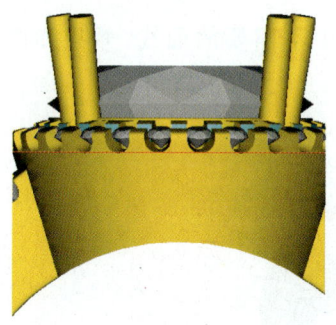 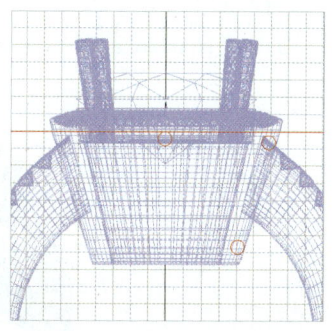

图11-80 创建辅助线　　　　　　图11-81 创建参考圆

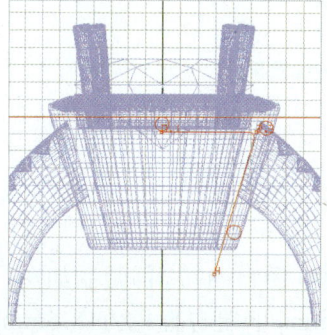 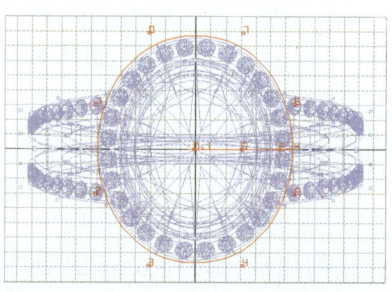

图11-82 绘制导轨曲线　　　　　图11-83 创建与镶石位等大的椭圆

（5）切换到正视图，选择"导轨曲面"命令，按照图11-84所示设置好对话框中的参数，单击"确定"，先选择第（3）步创建的曲线作为导轨，再选择刚才创建的椭圆作为切面，创建如图11-85所示的曲面。

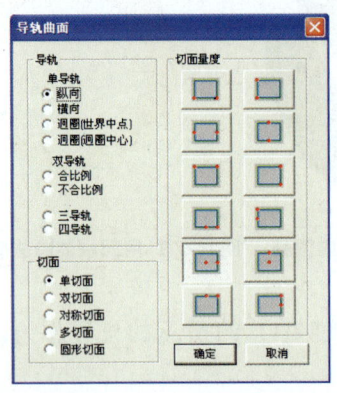

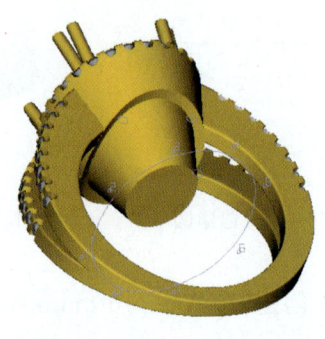

图11-84 "导轨曲面"参数设置对话框　　　　图11-85 创建的曲面

（6）利用该曲面减去镶石位，再隐藏视图中不需要的曲线，效果如图11-86所示。

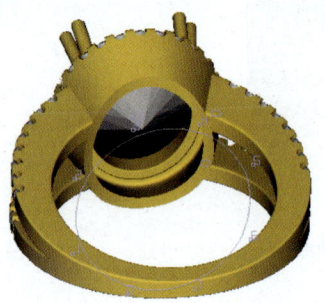

图11-86 曲面减去镶石位效果

11.8 做通花

（1）创建直径为18.6mm的圆作为辅助曲线（图11-87），再绘制如图11-88所示的开夹层曲线，该曲线上端距离辅助线0.8mm，下端与直径为18.6mm的圆重合在一起。

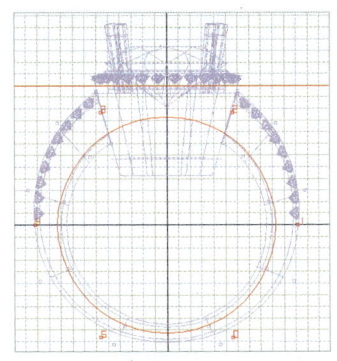

图11-87 创建直径为18.6mm的辅助圆

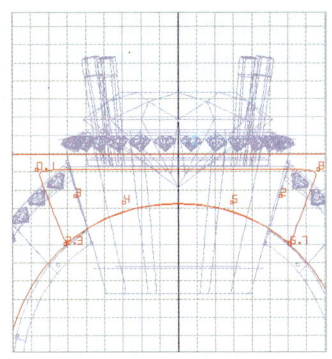

图11-88 绘制开夹层曲线

（2）在正视图中绘制3条曲线，分别用红色、绿色、蓝色表示（图11-89），线条之间的间距为0.8mm。

（3）在上视图中，将红色和绿色的曲线分别延伸成曲面（图11-90），绿色曲线延伸的曲面比红色曲线延伸的曲面长。利用长的曲面减去短的曲面，形成如图11-91所示的管状曲面，然后在上视图中将其上下对称复制（图11-92）。

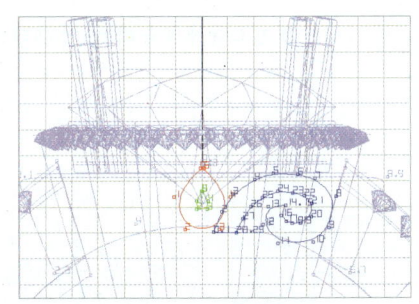

图11-89 绘制3条曲线

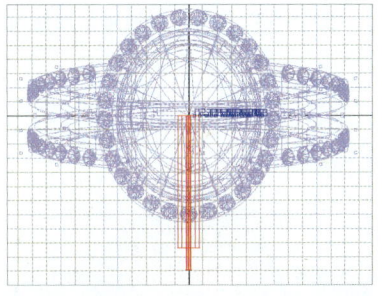

图11-90 将红色和绿色曲线分别延伸成曲面

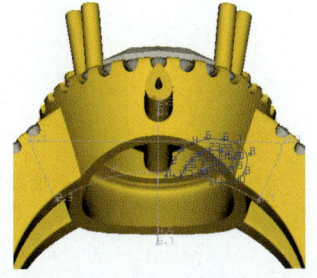

图11-91 管状曲面

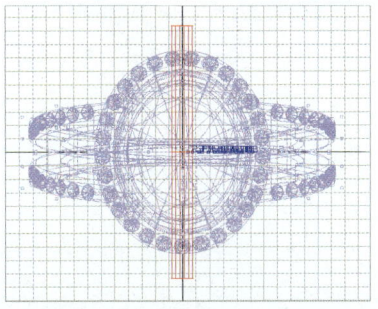

图11-92 将管状曲面上下对称复制

(4)将蓝色的曲线也延伸成曲面(图11-93),利用右键缩放将其宽度变大并旋转、移动到如图11-94所示的位置,使其和镶石位垂直。再将该物体复制4个(图11-95),并和上一步的两个管状曲面结合在一起。

(5)切换到右视图,绘制如图11-96所示的曲线,在上视图中,将其延伸成曲面(图11-97),再将延伸的曲面复制4个,并将4个曲面结合在一起(图11-98)。

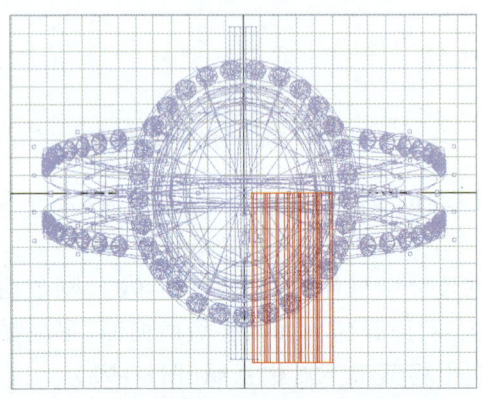

图11-93 将蓝色曲线延伸成曲面

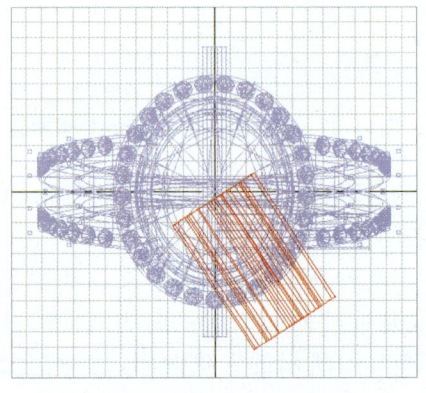

图11-94 放大曲面宽度并旋转、移动曲面

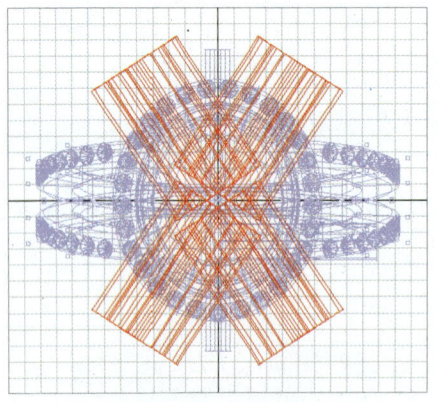

图11-95 将曲面复制4个

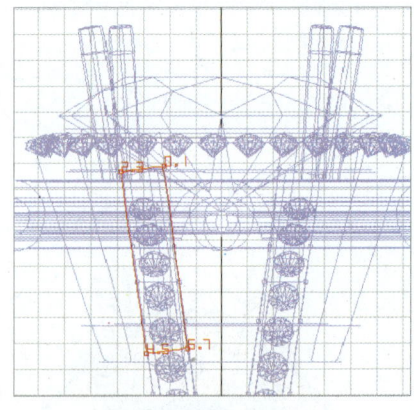

图11-96 绘制四边形曲线

最后将这4个曲面和上一步结合的曲面全部结合在一起。

（6）在上视图中，将第（1）步绘制的开夹层曲线延伸成曲面，如图11-99所示。

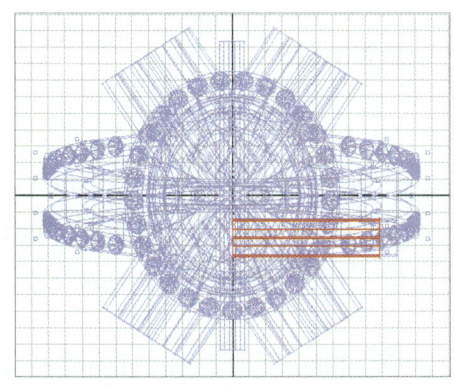
图11-97 将曲线延伸成曲面

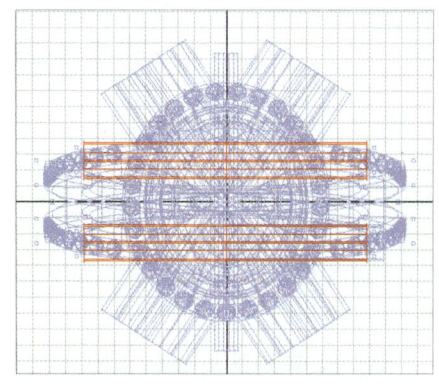
图11-98 将曲面复制4个并结合

（7）先利用第（5）步结合在一起的8个对象减去开夹层曲面，再用开夹层曲面减去镶口，效果如图11-100所示。

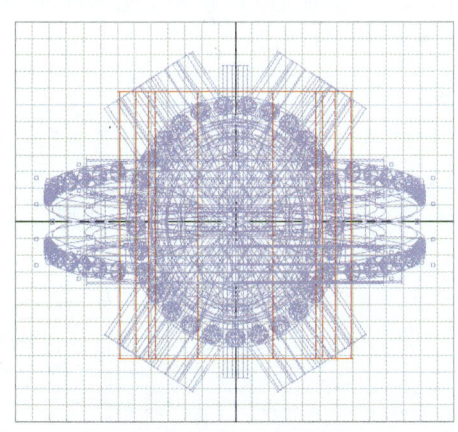
图11-99 将开夹层曲线延伸成曲面

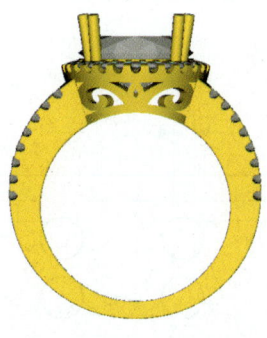
图11-100 通花最终效果

第12章 铲钉镶

钉镶是利用金属的延展性,用工具在金属上铲起小钉来固定宝石的方法。由于电脑能够精确控制尺寸,并且具有高度的对称性,因而在电脑制版时可以预先将钉设计好,在出产成品的时候,只需将宝石镶上去即可,这种钉镶嵌方式称之为钉版镶。

根据钉镶的排石方法可以分为线形、三角形、梅花形、规则群镶和不规则群镶等;根据钉镶时钉与宝石的相互配合方式,可分为"二钉一石"、"三钉一石"、"四钉一石"、"五钉一石"(梅花钉)等。

以线性钉为例,钉镶结构的上视图如图12-1所示,宝石相互之间的距离为0.2mm。

图12-2所示为钉镶的侧视图,钉要高出金面0.1mm,铲边留0.5mm,其中平位0.3mm,斜位0.2mm,槽下面的金厚至少0.8mm。宝石在槽中的高度不受限制,可以让宝石的腰部贴着槽底,只要钉的大小、位置适当,就不会影响后续的镶石。根据石头大小的不同,钉的大小一般在0.4~0.7mm之间。

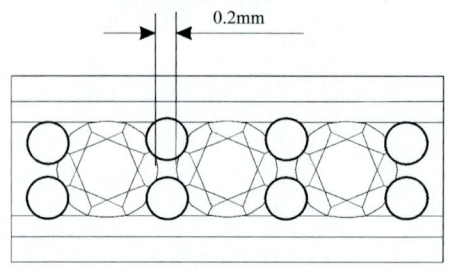

图12-1 钉镶结构的上视图

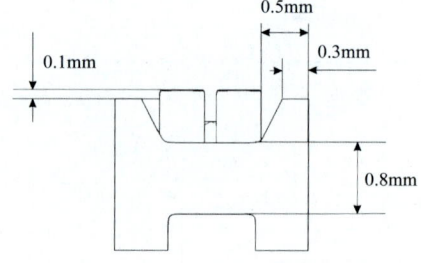

图12-2 钉镶的侧视图

12.1 创建主石镶口

（1）在上视图中，创建直径为1mm的圆形宝石，选择该宝石，再选择【变形】菜单下的"多重变形"命令，按照图12-3所示的对话框设置好参数，将宝石变成宽7.2mm，长9.2mm、高5.6mm的宝石，如图12-4所示。

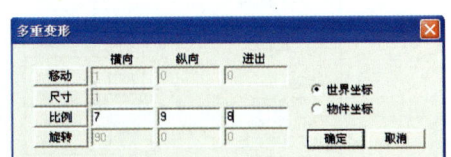

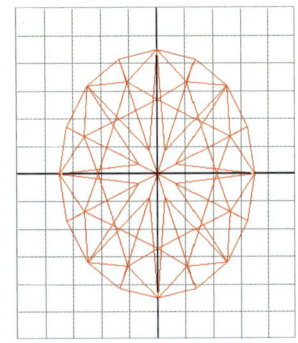

图12-3 "多重变形"参数设置对话框　　　　图12-4 创建椭圆宝石

（2）创建直径为1mm的圆，按照上一步的方法将其变为宽7.2mm，长9.2mm的椭圆，如图12-5所示。再选择"偏移曲线"命令，将椭圆曲线向内偏移0.8mm，如图12-6所示。

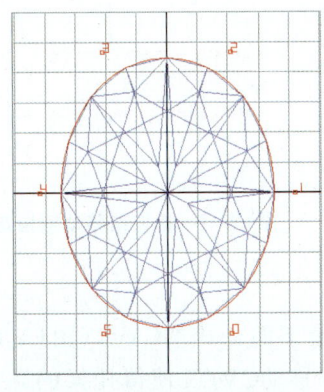

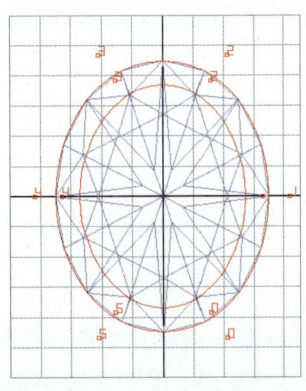

图12-5 创建等大的椭圆曲线　　　　图12-6 将椭圆曲线向内偏移

(3)绘制如图12-7所示的四边形切面,选择"导轨曲面"命令,按照图12-8所示设置好对话框中的参数,利用两条导轨和切面创建如图12-9所示的曲面作为主石的托架,再隐藏切面曲线。

(4)将托架移动到如图12-10所示的位置。

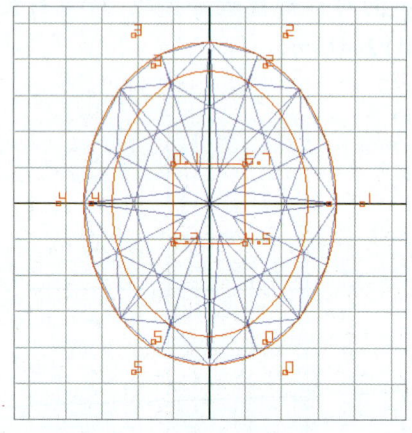

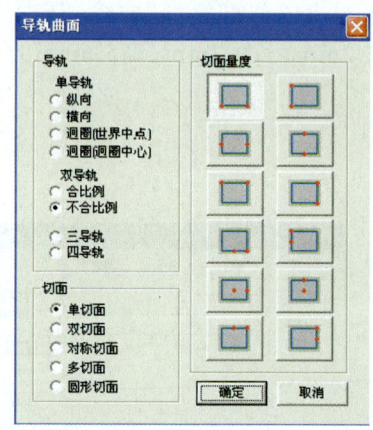

图12-7 绘制四边形切面　　　　　图12-8 "导轨曲面"参数设置对话框

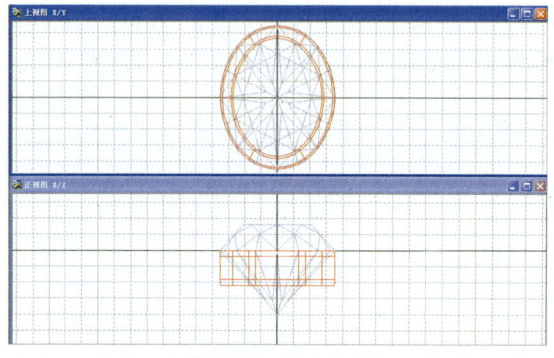

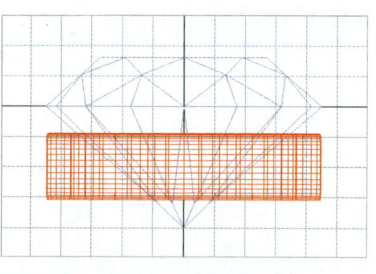

图12-9 主石托架　　　　　图12-10 将托架移动到指定位置

(5)在右视图中,展示托架的CV点,选中最下面一排的CV点(图12-11),选择"尺寸"工具,利用左键缩放功能将其收斜并移动CV点,使得托架的高度约为1.2mm左右,如图12-12所示。

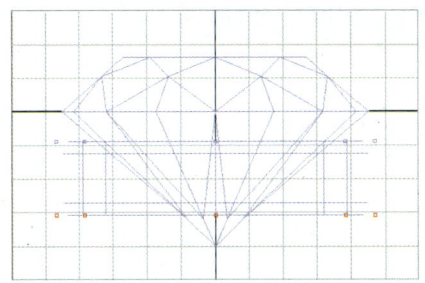

图12-11 选中托架最下排的CV点　　　图12-12 将托架收斜并移动CV点

（6）创建直径为1mm的圆作为尺寸参考，并绘制爪的轮廓线（图12-13），再利用"纵向环形对称曲面"命令将爪旋转成体，如图12-14所示。

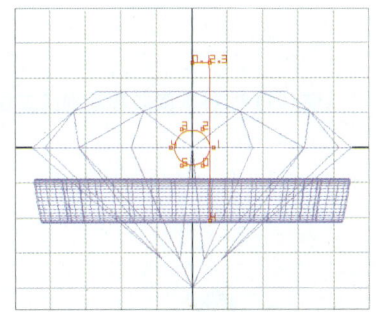 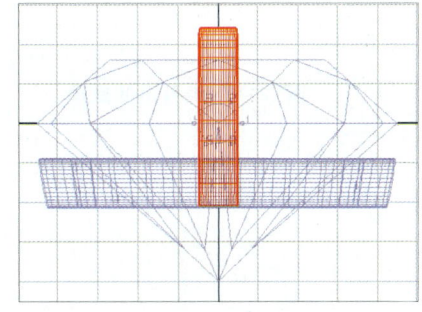

图12-13 创建圆并绘制爪的轮廓线　　　图12-14 创建爪

（7）在上视图中，将爪移动到如图12-15所示的位置，在右视图中将爪旋转倾斜，使其斜度与托架的斜度一致，如图12-16所示。

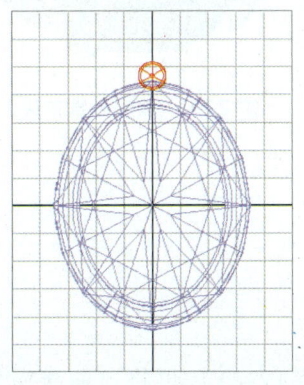 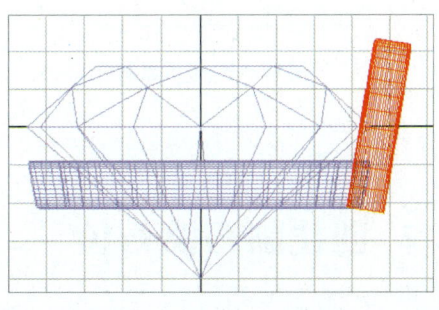

图12-15 在上视图中移动爪　　　图12-16 在右视图中将爪旋转倾斜

（8）将爪的底端调整到与托架的底端平齐，如图12-17所示。

（9）在上视图中，将爪旋转、移动到如图12-18所示的位置，再将其复制4个（图12-19），三维效果如图12-20所示。

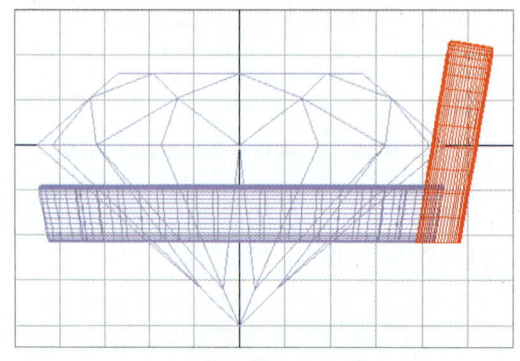

图12-17 调整爪的底端

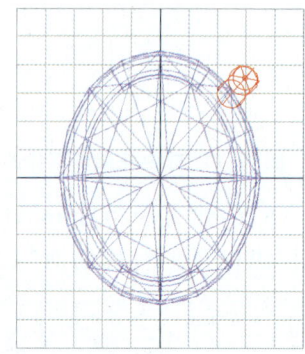

图12-18 将爪旋转移动到指定位置

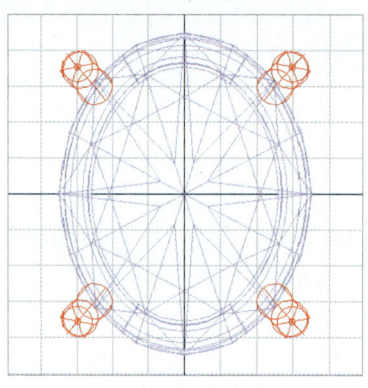

图12-19 将爪复制4个

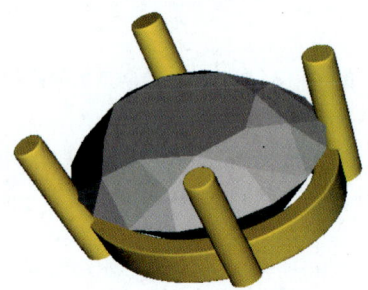

图12-20 镶口三维效果

12.2 创建副石镶石位

（1）在上视图中，创建和宝石等大的椭圆（图12-21），再将该曲线向外偏移2.1mm（图12-22）。

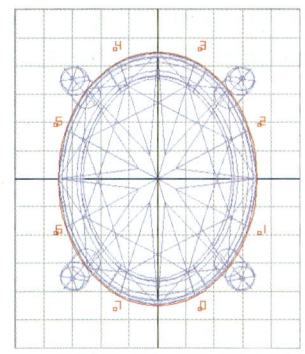
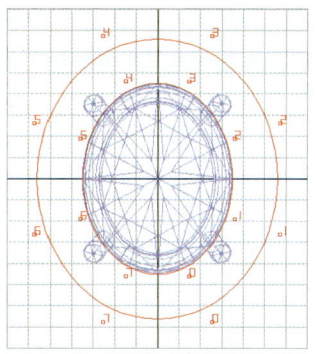

图12-21 创建与宝石等大的椭圆　　　图12-22 将曲线向外偏移

（2）绘制如图12-23所示的四边形切面，选择"导轨曲面"命令，按照图12-24所示的对话框设置好参数，利用图中的两条导轨和切面，创建如图12-25所示的曲面。

（3）参考8.1中的第（5）、第（6）步的做法，将镶石位底端收斜，并使整个镶石位的厚度相同，如图12-26所示。

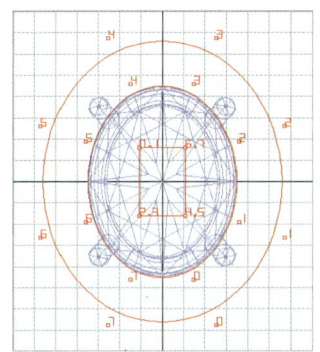
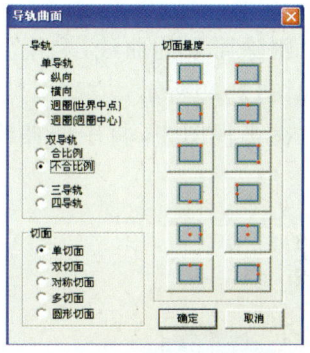

图12-23 绘制四边形切面　　　图12-24 "导轨曲面"参数设置对话框

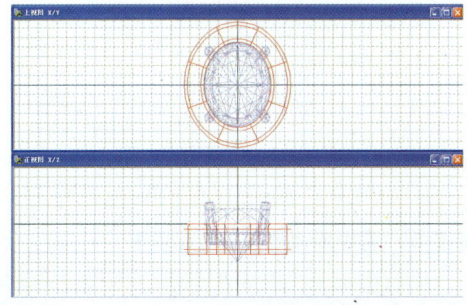
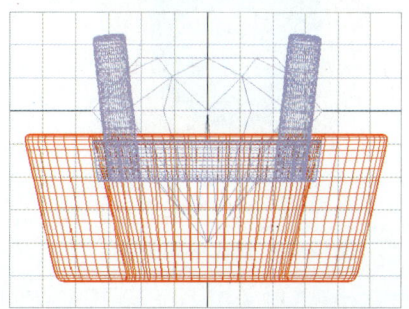

图12-25 创建镶石位　　　图12-26 将镶石位底端收斜并使厚度相同

（4）在上视图中，创建一个和主石等大的椭圆曲线，如图12-27所示。

（5）将该曲线分别向外0.3mm、1.8mm处偏移两条，如图12-28所示。

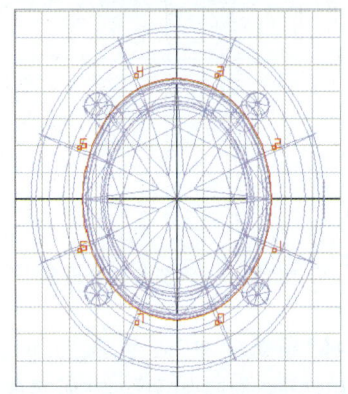

图12-27 创建和主石等大的椭圆曲线

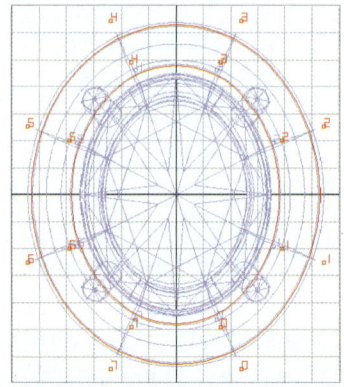

图12-28 将曲线向外偏移两条

（6）删除原来的曲线，利用"中间曲线"命令在两条偏移曲线之间创建一条曲线，如图12-29所示。

（7）在正视图中，将中间曲线移动到金面以下0.5mm处（图12-30），再将两

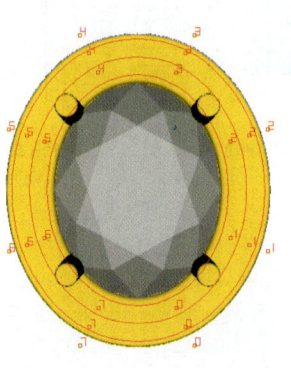

图12-29 创建中间曲线

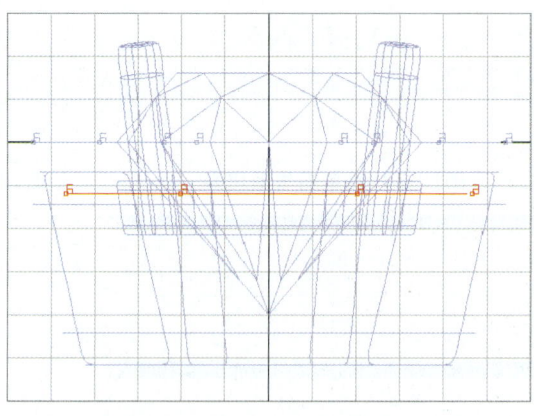

图12-30 将中间曲线移到金面以下

条偏移的曲线移动到金面上一点点，如图12-31所示。

（8）在上视图中，绘制如图12-32所示的梯形切面。

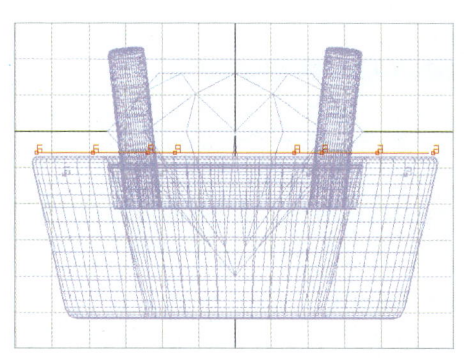

图12-31 将两条偏移的曲线移到金面以上

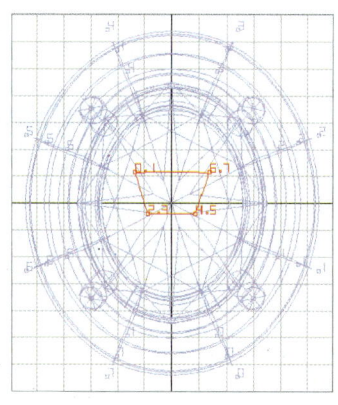

图12-32 绘制梯形切面

（9）选择"导轨曲面"命令，按照图12-33所示的对话框设置好参数，先选择图12-34中的A、B两条导轨，再选择C导轨，最后选择梯形切面，创建如图12-35所示的铲槽曲面。

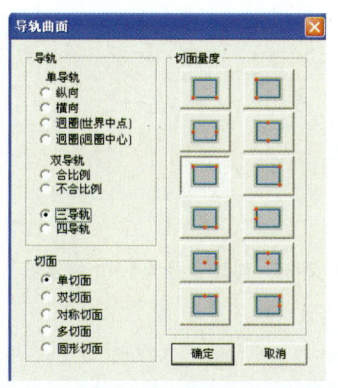

图12-33 "导轨曲面"参数设置对话框

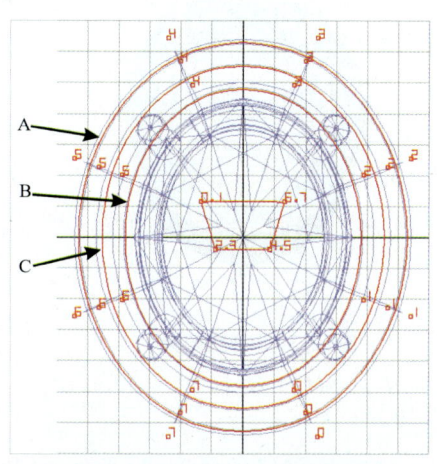

图12-34 A、B、C导轨示意图

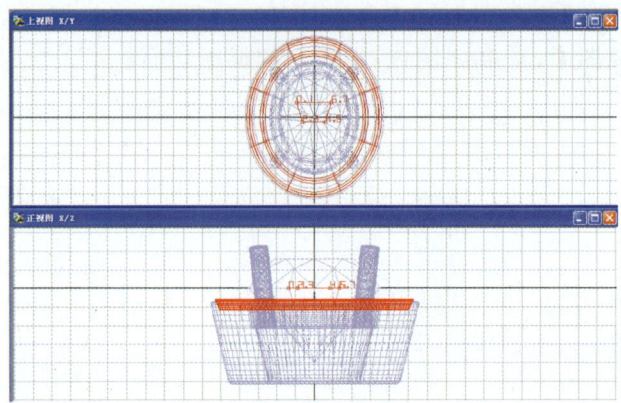

图12-35 创建的开槽物体

（10）更改铲槽曲面的材质，再利用铲槽曲面减去镶石位，效果如图12-36所示。

（11）在正视图中，创建直径为1.1mm的宝石，如图12-37所示。

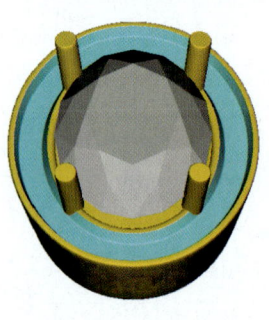

图12-36 开槽效果

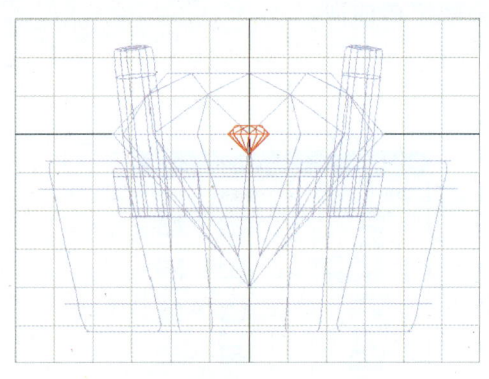

图12-37 创建直径为1mm的宝石

（12）绘制钉的轮廓线（曲线A）和打孔物体的轮廓线（曲线B）。曲线A的上端和横轴之间的距离应比槽的深度多0.1mm。这里槽的深度为0.5mm，那么曲线A的上端距离横轴的距离就是0.6mm。曲线A的下端距离横轴0.2mm左右。曲线B的右端距离宝石腰部0.1mm。曲线C为直径为0.45mm的圆，作为尺寸参考,如图12-38所示。再将利用"纵向环形对称曲面"命令将曲线A、B旋转成曲面,如图12-39所示。

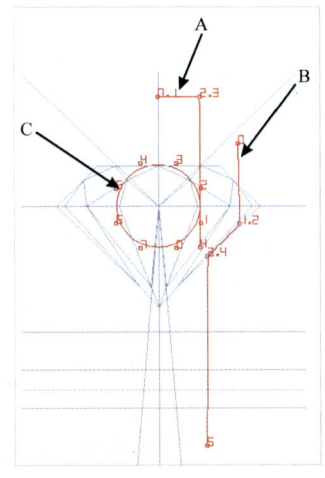

图12-38 绘制轮廓线

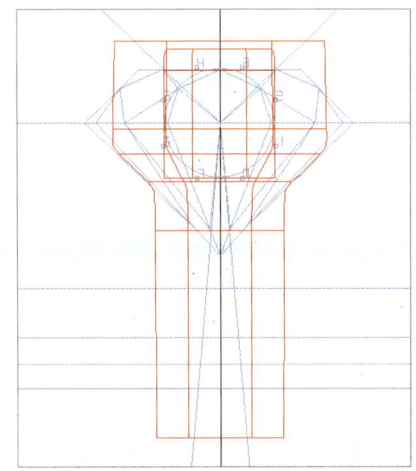

图12-39 将轮廓线旋转成曲面

(13)在铲钉镶中,宝石之间的距离一般为0.2mm左右,在排宝石的时候,为了确定宝石相互之间的距离,需要做一个辅助的物体作为参考。在上视图中,创建一个比宝石直径大0.2mm的圆,如图12-40所示。

(14)选择该圆,再选择"块状体"命令,按照图12-41所示的对话框设置好参

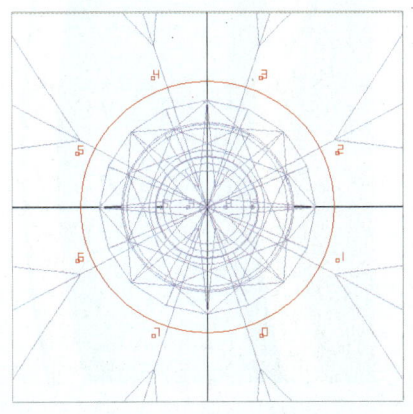

图12-40 创建辅助圆

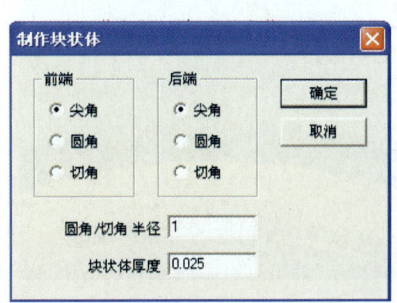

图12-41 "块状体"参数设置对话框

数,创建一个厚度为0.05mm的薄片,如图12-42所示。

(15)选择【杂项】菜单下的"辅助线"命令,创建两条与横轴和纵轴重合的辅助线,如图12-43所示。

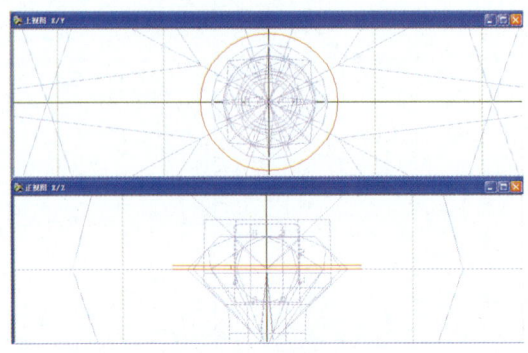
图12-42 创建薄片

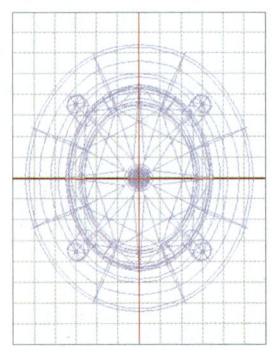
图12-43 创建辅助线

(16)选择薄片、宝石、打孔物体,再选择"剪贴"命令,将三者剪切到粘贴板,然后切换到上视图并以彩色图模式显示,先在最上面单击鼠标左键排第一颗宝石,如图12-44所示。

(17)接着在最右边再排一颗宝石,如图12-45所示。

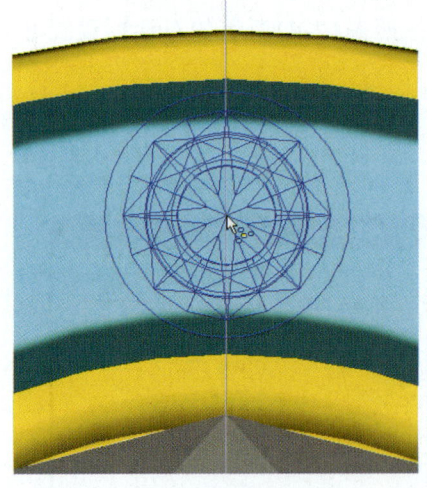
图12-44 排第一颗宝石

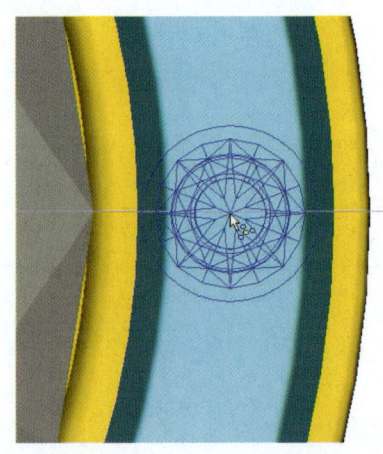
图12-45 在最右边排一颗宝石

（18）然后再接着排其他的宝石，如图12-46所示，注意两个薄片相互靠在一起。依次排好1/4，如图12-47所示。在排的过程中，如果有的地方不能刚好放下一颗宝石时，需要根据实际情况适当调整宝石、打孔物体和薄片的大小。

图12-46 排其他宝石

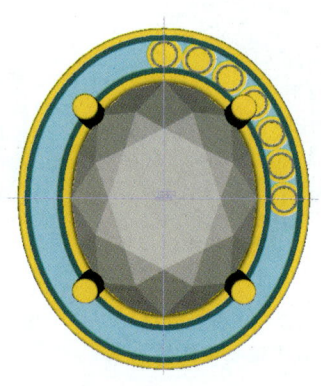

图12-47 排好1/4的宝石

（19）将排好的宝石进行对称复制，如图12-48所示。
（20）利用【选择】菜单下的"块状体"命令，选择所有的薄片，将其删除。
（21）再选择所有的打孔物体（图12-49），用打孔物体减去镶石位，效果如

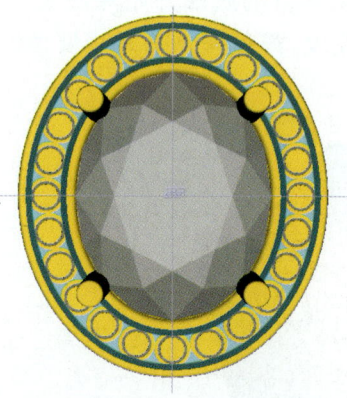

图12-48 将宝石对称复制

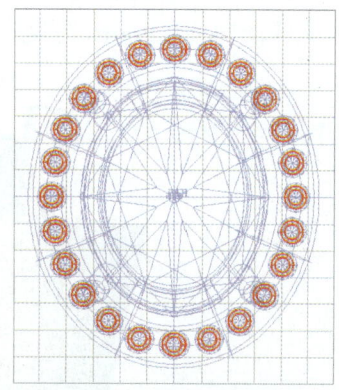

图12-49 选择打孔物体

图12-50所示。

（22）采用同样的方式，在每两颗宝石之间排一颗钉，先将钉排好1/4（图12-51），再将其对称复制（图12-52）。

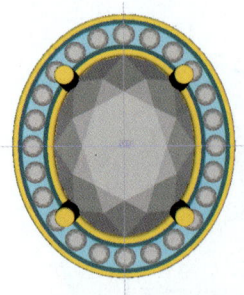
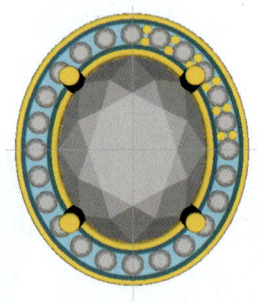
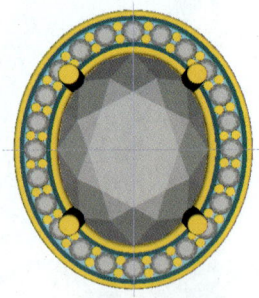

图12-50 打孔物体减去镶石位效果　　图12-51 将钉排好1/4　　图12-52 将钉对称复制

12.3 降低镶石位的厚度

降低镶石位厚度的目的是为了减轻金的重量，请参考浮爪镶女戒减去镶口多余部分的做法。降低镶石位的厚度要从金面以下1.3mm处开始，因为槽的深度为0.5mm，底部以下至少要留0.8mm的距离。可以创建两个圆作为尺寸参考（图12-53），大的辅助圆的大小为1.3mm，从该圆的底端开始降低镶石位的厚度，小的辅助圆为0.8mm，为镶石位最终的厚度，厚度降低后最少要留0.8mm。

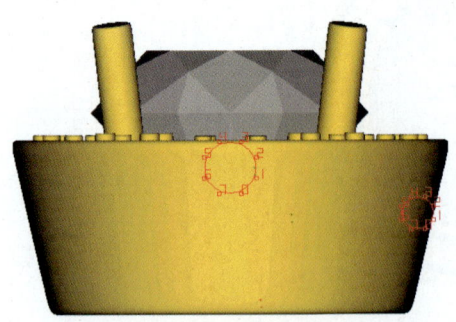

图12-53 创建两个辅助圆

12.4 做通花

在包镶和浮爪镶中,已经介绍过通花的创建方式,可参考之前的做法。最后做好的通花如图12-54所示。

图12-54 做通花

12.5 创建圆环

(1)创建直径为4mm的圆(图12-55),再将其创建为直径为1mm的圆环,如图12-56所示。

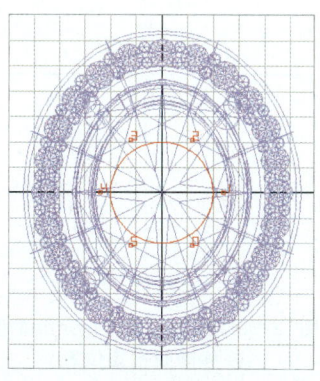

图12-55 创建直径为4mm的圆

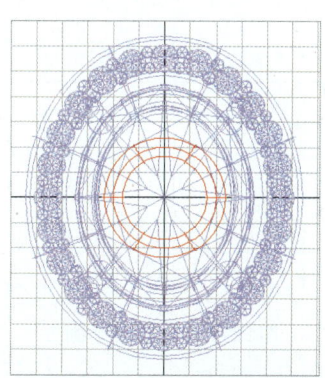

图12-56 创建圆环

（2）在右视图中，将圆环移动到如图12-57所示的位置。

图12-57　将圆环移到指定位置

12.6　创建耳钉

（1）隐藏视图中所有的对象，在上视图中，创建直径为10mm、13mm的两个圆，如图12-58所示。

（2）创建一个直径为1.5mm的圆，移动到如图12-59所示的位置，使其和上一步的两个圆相切。

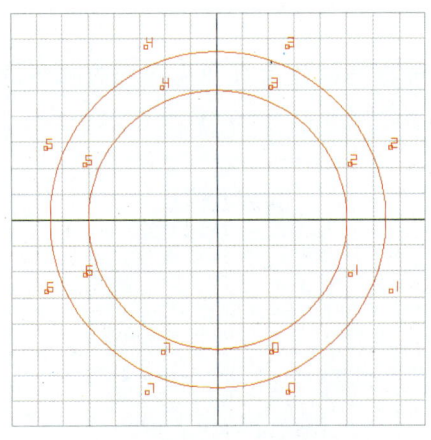

图12-58　创建两个圆

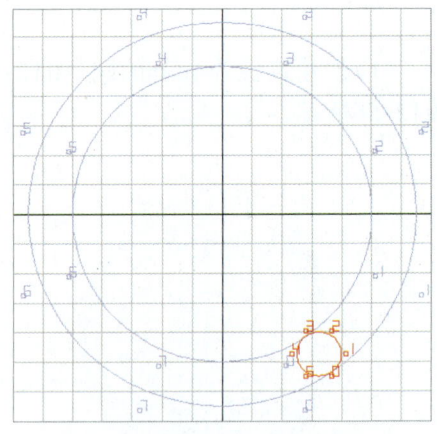

图12-59　创建直径为1.5mm的圆并移动到指定位置

（3）创建直径为6mm的圆作为参考（图12-60），再贴着圆创建两条辅助线，如图12-61所示。

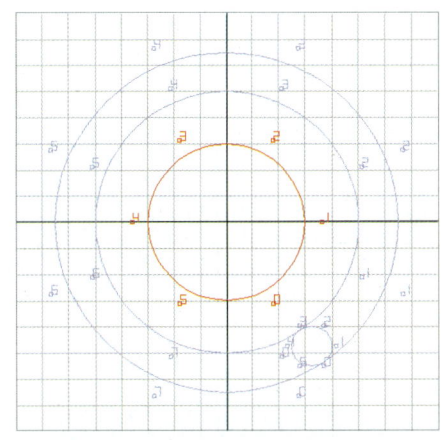

图12-60　创建直径为6mm的圆

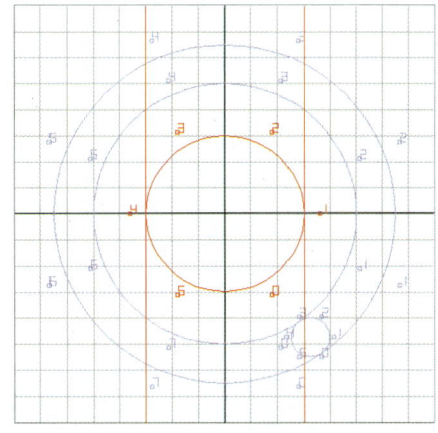

图12-61　创建两条辅助线

（4）删除直径为6mm的圆，隐藏所有曲线的CV点，如图12-62所示。

（5）沿着圆绘制如图12-63所示的两条导轨曲线，曲线的起点（CV0）位于辅助线与圆的交点处，终点位于两个圆与小圆的相切处。

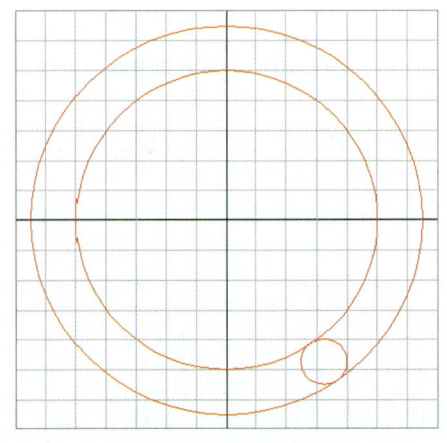

图12-62　隐藏CV点

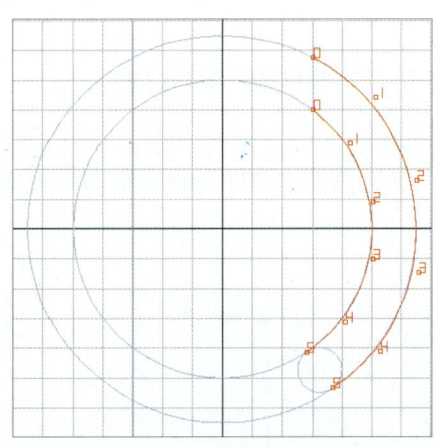

图12-63　绘制两条导轨曲线

(6)在左边再绘制两条类似的导轨,如图12-64所示。

(7)选择贴着小圆的两条导轨(图12-65),在右视图中,将其向上移动1.05mm(图12-66),再将其上下对称复制(图12-67)。

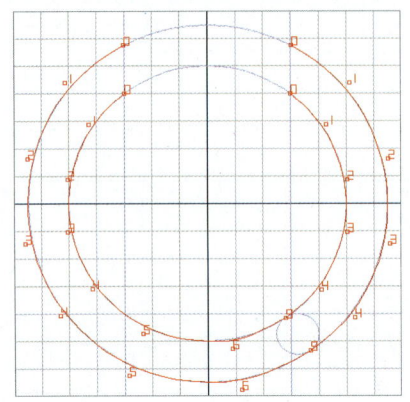

图12-64 绘制左边两条导轨曲线

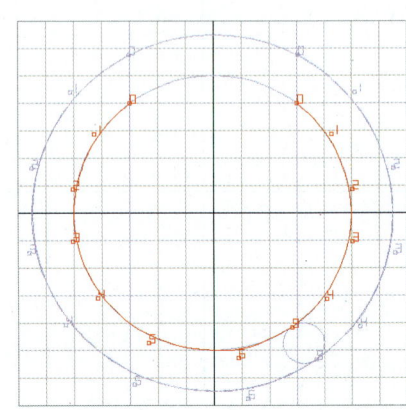

图12-65 选择贴着小圆的两条导轨

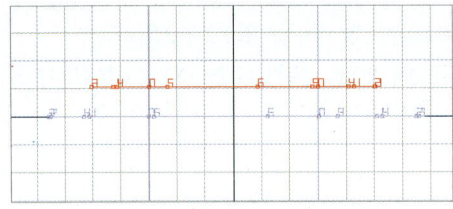

图12-66 将导轨上移

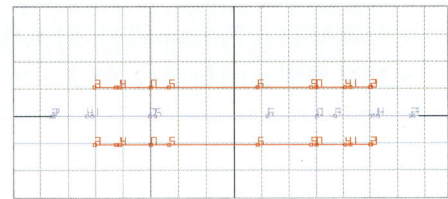

图12-67 上下对称复制

(8)绘制如图12-68所示的四边形切面。

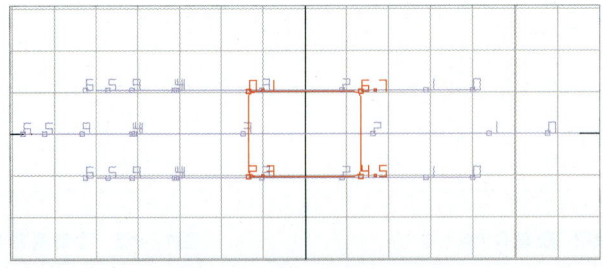

图12-68 绘制四边形切面曲线

（9）现在用数字①、②、③、④、⑤、⑥将视图中的导轨进行编号，如图12-69所示。

（10）选择"导轨曲面"命令，按照图12-70所示的对话框设置参数，单击"确

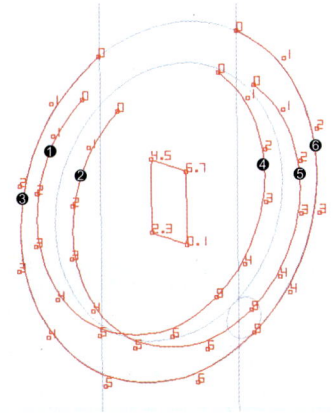

图12-69　将导轨编号

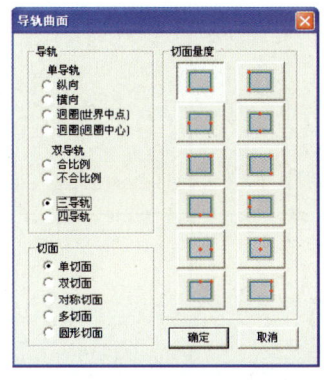

图12-70　"导轨曲面"参数设置对话框

定"，先选择导轨①、②，再选择导轨③，最后选择四边形切面曲线，创建如图12-71所示的曲面。

（11）采用同样的方式，利用导轨④、⑤、⑥和四边形切面创建如图12-72所示的曲面。

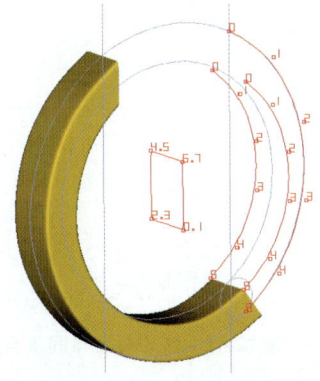

图12-71　创建的曲面

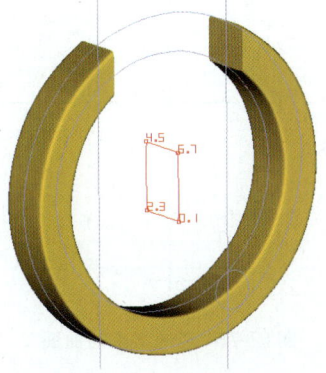

图12-71　创建的另一半曲面

（12）删除四边形切面曲线，在上视图中，创建直径为1.5mm、0.5mm的两个圆，如图12-73所示。

（13）选择"直线延伸曲面"命令，按照图12-74所示的对话框的设置将两个圆分别创建成厚度为0.7mm的曲面。

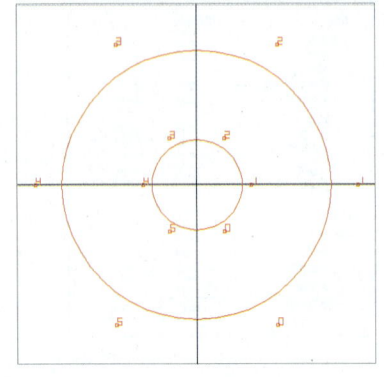

图12-73 创建两个圆

图12-74 "直线延伸曲面"参数设置对话框

（14）将两个块状体移动到右下角与1.5mm的圆重合（图12-75），再删除1.5mm的圆，如图12-76所示。

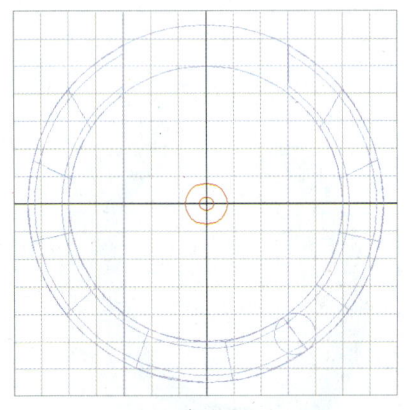

图12-75 延伸出来的曲面

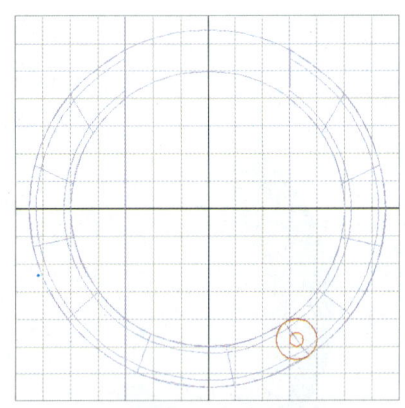

图12-76 移动曲面与圆重合

(15)在正视图中,将两个块状体向上移动0.35mm,如图12-77所示。

(16)在正视图中将直径为1.5mm块状体向下0.7mm处复制1个,如图12-78所示。

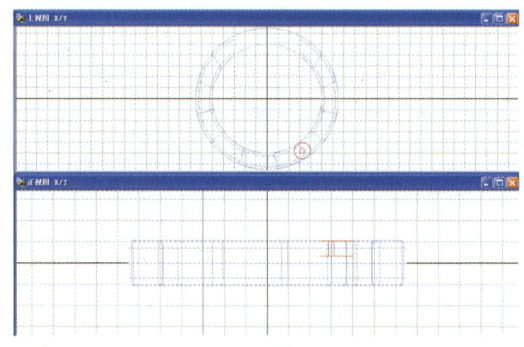

图12-77 将两个块状体向上移动　　　　图12-78 将直径为1.5mm
　　　　　　　　　　　　　　　　　　　　　　　　的块状体向下复制1个

(17)展示上面一个块状体的CV点,选择上面一排的CV点向上稍稍拖动(图12-79),再将其对称复制,如图12-80所示。

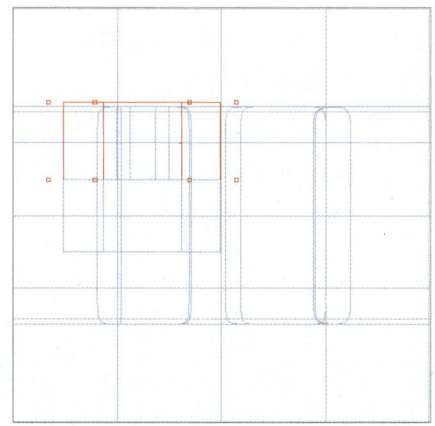 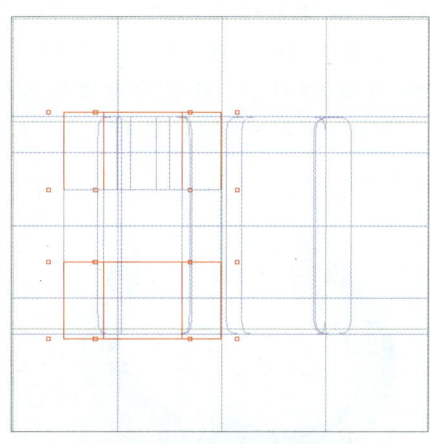

图12-79 选择上排块状体CV点向上移动　　　图12-80 将CV点对称复制

（18）利用"尺寸"工具将中间直径为0.5mm的曲面变长（图12-81），为了表述方便，现将图中的几个曲面用字母进行编号，如图12-82所示。

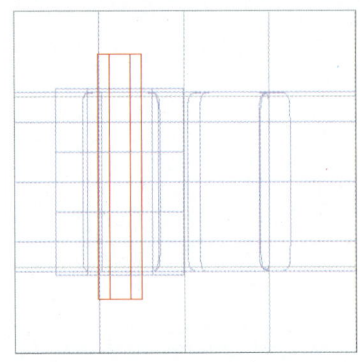

图12-81　将曲面变长　　　　　图12-82　将曲面编号

（19）将A、B、C3个曲面隐藏复制，再用A、B、C、D4个曲面减去曲面E。

（20）显示隐藏复制的A、B、C3个曲面，再次将A、B、C3个曲面隐藏复制，用A、B、C3个曲面减去曲面F。

（21）显示隐藏复制的A、B、C3个曲面，用"联集"命令将A、C、E3个曲面结合在一起，将B、F曲面结合在一起。

（22）将曲面D隐藏复制，用D曲面减去E曲面，显示隐藏复制的D曲面，再用D曲面减去F曲面，最后的效果如图12-83所示（已将E、F分开）。

（23）在右视图中，绘制如图12-84所示的导轨曲线，再将其上下对称复制，

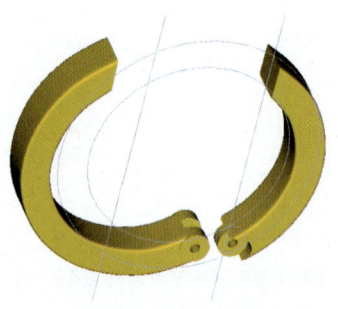 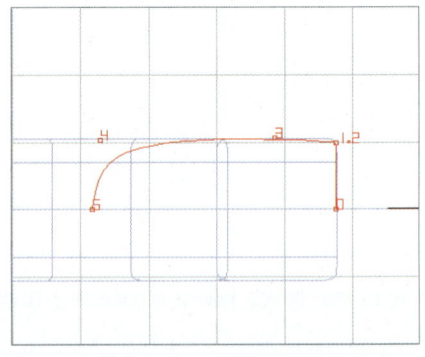

图12-83　关节最后效果　　　　　图12-84　绘制导轨曲线

如图12-85所示。

（24）绘制如图12-86所示的四边形切面曲线，选择"导轨曲面"命令，按照图12-87所示的对话框设置好参数，利用图中的两条导轨和四边形切面曲线创建如图12-88所示的曲面（上视图）。

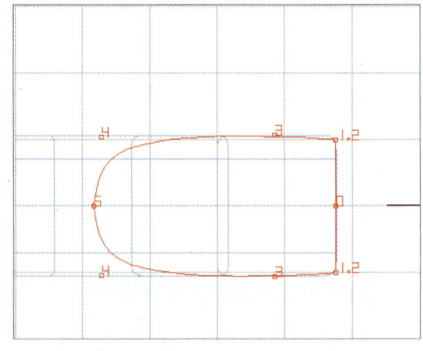

图12-85 将导轨上下对称复制

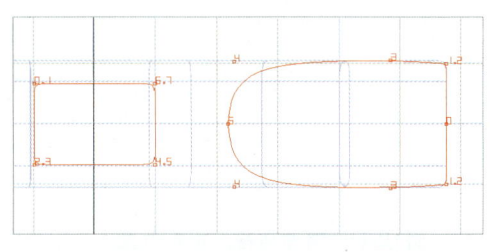

图12-86 绘制四边形切面曲线

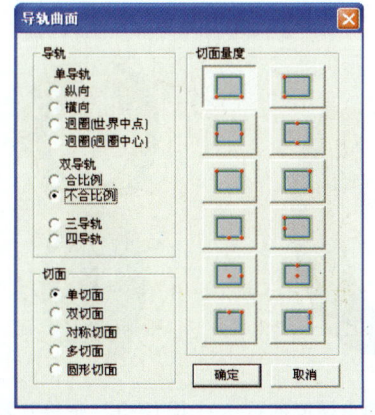

图12-87 "导轨曲面"参数设置对话框

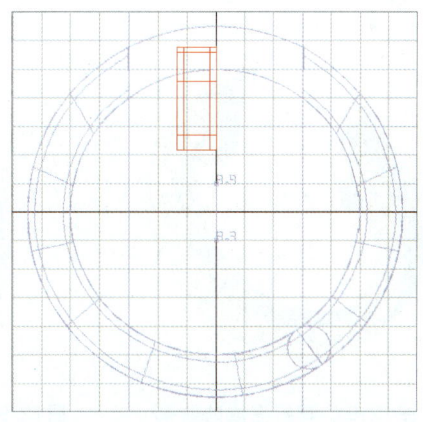

图12-88 创建曲面

（25）在上视图中，将该曲面的厚度调整到0.8mm，再将其移动到如图12-89所示的位置，然后将其左右对称复制，如图12-90所示。

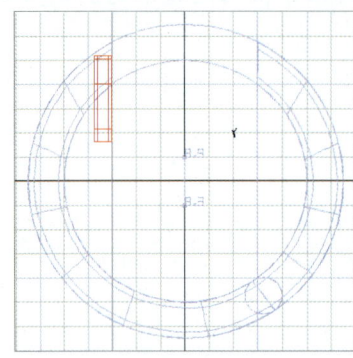

图12-89　将曲面移至指定位置

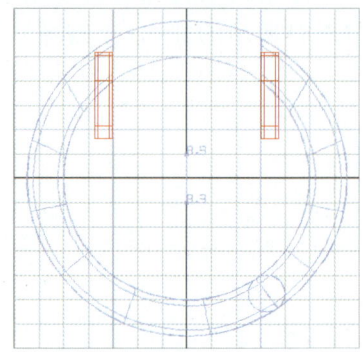

图12-90　将曲面左右对称复制

（26）完成的效果如图12-91所示。

（27）在该曲面上镶上直径为1.1mm的宝石（图12-92），方法不再赘述，请参考前面的做法。

（28）最后展示所有的对象，并调整好对象相互之间的角度，最终效果如图12-93所示。

图12-91　耳钉完成的效果

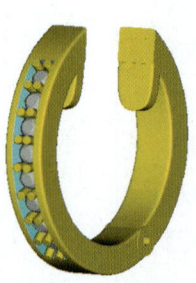

图12-92　在曲面上镶嵌宝石

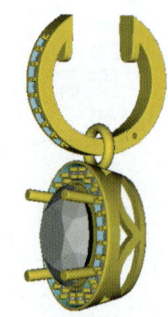

图12-93　最终效果

第二部分 首饰快速成型技术

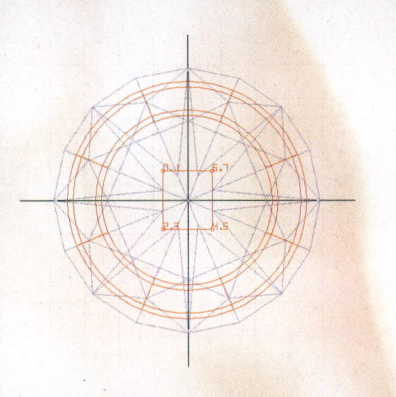

第13章　Solidscape T66 在首饰快速成型中的应用

13.1　排版

（1）将需要起版的jcd文件去掉宝石，分件的物体要分开放置，如图13-1所示。

（2）将物体在视图中的方向反转，使得从上视图中可以看到戒指的正面，如图13-2所示。

（3）如果需要一次加工多个蜡模，可将其他的jcd文件插入到当前文件中，物体之间不能相互接触，要留有一定的间距。对于瓜子口、镶口等分件的物体，要"见缝插针"地放置，可以放置到戒指圈的中间、物体之间等有空位的地方。

排版的时候要遵循以下原则：

① 在Z轴方向的高度最低，物体要尽量平放，降低高度。

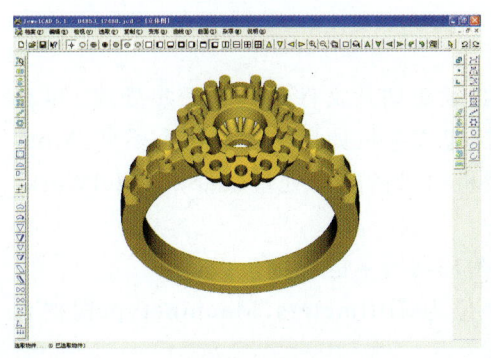
图13-1　去掉宝石

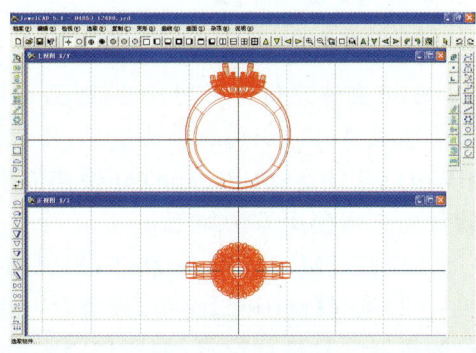
图13-2　变换方位

②物体最长的排列方向应与铣刀的方向平行,减少铣刀的运动距离,在上视图中,物体从上到下一条线排列。

③多个物体同时创建时,最高的物体应离铣刀最近,减少铣刀切割运动的时间。在右视图中,高度最高的物体应该在最右边。

13.2 切薄片

在Jewel CAD中选择【杂项】菜单下的"切薄片"命令,弹出如图13-3所示的对话框,在对话框中可以设置保存切片文件的路径、名称、切片的厚度以及所使用的快速成型机的型号。用于首饰快速成型的切片厚度一般选择0.0381mm即可,切片越薄获得的蜡模也越精细,但同时也会增加快速成型的时间。

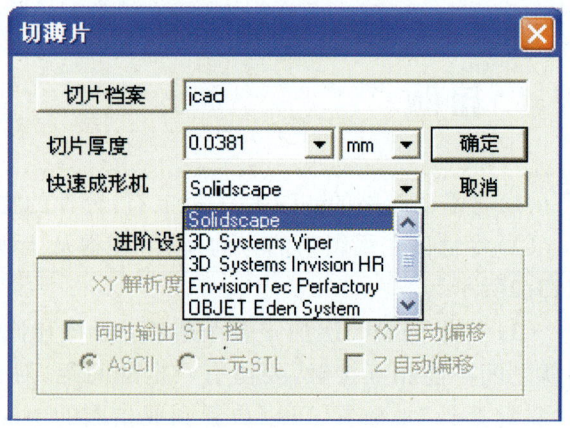

图13-3 "切薄片"参数设置对话框

13.3 数据转换

SLC文件只包含了切片的信息,还必须对切片文件进行进一步处理,以获得快速成型机可识别的制造信息,告诉快速成型机如何去制造这个模型。ModelWorks软件是SolidscapeT66快速成型机自带的数据处理软件,ModelWorks软件的基本使用方法如下。

(1)打开ModelWorks软件,出现如图13-4所示的界面。

(2)选择【setting】菜单,设置尺寸单位为Millimeters,Machinetype根据自己的机器型号进行设定,如图13-5所示。

(3)加载SLC文件。如果同时加载多个SLC文件,应保证每个SLC文件的切片厚度一致。选择【File】菜单下的"Open"命令,打开薄片文件加载到软件中,如图13-6所示。

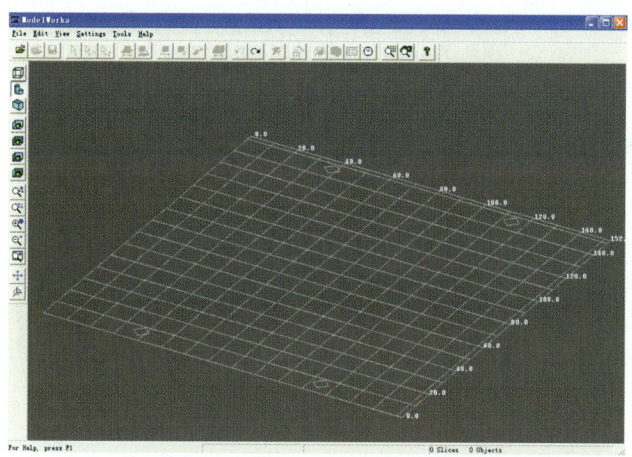
图13-4 Model Works软件的界面

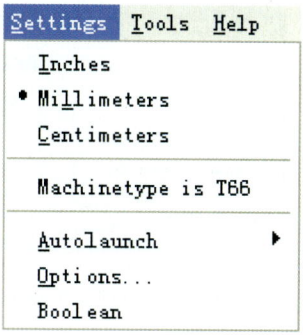
图13-5 设置尺寸及机器型号

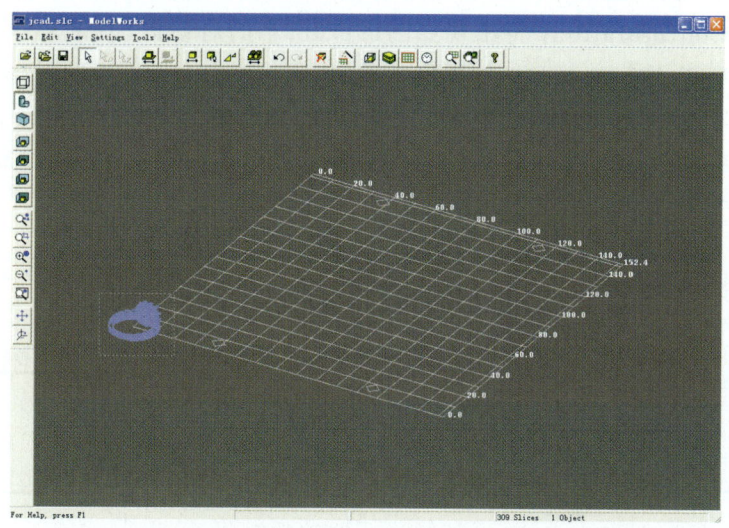
图13-6 加载SLC文件

(4)将模型摆放到适当的位置。单击工具栏上的 图标,弹出如图13-7所示的对话框,对话框中显示的是物体摆放的坐标位置,一般使用默认值即可,单击 OK ,摆放的结果如图13-8所示。

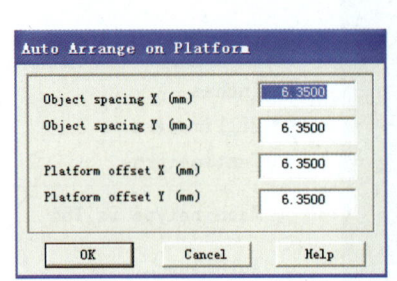
图13-7 自动排版对话框

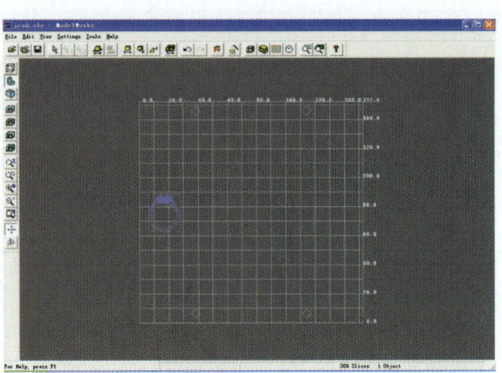
图13-8 摆放结果

（5）生成*.t6文件。单击工具栏上的 ▦ 图标，出现如图13-9所示的对话框，在对话框中可以设置薄片、底层红蜡层数、红蜡包围层数、保存路径等参数。选择Select Configuration，将出现如图13-10所示的对话框，在对话框中可以设置切割的厚度，这里选择和切片厚度一致的参数。单击对话框中的 OK ，生成*.t6文件完毕后会弹出如图13-11所示的对话框显示加工信息，该对话框中的信息包括模型的喷蜡时间、支撑的喷蜡时间、喷嘴检查时间、冷却时间等，大约8.45小时可以加工完毕。

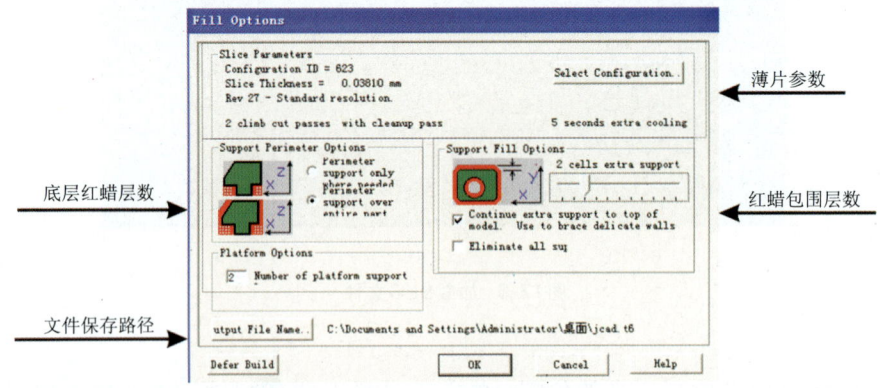
图13-9 设置加工参数

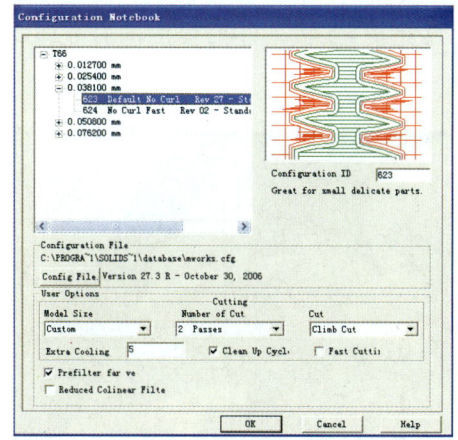

图13-10 设置切片的厚度

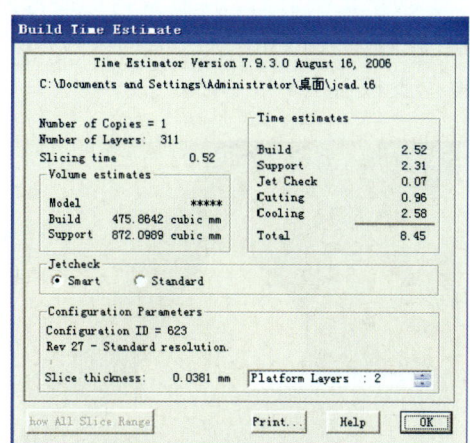

图13-11 设置加工信息

13.4 快速成型

在正式进入喷蜡程序之前,应先对T66快速成型机执行一系列维护操作,包括检测喷嘴,做十字对位,称蜡重等,维护完毕后方可进入喷蜡程序。

(1)开机

开机前保证所有的电源线、数据线连接无误。一般利用网线将T66机器与电脑相连,方便将*.t6文件从电脑输送到机器里面。如果是用网线连接的,在开机选项中选择第3项:Load models from network(TCP/IP),从网络启动机器。机器启动后,喷头、台面会自动进行一些复位操作,然后需等待温度上升到工作温度,方可进行下一步的操作。

(2)喷头维护

喷头维护需准备以下材料:注射器、两根长2cm的胶管、烧杯(纸杯)。

①选择M->Maintenance Function。

②选择喷头B->Build jet(蓝喷头),或者S->Support jet(红色喷头)。

③拔下喷头侧面的黑色胶帽,插入胶管。

④选择S->Standard purge build jet,用烧杯接住胶管里面流出的蜡(图13-12),待流出的蜡液中没有气泡时,再按Enter停止喷射。每次喷射时间不超过5秒钟,可多次重复上述操作,直到无气泡流出为止。

⑤停止喷射后，待胶管内的蜡液回流到喷头内，立即拔下胶管，插上注射器，轻轻注入0.2ml空气（图13-13），空气注入完毕后，拔下注射器的同时立即将黑色胶帽盖上。

图13-12 用烧杯接胶管里流出的蜡

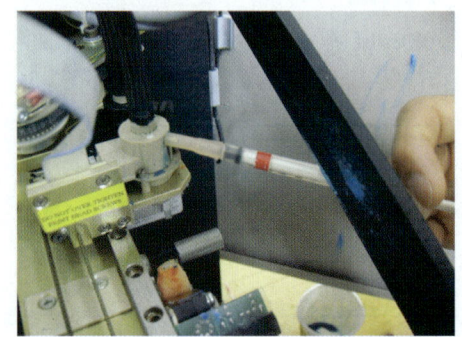

图13-13 插上注射器打气

⑥按F->Purge and fire build jet，让喷头喷蜡，30秒后按任意键结束喷蜡。

⑦按W->Wipe让纸带擦喷嘴，去掉喷嘴表面的蜡。

⑧按K->jet check开始检查喷嘴，如果显示jet passed信息，则表明喷嘴维护成功。

一个喷嘴维护完毕后，再采用同样的步骤维护另一个喷嘴。

（3）校验喷蜡重量

①将卡片放置在卡位上，如图13-14所示。

②选择S->Service function。

③选择C->Calibrate jet

④选择B->Build（蓝色喷头）或者S->Support（红色喷头）。

⑤选择L->Low Volume calibration进行低喷蜡校验。

⑥按R->Resume开始喷蜡（图13-15），喷蜡停止后，显示：

Enter the net weight of the testchip[1…300mg]：

将卡片拿到天平上称取喷出来的蜡的重量，然后将称得的重量输入到对话框中。如果输入的数值属于正常范围，系统会显示以下信息：

Calibration is good, current hold/fire voltage values：64/13（volts）

Repeat Calibration[Y/N]？

按"Y"键重做校验喷蜡重量，按"N"键放弃。

如果输入的数值偏离了正常范围，系统会显示以下信息：

图13-14 将卡片放置在卡位上　　　　　　图13-13 喷蜡

Calibration out of tolerence, adjust values:
Current hold/fire voltage values: 64/13(volts)
Repeat calbration(recommend)[Y/N]?
按"Y"键重做校验喷蜡重量,按"N"键放弃。

(4)十字对位

①更换新的卡片,放置到卡位上。
②选择S->Service function。
③按C->Calibrate jet。
④选择喷头,S->Support或者B->Build jet。
⑤按N->Normal offset calibration。
⑥按R->Resume building model开始喷蜡。
⑦喷蜡停止后显示:

Enter the column of the best matching+symbol[A－I]:
这时取下卡片,如图13-17所示,在卡片上寻找红色的"+"与蓝色的"+"重

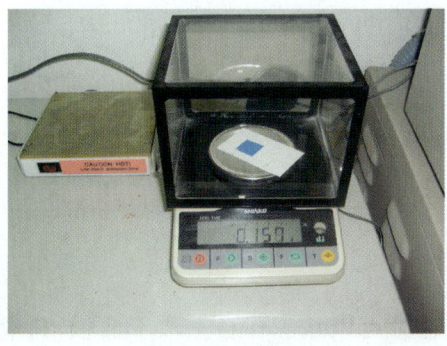
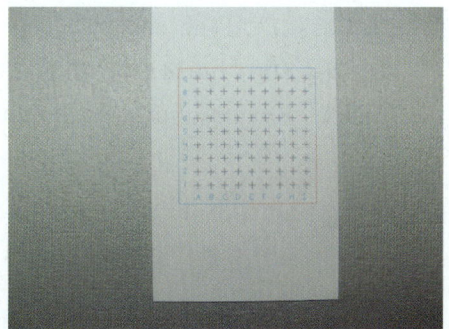

图13-16 称取蜡重　　　　　　　　　　图13-17 对十字位

合的最好的那一处,输入该处对应的字母,按回车键Enter,接着显示:

Enter the column of the best matching+symbol[1－9]:

输入重合最好的那一处对应的数字,再按Enter,标准的数据为(E,5),如果偏离了这个位置,系统会显示:

Calibration out of tolerance,adjust values:

Repeat calibration(recommend)[Y/N]?

选择"Y"后换上新卡片,再选择R->Resume building model重新做十字对位;选择"N"放弃。如果输入的数值是(E,5),表示十字位重合好,系统会显示:

Calibration is good

Repeat calibration[Y/N]?

选择"Y"重新对位,或者选择"N"放弃。

(5)加工

①将文件传送到T66机器的T6X文件夹下。

②根据排版文件的大小切一块泡沫贴到底板上,并将工作板放置到工作台上,如图13-18所示。

③按I->Initialize a build。

④按N(New Build),M(Move table),输入数值调节台面的高度,使得铣刀接触到泡沫板,一般新的泡沫板输入0.14。

图13-18 放置泡沫板

⑤按R(Rough cut)开始粗切,多次粗切直到将泡沫板切平为止,粗切完毕后按F->Fine cut精切,进一步将表面切光滑。

⑥按S->Start build file,在对话框中选择*.t6文件。

⑦按R->Resume building model,开始加工。

13.5 融蜡

①加工完毕后,蜡模如图13-19所示,这时可以从工作台上取下底板,并将手柄归位。将底板放置到加热炉上加热(图13-20),待底层红蜡溶化后,即可

将整个蜡模从泡沫板上取出。

②将取下的蜡模放入融蜡水中,并用加热炉进行加热(图13-21),理想的加

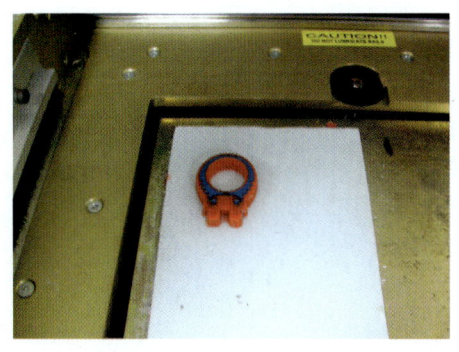

图13-19 加工完毕的蜡模

图13-20 将底板放置在加热炉上加热

热温度应该在65℃~70℃,温度过高会导致蓝蜡发生融化,红蜡融化后即可将蓝色的蜡模分离出来,如图13-22所示。

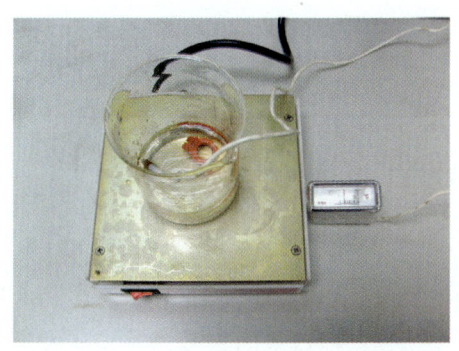

图13-21 将蜡模放入融蜡水中加热

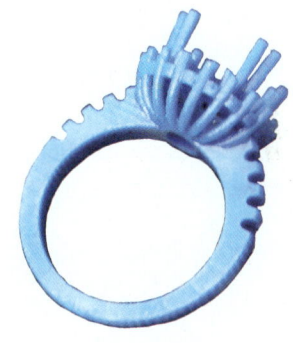

图13-22 成品蜡模

参考文献

陈绍常. Jewel CAD中级进阶手册. 深圳：C&C studio，2006
单岩. 三维造型技术基础. 北京：清华大学出版社，2004
刘道荣. 珠宝首饰镶嵌学. 天津：天津社会科学院出版社，1998
刘强. 首饰设计与制造技术. 广州：岭南出版社，1997